La miniature, dispositif artistique et modèle épistémologique

Chiasma

VOLUME 43

The titles published in this series are listed at *brill.com/chia*

La miniature, dispositif artistique et modèle épistémologique

sous la direction de

Isabelle Roussel-Gillet
Évelyne Thoizet

BRILL
RODOPI

LEIDEN | BOSTON

Nous adressons nos vifs remerciements aux trois artistes qui nous ont aimablement accordé les droits de reproduction de leurs œuvres pour cet ouvrage : Camille Courier de Mèré, Karen Luong et Didier Massard.

Grâce au centre de recherches « Textes et Cultures » de l'Université d'Artois s'est tenu, en janvier 2017 à l'Université d'Artois, le colloque qui a permis de réunir les travaux de cette publication.

Illustration de couverture : Karen Luong, Maison-cinéma, installation vidéo 16/9 couleur 1 min boucle, 50 × 70.5 × 133 cm, matériaux divers, 2015. Courtesy de l'artiste.

Library of Congress Cataloging-in-Publication Data

Names: Roussel, Isabelle, editor. | Thoizet, Évelyne, editor.
Title: La miniature, dispositif artistique et modèle épistémologique / sous la direction de Isabelle Roussel-Gillet, Évelyne Thoizet.
Description: Leiden ; Boston : Brill, 2018. | Series: Chiasma ; 43 | Includes bibliographical references and index.
Identifiers: LCCN 2018023345 (print) | LCCN 2018025267 (ebook) | ISBN 9789004366206 (E-book) | ISBN 9789004366169 (hardback : alk. paper)
Subjects: LCSH: Space in literature. | Space in art. | Measurement--Philosophy. | Miniature art. | Knowledge, Theory of.
Classification: LCC PN56.S667 (ebook) | LCC PN56.S667 M56 2018 (print) | DDC 809/.9332--dc23
LC record available at https://lccn.loc.gov/2018023345

Typeface for the Latin, Greek, and Cyrillic scripts: "Brill". See and download: brill.com/brill-typeface.

ISSN 1380-7811
ISBN 978-90-04-36616-9 (hardback)
ISBN 978-90-04-36620-6 (e-book)

This book is printed on acid-free paper and produced in a sustainable manner.

Table des matières

Liste des figures

Contributeurs

Églantine Bigot-Doll

Architecte de l'École Polytechnique Fédérale de Lausanne (EPFL), diplômée en arts appliqués, elle est maître-assistante associée et doctorante au MAP-Aria depuis 2014 à l'École Nationale Supérieure d'Architecture de Lyon (ENSAL), elle est également assistante scientifique et chargée de cours à l'EPFL. Cette activité de recherche couplée à l'enseignement s'inscrit dans la continuité d'un parcours ancré dans une approche intrinsèquement créative visant à se légitimer par le développement de mises en œuvres structurelles et de matérialités architecturales intimement liées aux projets exploratoires investigués.

Rachel Bouvet

Professeure titulaire au Département d'études littéraires de l'Université du Québec à Montréal, elle mène des recherches sur l'espace, le fantastique, l'exotisme, la géopoétique et les théories de la lecture. Elle a publié trois essais : *Étranges récits, étranges lectures. Essai sur l'effet fantastique* (PUQ, 2007 [1998]), *Pages de sable. Essai sur l'imaginaire du désert* (XYZ, 2006) *Vers une approche géopoétique. Lectures de K. White, V. Segalen et J.-M.G. Le Clézio* (PUQ, 2015), ainsi qu'un récit de voyage, *Le vent des rives* (Mémoire d'encrier, 2014). Elle a également codirigé neuf ouvrages collectifs. Membre de *Figura*, le Centre de recherche sur le Texte et l'Imaginaire, elle a cofondé en 2004 *La Traversée*-Atelier québécois de géopoétique et l'a dirigée jusqu'en 2013.

Danielle Constantin

est généticienne littéraire et comparatiste (University of Toronto, 2001). Depuis 2004, elle est chercheuse associée à l'ITEM-CNRS/ENS. Outre de nombreux articles dans des ouvrages ou des périodiques, elle a publié *Masques et mirages. Genèse du roman chez Cortázar, Perec et Villemaire* (New York, Peter Lang, 2008) ; elle a aussi codirigé avec Christelle Reggiani et Jean-Luc Joly le douzième numéro des *Cahiers Georges Perec, Espèces d'espaces perecquiens* (Bordeaux, Castor Astral, 2015) et, avec Catherine Viollet, *Genre, sexes, sexualités. Que disent les manuscrits autobiographiques ?* (Presses universitaires de Rouen et du Havre, 2016). Son article « Les maisons de poupées de Perec : un catalogue » a paru en 2016 dans le numéro des *Cahiers de l'Herne* consacré à Georges Perec.

Éléonore Hamaide-Jager
Maître de conférences à l'Université d'Artois, elle mène ses recherches sur la littérature pour la jeunesse et la littérature des XX-XXIe siècles au sein du laboratoire « Textes et cultures ». Son travail porte plus particulièrement sur l'album et sur les relations texte/image, mais aussi sur la littérature pour les adultes (Georges Perec, Emmanuel Carrère, Daniel Mendelsohn). Elle a dirigé plusieurs ouvrages, notamment *La cartographie en littérature de jeunesse* (*Cahiers Robinson*, n° 28, 2008), la collection « Page Blanche » (*Cahiers Robinson*, n° 31, 2010). Elle a co-dirigé avec Françoise Heitz *La Lettre au cinéma*, Presses Universitaires d'Artois, coll. « Lettres et civilisations étrangères », série Cinémas, 2014 et, avec la BNF et Florence Gaiotti, *Max et les maximonstres ont 50 ans : la réception française et européenne de Maurice Sendak*, publié en 2015. Elle est membre de l'ANR Difdepo, « Différences de potentiel. Histoire, poétique et esthétique de l'Oulipo ».

Frédérique Joseph-Lowery
est critique d'art (pour *Artpress*) et commissaire d'exposition. Auteur d'une édition critique de *La Vie secrète de Salvador Dali* de Salvador Dali (L'Âge d'homme, 2006) et co-auteur avec Isabelle Roussel-Gillet de *Dalí et Béjart : Danser "Gala". L'art bouffe de Salvador Dalí*, (ed. Notari, collection Daliana, 2007), elle a organisé plusieurs expositions sur ce peintre en France (*Dali : la Pratique du recyclage*, au Scriptorial d'Avranche) et aux États-Unis : *Dali Dance and beyond* (Salvador Dali Museum, St Petersburg, FL, 2010 et Godwin–Ternbach Museum, Queens College CUNY), et *Ray Johnson…Dali/Warhol and others… « Main Ray, Duchamp, Openheim and Pikabia »* (*Feigen Gallery*, 2009). Elle a dirigé le numéro spécial de *La Revue des Sciences humaines* « Lire Dalí (2001) » et codirigé avec Isabelle Roussel-Gillet *Dali. Sur les traces d'Éros* (Actes du colloque de Cerisy-La-Salle, 2010, ed. Notari). Elle est aussi l'organisatrice du colloque *Dali Today* (Godwin-Ternbach Museum, Queens College, CUNY and Catalan Center, New York University, 22-23 April 2010.)

Matthieu Jung
est docteur en littérature comparée (qualifié en section 10). Il enseigne l'anglais dans le secondaire et dispense des cours à l'Université de Strasbourg. Sa thèse porte sur les modalités du lisible chez James Joyce et Raymond Roussel. Il publie régulièrement des articles consacrés à ces deux auteurs. Il s'est notamment intéressé à l'imaginaire des machines, au motif de la boucle chez Joyce et Roussel, au rapport entretenu par Joyce à la poésie de Verlaine (*Revue Verlaine* n° 13), ou à celui de Michel Foucault à l'œuvre de Roussel. Il a travaillé sur les « petits objets » chez Roussel. Il médite actuellement sur Roussel et la

psychanalyse. Ses recherches portent également sur Joe Bousquet, Giuseppe Tomasi di Lampedusa ou encore sur Malcolm de Chazal.

Karen Luong

Titulaire d'un diplôme national d'arts plastiques, elle suit le cursus de l'École Nationale Supérieure des Beaux-Arts de Paris sous la direction d'Emmanuel Saulnier. Son travail s'articule principalement autour de la correspondance entre l'image mouvement et les arts plastiques et notamment autour des relations entre le cinéma et la sculpture à travers des installations vidéos. Nombre de ses travaux interrogent l'échelle dans son lien à l'image, comme *Miniature* (*Portrait de L'Homme qui rétrécit*) et *La Maison cinéma*. Elle prépare un mémoire de recherche dirigé par Jacques Aumont et Guitemie Maldonado sur la question de la miniature et des rapports d'échelle au cinéma. www.karenluong.fr

Nadja Maillard

Après des études en histoire puis en anthropologie, elle a réalisé sa thèse en histoire de l'architecture à l'Ecole polytechnique de Lausanne. Elle adopte, dans tous ses travaux, une approche qui associe les méthodes développées par ses disciplines de formation qu'elle imprègne des enseignements d'autres domaines d'expression. Nadja Maillard appréhende ses objets d'étude dans leurs composantes multiples, techniques et matérielles autant que symboliques : elle signe, en tant qu'auteure ou directrice de publication, de nombreux ouvrages consacrés au *construire* et à l'*habiter*. Actuellement, ses travaux se développent sur deux fronts complémentaires : d'une part l'écriture, d'autre part la création plastique.

Quentin Montagne

prépare depuis deux ans une thèse en Arts Plastiques à l'Université Rennes 2 sous la direction de Christophe Viart : « L'Aquarium : un réservoir de l'imaginaire marin aux croisements de la science et de l'art ». ATER en 2015-2016 au département Arts Plastiques à l'Université Rennes 2, membre actif du laboratoire de jeunes doctorants ALEF, il participe régulièrement à des journées d'études (organisation de la journée « l'Artiste face à sa pratique » à l'Université Rennes 2, membre du projet « Arts Visuels en Sciences des technologies de l'information et des télécommunications » à l'initiative de l'Université Rennes 1, communications dans le cadre de plusieurs journées doctorales, etc.). Diplômé de l'EESAB site de Rennes, il conjugue recherche théorique et production artistique dont il témoigne régulièrement au travers d'expositions et d'éditions.

Laurence Olivier-Messonnier
est professeur agrégé de lettres modernes et docteur en littérature française et comparée. Qualifiée maître de conférences en section 09, elle est chercheur associé au CELIS (centre d'études des littératures et de sociopoétique) de Clermont-Ferrand II. Ses recherches portent sur la littérature de jeunesse de 1870 à nos jours, la littérature générale française et francophone du XXe et du XXIe siècles (multiculturalisme, famille et guerre, minorités, rapport texte/image) et sur la didactique de la littérature. Membre de l'AFRELOCE (Association Française de Recherche sur les Livres et Objets Culturels de l'Enfance), elle a publié deux ouvrages : *Guerre et littérature de jeunesse 1913-1919 Analyse des dérives patriotiques dans les périodiques pour enfants*, Paris, L'Harmattan, 2012 et *Enfants de troupe(s) Les descendants du Tambour d'Arcole : entre mythe et réalité*, Paris, L'Harmattan, 2013. Elle écrit des articles pour les *Cahiers Robinson*, les *Cahiers Voltaire*, des revues nationales et internationales *Strenae*, *Amerika*…

Florence Pandit
est psychologue spécialisée dans les troubles cognitifs et des apprentissages scolaires liés au neurodéveloppement au CHU de Lille (service de neuropédiatrie) depuis 1990. Titulaire d'un doctorat de psychologie en 2004 (modification des comportements logicomathématiques sous psychostimulant dans une population d'enfants cérébrolésés versus enfants avec troubles déficitaires de l'attention), elle étudie les déficits d'attention et plus particulièrement les trajectoires développementales d'enfants avec atteintes neurologiques. Elle a participé à la constitution de protocoles de recherches cliniques et s'intéresse à l'ingénierie pédagogique dans le cas de l'ETP (Éducation Thérapeutique du Patient en pédiatrie). Elle a également coécrit le chapitre d'un ouvrage publié chez l'Harmattan, relatif au co-design, et a été chargée de cours à l'Université Lille 3.

Isabelle Roussel-Gillet
Maître de conférences habilitée à diriger des recherches, membre du centre de recherche Textes & cultures, elle étudie les relations entre le littéraire et les arts visuels notamment chez les cinéastes Richard Dindo, Laurent Cantet, les écrivains Annie Ernaux, Michel Butor, Jean-Marie Le Clézio (sur lequel elle a écrit trois ouvrages et coordonné cinq collectifs) puis chez Salvador Dali et Maurice Béjart (avec F. Joseph-Lowery, éd. Luca Notari, 2007 et 2010). Son engagement pédagogique vise à créer des projets interdisciplinaires et interculturels. Commissaire d'exposition, notamment pour le Scriptorial de 2013 à 2017 (Musée des manuscrits du Mont Saint Michel), elle accompagne depuis 2010 les

projets d'exposition du Master expographie-muséographie codirigé avec Serge Chaumier à l'Université d'Artois.

Bruno Thibault

enseigne la littérature française contemporaine et le cinéma à l'Université du Delaware (États-Unis) depuis 1987. Il est l'auteur de quatre ouvrages critiques : *Paul Morand : du modernisme au pétainisme* (Summa, 1992), *Danièle Sallenave et le don des morts* (Rodopi, 2004), *J.M.G. Le Clézio et la métaphore exotique* (Rodopi, 2009), *Un Jésus postmoderne : les récritures romanesques contemporaines des Évangiles* (Brill, 2016), ainsi que d'une cinquantaine d'articles sur divers auteurs et cinéastes contemporains. Bruno Thibault a codirigé cinq volumes collectifs consacrés l'œuvre de J.M.G. Le Clézio. En 2014 il a dirigé un numéro spécial de la revue *Europe* sur l'œuvre de Danièle Sallenave depuis l'an 2000. Il prépare la publication des actes d'un colloque international consacré à cette romancière aux Presses de la Sorbonne Nouvelle. De 2005 à 2008, Bruno Thibault a codirigé la revue *Nouvelles Études francophones*. De 2008 à 2015, il a été rédacteur en chef pour la revue *Les Cahiers J.-M. G. Le Clézio*. Il dirige actuellement la collection *Chiasma* chez Brill.

Évelyne Thoizet

Professeur des universités, elle est membre du centre de recherche « Textes & cultures » de l'université d'Artois. Ses recherches portent sur les questions du mouvement, du temps et de la mémoire dans les romans et autobiographies de la deuxième moitié du XXe et du XXIe siècles (Sarraute, Modiano, Germain, Millet, Mauvignier, Dhôtel etc.). Elle a notamment publié un ouvrage sur les apories du temps dans *Le Temps immobile* de Claude Mauriac (intitulé *Les Mailles du filet*). Elle s'intéresse tout particulièrement aux rapports entre les sciences, la philosophie et la littérature en travaillant sur les représentations du temps et sur les rapports qu'entretiennent notamment les philosophies de Bergson et de Ricœur, la phénoménologie et le récit contemporain.

CHAPITRE 1

Introduction : la miniature, dispositif artistique et modèle épistémologique

Évelyne Thoizet et Isabelle Roussel-Gillet

Bachelard déplorait déjà dans les années 1950 le peu d'importance accordé à la miniature : considérée à tort par les philosophes comme mineure[1], prétendument réservée aux enfants, elle nourrit un imaginaire enfantin que les adultes délaissent pour d'autres objets. Plus d'un demi-siècle après ce constat, alors que la miniaturisation a entraîné une révolution technique sans précédent, Olivier Rey note le même désintérêt, non pour la seule miniature mais pour la taille des phénomènes : « les questions de taille sont demeurées le parent pauvre de la réflexion sociale et politique »[2]. C'est donc la question de la taille, de la proportionnalité, du seuil quantitatif, que les études du présent ouvrage mettent en avant, en s'intéressant tout particulièrement au phénomène de la miniature à l'ère de la miniaturisation technique et scientifique[3].

Délimitations de l'objet miniature

Les contours de ce tout petit objet d'étude doivent d'abord être définis pour éviter des approximations et des confusions avec des notions voisines. Si le terme de miniature désigne une image de petites dimensions peinte de couleurs vives, c'est par une fausse étymologie qu'on le rapproche des adjectifs mignon et minuscule : le terme dérive en fait du latin *minium,* peinture rouge servant à tracer les lettres des enluminures. Mais la couleur rouge finit par s'estomper pour laisser ressortir la petite taille : la miniature définit alors spécifiquement une peinture fine exécutée par des miniaturistes de diverses traditions qui représentent des sujets en changeant d'échelle. Elle ne saurait être confondue avec le détail ou le fragment[4] : elle donne en effet de l'objet

1 Gaston Bachelard, *La Poétique de l'espace* [1957], PUF, Quadrige, 2001, p. 140.

2 Olivier Rey, *Une question de taille*, Paris, Stock, « Les essais », 2014, p. 96.

3 Nous n'abordons pas la question des nanotechnologies traitée dans la revue *Alliage* (*Micro & nano,* numéro 62, avril 2008).

4 Voir les travaux de Daniel Arasse sur le détail (*Le Détail. Pour une histoire rapprochée de la peinture*, Paris, Flammarion, 1992, nouvelle parution dans la collection Champs/Flammarion,

 | DOI 10.1163/9789004366206_002

représenté une vision globale, en réduction, alors que le détail, petit élément détaché de l'ensemble, et le fragment, morceau indiciel d'une chose brisée ou déchirée, sont des prélèvements d'une partie de l'objet. La miniature est le résultat ou l'origine d'un changement d'échelle : les proportions, l'ordre et la cohérence de l'ensemble sont conservés dans leur intégrité. Même si, comme le fragment, la miniature entre dans un processus de connaissance et incite à une démarche herméneutique, elle ne figure pas « un ordre brisé » ou « la défection d'une cohérence »[5] qu'il faudrait reconstituer. La petitesse de la miniature relativement à son modèle indexé sur la taille humaine n'a donc pas le même sens que celle du fragment ou du détail ; la miniature n'est ni la métonymie, ni la synecdoque d'une réalité plus grande : elle en conserve la même structure, les mêmes proportions, la même forme, en taille réduite.

La miniature n'induit donc pas les mêmes processus de perception et d'appréhension que le puzzle, la mosaïque ou la mise en abyme : le puzzle et la mosaïque sont constitués de fragments découpés qui, assemblés, reconstituent la cohérence initiale. Quant à la mise en abyme, qui désigne « toute enclave ayant pour référent la totalité qui lui sert de cadre »[6], elle implique un rapport inclusif et réflexif par rapport à la totalité, qui ne définit qu'une des fonctions possibles de la miniature, celle qu'interroge Isabelle Roussel-Gillet à propos du roman de Jessie Burton. En littérature, la miniature se distingue de la forme brève (contes ou nouvelles, formes poétiques brèves ou maximes) et s'inscrit dans un régime particulier de l'imaginaire qui réduit les dimensions de l'objet représenté pour en offrir d'autres sens à déchiffrer, voire à décoder.

Territoires de la miniature

Le champ d'étude de la miniature est inversement proportionnel à la taille de l'objet : il est immense même si nous l'avons circonscrit à l'époque contemporaine. La miniature concerne d'abord tous les arts visuels (cinéma, peinture, architecture, sculpture), ainsi que la littérature. À partir des années 1960, la

---

1996 et 2009) et de Roland Barthes sur le fragment (« Littérature et discontinu », in *Essais critiques*, Paris, Seuil, 1964, coll. Points, p. 175-187, *Roland Barthes par Roland Barthes*, Paris, Seuil, 1975, *Fragments d'un discours amoureux*, Paris, Seuil, Tel Quel, 1977, etc.).

5 Daniel Oster, Daniel Charles, « Fragment, littérature et musique », *Universalis éducation* [en ligne], *Encyclopædia Universalis*, consulté le 24 mars 2017. Disponible sur <http://www.universalis-edu.com/encyclopedie/fragment-litterature-et-musique/>.

6 Lucien Dällenbach, « Mise en abyme », *Universalis éducation* [en ligne]. *Encyclopædia Universalis*, consulté le 24 mars 2017. <http://www.universalis-edu.com/encyclopedie/mise-en-abyme/>.

miniaturisation révolutionne les techniques et les sciences : elle décuple la puissance des machines avec les inventions du circuit intégré en 1958, du microprocesseur en 1973. L'exploration de l'infiniment petit engendre de nouvelles questions sur la représentation de l'invisible et sur les lois qui régissent le monde des particules élémentaires, très différentes de celles du monde ordinaire et visible. « Le minuscule, porte étroite s'il en est, ouvre un monde », résume Bachelard[7]. Les articles de cet ouvrage proposent d'explorer les mondes au pluriel ouverts par la miniature : du monde imaginaire des rêveries lilliputiennes de Timothée de Fombelle (Laurence Olivier-Messonnier) au monde réel des herbes (Rachel Bouvet), des montagnes et des palais (Nadja Maillard), des maisons (Danielle Constantin, Isabelle Roussel-Gillet), des aquariums (Quentin Montagne).

Si nous avons volontairement restreint cette exploration des mondes miniatures au dernier demi-siècle, la géographie de la miniature semble se délimiter d'elle-même : historiquement, ce sont les Anglo-Saxons, les Allemands et les Hollandais qui construisent d'abord des maisons de poupées. Héritiers de cette tradition, les Américains des États-Unis ont été très inspirés aussi par les pratiques miniaturisantes, de la poupée Barbie aux dispositifs artistiques contemporains. Le Japon, pays par excellence des objets miniatures sous des formes diverses (bonsaï, inrō, etc.), pourrait constituer un sujet d'étude à part entière : Quentin Montagne analyse la composition de paysages aquatiques ou « aquascaping » apparu au Japon au début des années 1980 et notamment l'œuvre de l'artiste japonais Takashi Amano.

Paradoxes de la miniature

La réflexion sur la miniature ouvre un champ de paradoxes. Le plus fréquent d'entre eux est exprimé par les formules de Bachelard : « Le grand sort du petit »[8], « La miniature est un des gîtes de la grandeur. »[9] Bachelard illustre le contraste entre la petitesse de la miniature et la grandeur de ce qu'elle représente ou contient par des exemples littéraires : l'entrée dans une pomme chez Michaux ou les jeux révélant « l'immensité intime des petites choses »[10] dans *La Fée aux Miettes* de Nodier. Les changements d'échelles de perception ou de

7 Gaston Bachelard, *La Poétique de l'espace*, *op. cit.*, p. 146.

8 *Ibid.*, p. 145.

9 *Ibid.*, p. 146.

10 Gaston Bachelard, *La Terre et les rêveries du repos*, [Paris, José Corti, 1948], Les Massicotés, 2004, p. 21.

représentation produisent des effets phénoménologiques bien connus : le monde perçu selon un insecte ou un personnage rapetissé semble gigantesque ; à la loupe, le monde paraît naître à nouveau. Quand le poète, l'artiste, le rêveur entrent dans une noix, une pomme, un grain de raisin ou d'autres microcosmes, ils y découvrent des immensités cosmiques. Mais si le petit révèle le grand, ce n'est pas, selon Bachelard, « par la loi logique d'une dialectique des contraires, mais grâce à la libération de toutes les obligations des dimensions, libération qui est la caractéristique même de l'activité d'imagination. »[11] Bachelard se distingue « des philosophes qui prétendent toujours vivre l'être qu'ils contemplent par *le dedans* »[12] et leur oppose les rêveurs accédant à l'unité de l'être qu'ils envahissent, et retrouvant un « bonheur primitif »[13], fait de « la nostalgie de l'intimité du bonheur perdu »[14]. Le changement d'échelle ne libère pas seulement l'imaginaire : il modifie aussi la façon dont on perçoit et comprend le monde en développant des activités cognitives, comme le montre Florence Pandit.

Car la miniature est le lieu d'une tension forte entre la sensibilité et l'intelligibilité : elle est moins perceptible que son modèle à taille normale et pourtant plus compréhensible. Lévi-Strauss formule ce paradoxe dans *La Pensée sauvage* : « la vertu intrinsèque du modèle réduit est qu'il compense la renonciation à des dimensions sensibles par l'acquisition de dimensions intelligibles »[15]. Le modèle réduit permet ainsi d'accéder à une autre forme d'intelligibilité en modifiant l'échelle de la représentation. Dans bien des musées d'archéologie ou d'histoire de la ville, une maquette, modèle réduit d'un bâtiment, est le passage obligé de la visite guidée. Elle offre un potentiel de rassemblement pour les médiations, afin que les visiteurs puissent se grouper autour d'elle et la voir ensemble. Le guide l'utilise pour leur donner des repères, des connaissances historiques sur l'architecture et les évolutions d'un bâtiment. La maquette comme dispositif interactif est alors au service de la compréhension scientifique.

La réduction de taille rend parfois la vision difficile et semble éloigner l'objet rapetissé alors même que le miniaturiste veut approcher et saisir le réel dans sa totalité. La miniature allie ainsi la toute puissance et la fragilité de son dispositif : si la miniaturisation ludique réduit le monde « à ce que l'on peut en

---

11 Gaston Bachelard, *La Poétique de l'espace, op. cit.*, p. 145.

12 Gaston Bachelard, *La Terre et les rêveries du repos, op. cit.*, p. 21. Bachelard souligne.

13 *Ibid.*, p. 22.

14 *Ibid.*, p. 23.

15 Claude Lévi-Strauss, *La Pensée sauvage*, Paris, Plon, 1962, Pocket, 1990, p. 39.

faire », à un « jouet qu'on manipule au gré de ses fantasmes »[16], elle reste fragile et doit être dépassée. D'une manière plus générale, l'image d'un monde réduit est « à la fois la mieux composée et la plus fragile parce que c'est l'image du rêveur »[17]. Elle fournit un moyen de comprendre et de dominer la complexité du réel sans la simplifier ni la disperser. Elle résulte d'une vision surplombante et aérienne du monde (cartographies, plans, panoramas, maquettes) qu'elle met à distance tout en le rendant plus consistant et plus cohérent, contrairement à l'analyse qui, en rapprochant les objets, les décompose et les disperse[18].

Cette approche phénoménologique de la miniature est résumée dans l'étude de Bachelard intitulée « Le monde comme caprice et comme miniature » : Bachelard se situe au seuil de la rêverie, dans l'instant entre rêve et conscience, où le monde se tient à distance, où les choses sont éloignées de nous sans que nous en perdions encore la conscience, où nous contemplons les choses sans vouloir agir sur elles ou les distinguer. C'est à cet instant-là seulement que le monde apparaît comme miniature et « c'est comme miniature que le Monde peut rester composé sans tomber en morceaux. »[19] Dans cette étude, Bachelard essaie de saisir cet instant fragile de la rêverie où le monde apparaît à la fois comme une miniature lointaine et comme « le plus consistant des tableaux »[20]. Il fait varier le regard entre convergence et dispersion : dès qu'il y a action et distinction, le monde se rapproche de moi et se disperse, la main entrant en scène avec le toucher[21] ; dès qu'il y a de nouveau contemplation, le monde, s'éloignant, redevient miniature et peut de nouveau être saisi dans sa totalité. Bachelard examine le passage de la miniature aux choses et parallèlement, le passage du caprice, par lequel l'enfant plie son jouet à sa volonté, aux « forces » de la volonté de l'*homo faber* capable d'agir sur les choses.

Le monde comme caprice et comme miniature est un monde merveilleux de « liberté pleine et radieuse »[22], monde du « *puer lusor* »[23] qui nous fait revenir aux « premières formes de la rêverie subjective »[24], monde offert à notre vision dans sa totalité et son unité, avant que la conscience ne l'analyse en le

16 Philippe Meirieu, « La Télécommande et l'infantile », *Médium*, 2005/1 n°2, <http://www.cairn.info/revue-medium-2005-1-page-44.htm>, consulté le 30 mars 2017. p. 47.

17 Gaston Bachelard, « Le monde comme caprice et miniature » [1933-1934], in *Études*, Paris, Vrin, « Bibliothèque des textes philosophiques », 1970, p. 23.

18 *Ibid.*, p. 24.

19 *Ibid.*

20 *Ibid.*

21 *Ibid.*

22 *Ibid.*, p. 27.

23 *Ibid.*, p. 26.

24 *Ibid.*, p. 27.

dispersant ou que le rêve ne le fasse s'évanouir. Que le spectateur soit face à la miniature et en dehors d'elle ou bien à l'intérieur de la miniature, il éprouve un sentiment d'émerveillement qui peut engendrer un processus de création. C'est ce que décrit Virginia Woolf dans *Instants de vie*[25] quand elle rapporte une impression très vive et très heureuse éprouvée dans sa toute petite enfance et restée merveilleusement intacte : à demi-réveillée dans son lit, elle percevait le mouvement régulier des vagues et le bruit du petit gland du store sur le sol :

> Mais naturellement il y avait une cause extérieure à l'intensité de cette première impression : l'impression des vagues et du gland du store ; la sensation, telle que je la formule parfois pour moi-même, d'être à l'intérieur d'un grain de raisin et de voir à travers une pellicule d'un jaune semi-translucide[26].

Exemple de l'imagination miniaturante évoquée par Bachelard, la sensation décrite par Virginia Woolf croît et se développe comme une graine ou la cellule d'un être vivant : elle est à l'origine de sa vocation d'écrivain.

> Si j'étais peintre, je rendrais ces premières impressions en jaune pâle, argent et vert. Il y avait le store jaune pâle ; la mer verte ; le gris-argent des fleurs de la passion. Je représenterais une forme sphérique, semi-translucide. Je représenterais des pétales recourbés, des coquillages, des choses semi-translucides ; je tracerais des formes arrondies, à travers lesquelles on verrait la lumière, mais qui demeureraient imprécises. Tout cela serait vaste et indistinct ; et ce qu'on verrait on l'entendrait aussi ; des sons sortiraient de tel pétale ou telle feuille – des sons indissociables de l'image.[27]

Tout un processus de création est déclenché par cette image séminale très petite dont le modèle est emprunté à la nature (œuf, graine, atome, cellule) et qui se déploie aux dimensions d'un univers. C'est ce type d'habitat minuscule contenant un univers immense qu'explorent les personnages des romans lilliputiens, tel Tobie Lollness, héros d'un millimètre et demi des romans de Timothée de Fombelle : Laurence Olivier-Messonnier montre que le changement

25 Virginia Woolf, *Instants de Vie*, (*Esquisse du Passé*), [*Moments of Being*, publié pour Sussex University Press par Chatto et Windus, London], Stock, trad. C.M. Huet, 1986, Livre de poche, Biblio.

26 *Ibid.*, p. 69.

27 *Ibid.*

d'échelle permet au romancier de concentrer toute l'histoire et la géographie du monde depuis sa création dans un arbre qui abrite un peuple miniature. Si ce dispositif miniaturisant peut avoir des fonctions critiques et satiriques comme dans le roman de Swift, il a aussi pour effet d'émerveiller le lecteur en lui proposant un concentré d'énergie bienfaisante comme le formule Bachelard : « Il semble au rêveur que plus petits soient les êtres, plus actives soient les fonctions. [...] En enfermant l'onirisme, on le dynamise. [...] C'est pourquoi les rêveries lilliputiennes sont si toniques, si bienfaisantes. »[28] La miniature est, en ce sens, un catalyseur d'imaginaire.

La miniature concentre également toute une palette de paradoxes temporels. L'œil la perçoit en un instant et la main en prend possession en un clin d'œil. Pourtant la finesse des détails et la petitesse des dimensions font obstacle à la saisie sensible de l'objet miniature. Le temps d'observation de certaines œuvres miniatures est encore allongé par certains dispositifs qui rendent la vision malaisée, comme le remarque Frédérique Joseph-Lowery. De plus, l'élaboration d'une miniature prend aussi un temps considérable. C'est pourquoi, en concours d'architecture, l'étape initiale de la maquette, trop longue et donc trop coûteuse, est souvent élidée et remplacée par des dispositifs numériques dématérialisés comme la représentation en trois dimensions. C'est pour réintroduire la matérialité dans le projet architectural lui-même qu'Églantine Bigot-Doll fait élaborer à ses étudiants des figments façonnés main. Ce processus, qui commence par l'élaboration d'une maquette analogique et d'un scénario fictionnel, s'inscrit dans une durée longue. Dans la perspective de psychologie clinique étudiée par Florence Pandit, la projection du temps sur l'espace d'une frise chronologique offre au jeune patient la possibilité de dominer ce temps quotidien rythmé par les soins en y plaçant des images miniatures qui lui permettront d'élaborer des récits et de se figurer l'avenir. Quand le temps se projette dans l'espace de la miniature, il subit un changement de vitesse par rapport à l'échelle de référence : la fiction romanesque joue volontiers de ces accélérations ou ralentissements temporels en construisant par exemple des mondes miniatures où le temps passe plus vite.

Œuvre d'art à contempler ou dispositif moteur

Les objets d'art miniatures sont avant tout donnés à voir comme objets à contempler, que ce soit au musée, en galerie, en vitrine de collections privées ou à la scène. Ils suscitent des émotions et plaisirs esthétiques, de l'émer-

---

28 Gaston Bachelard, *La Terre et les rêveries du repos*, *op. cit.*, p. 24.

veillement à la sublimation. Certains artistes continuent à considérer la miniature comme un dispositif esthétique qui constitue sa propre finalité, comme une œuvre d'art à part entière qui émerveille, telles les miniatures de Dan Ohlmann exposées au Musée de la miniature et du cinéma de Lyon. Le voir est essentiel, dès lors que, dans l'objet, il faut comprendre le préfixe « ob » comme ce qui met devant nous. Les dispositifs muséaux de vitrinification accentuent l'esthétisation, – la *dollhouse æsthetic* analysée par Danielle Constantin –, et ne permettent ni recul, ni toucher. La miniature n'est pas alors affaire de manipulation pour le regardeur. Si ce dispositif exclut le plaisir du jeu, il peut tout au moins activer un imaginaire, un souvenir, un récit.

D'autres créations ont pour ambition de changer notre rapport au monde et de modifier notre regard. Des questions d'ordre esthétique se posent alors quant au modèle et à l'illusion, au faux, au trompe l'œil, au factice. Dans cet esprit, le photographe Didier Massard brouille les frontières entre la mimésis du réel et l'invention illusionniste. Nombreuses sont aussi les œuvres contemporaines qui réduisent l'échelle pour proposer un autre regard. Par exemple Slinkachu joue du rapport entre miniature et grandeur urbaine pour susciter des scènes poétiques ou décalées, n'hésitant pas à loger une reproduction miniature de la Joconde en bord de Seine à hauteur de fourmis. Ce geste désacralise le chef d'œuvre, hors les murs, tout en ne niant pas sa fonction esthétique que les poteaux de mise à distance miniaturisés exhibent tout autant que la présence d'une figurine de gardien. À regarder de plus près, la figurine est d'ailleurs un gardien miniaturisé ou, pour le dire autrement, les dimensions de la Joconde sont majorées. La proportionnalité entre le gardien et la toile n'étant pas respectée, le dispositif active un effet miniature relatif.

Dans la pratique, afin de changer d'échelle, l'artiste recourt à un pantographe, un logiciel, une grille de pixels, une mise au carreau ou à un calque. Quel que soit l'instrument, l'expérience rend complexe ce que voir veut dire, dès lors que des opérations interprétatives et modélisantes interviennent dans le processus. C'est ce que Camille Courier de Mèré désigne par l'action de *transduire*, terme emprunté à Simondon[29]. Cette interprétation intervient peut-être davantage dans la traduction, et non la simple reproduction, d'une petite maquette en sa réalisation monumentale. Le coefficient d'interprétation[30] tient moins à une *bonne mesure*, qu'à la perception sensible, ce qu'on

29 Gilbert Simondon, *L'Individuation à la lumière des notions de forme et d'information*, Grenoble, Millon, 2005 (version intégrale de la thèse de doctorat soutenue en 1958).

30 Le passage d'un objet à son modèle réduit *à l'identique* suppose une certaine rigueur alors que le passage du petit prototype à sa version plus grande peut laisser une liberté interprétative.

pourrait appeler un certain coefficient énergétique. Quand il peint une œuvre monumentale, le peintre est dedans, et pour faire de cette contenance un levier créatif, il laisse s'exprimer une intensité, nous dit encore Camille Courier. Au début de l'interview qu'elle nous accorde, il n'est pas anodin qu'elle se remémore son travail avec un égyptologue. À rebours, sa première expérience devient fondatrice d'un travail archéologique d'ordre stratigraphique, qui caractérise les effets de la transduction. Aux yeux de son créateur, l'œuvre d'art gagne en densité temporelle et énergétique. La perception, nous l'aurons compris, change selon que l'on se place du côté de l'auteur ou du récepteur-regardeur.

Dans les arts contemporains, l'objet récurrent est aussi une matière filmique, numérique qui interroge la relativité des échelles. Ainsi si les vues aériennes miniaturisent par l'éloignement qu'elles actent, elles ne modifient pas concrètement la mesure de l'objet regardé sur lequel elles n'interviennent pas physiquement. Depuis l'espace, par le recul, la terre peut être vue dans son entièreté, ce qui ne la modifie en rien. Dans ce cas précis, aucune opération de miniaturisation n'intervient dans la réalité, seule la distance permet ce regard qui embrasse un objet, même si une face continue d'échapper à notre œil. On ne peut alors proprement parler de miniature ou de miniaturisation mais plutôt d'un effet miniature opéré grâce à un progrès technologique (Karen Luong). Les inventions n'ont eu de cesse de reculer les limites imposées par la dimension de notre propre corps déterminant ce qui peut être vu et de nous pousser à penser la relativité des mesures. C'est sans doute là une des clefs de la pulsion épistémologique qui pousse vers la miniature.

La représentation miniature d'un chez-soi, intimité rassurante et dérangeante

Poursuivant la réflexion sur les conditions du voir, force est de constater que le plaisir est activé soit par tout ce qui se cache à la vue, soit par ce qui attise le désir de voir à travers la lorgnette, la loupe, le trou, l'œilleton. La miniature met l'accent sur la pulsion scopique déclinée dans divers registres, du burlesque au dramatique, et dans divers genres, de la farce au polar. Par exemple, dans le registre burlesque, l'épisode *Brats*[31] de Laurel et Hardy met en scène les deux héros sous les traits des pères et de leurs fils qui sont leurs propres modèles réduits filmés dans un décor agrandi : le geste de se taper dans l'œil au sens

31 *Brats*, réalisation James Parrott, 22 mars 1930 (traduction française : *Les bons petits diables*), <https://www.youtube.com/watch?v=Gn1PMP1nAa0>, consulté le 19 avril 2017.

propre qui ouvre l'épisode est repris plusieurs fois dans différents sketchs, montrant les dangers de l'engagement oculaire[32]. La scène ouverte par la miniature et montrée au spectateur est d'abord une scène domestique, dans cet épisode qui se termine par la submersion complète de la chambre des deux enfants espiègles. Du salon, Laurel et Hardy se déplacent au seuil de la chambre de leurs enfants ; par le trou de la serrure, les pères épient à leurs risques et périls ce que manigancent leurs miniatures dans leur chambre à coucher.

Le trou n'est pas seulement le viseur des dispositifs optiques ; il est aussi corrélé psychiquement à l'orifice d'un corps-contenant, dans l'œuvre de Dali analysée par Frédérique Joseph-Lowery. En ce sens, il revêt une charge érotique. Si, dans le cas des maisons de poupées, la scène domestique en apparat présente souvent une famille idéale, elle peut aussi ouvrir sur l'intimité d'une chambre secrète et cachée dans le roman de Jessie Burton. Le rapport entre l'œil du voyeur et l'espace qu'il explore peut être inversement proportionnel : tantôt un œil géant plonge dans un intérieur minuscule qui est mis à sa portée (*Brats*, la maison de poupée), tantôt le regard d'un personnage minuscule cherche à explorer un territoire géant en le parcourant voire en le pénétrant. Les artistes contemporains (peintres, cinéastes, écrivains) ont souvent exploité ce fantasme voyeuriste de la miniature : par exemple, la peintre irlandaise Kathy Prendergast, conçoit en 1983 des *Body map series* qui combinent la carte et le corps féminin, réactivant la métaphore mythique de la femme-paysage, géante par rapport à l'échelle du spectateur. Cette transformation du corps en paysage s'obtient par le changement d'échelle entre homme et femme comme le montre Bertrand Westphal[33] en prenant pour exemple un conte de Bukowski intitulé de façon très explicite *Le petit ramoneur*[34] : le héros éponyme dont la taille est réduite à une vingtaine de centimètres devient le jouet sexuel de sa compagne Sarah. Almodovar exploite aussi cette signification explicitement érotique en mettant en scène le fantasme masculin de la miniature dans un film muet en noir et blanc : dans *Parle avec elle* (2002), l'infirmier Benigno se rend au cinéma pour y voir un film muet, *L'Amant qui rétrécissait.* Ce court film, réalisé par Almodovar lui-même, met en scène un jeune savant, Alfredo, qui teste le breuvage créé par sa compagne chimiste, Amparo, et rétrécit jusqu'à la

---

32 Un récent article de Lara et Richard Zegers (ophtalmologiste néerlandais) publié le 17 novembre 2016 dans la revue *Scottish medical Journal* montre que les traumatismes oculaires ne concernent pas le seul épisode *Brats* mais sont nombreux dans les films de Laurel et Hardy.

33 Bertrand Westphal, *La Géocritique, réel, fiction, espace*, Paris, Les Éditions de Minuit, 2007, p. 113-114.

34 Charles Bukowski, *Contes de la folie ordinaire* [San Francisco, City Lights Publishers, 1972], trad. Léon Mercadet, Jean-François Bizot, Paris, Le Sagittaire, 1978.

taille d'un pouce environ. Une nuit, profitant du sommeil de sa compagne, il explore son corps nu et finit par disparaître définitivement dans la fente où il pénètre. Le changement d'échelle libère l'imagination érotique et déchaîne les fantasmes d'exploration et de voyeurisme.

La miniature, parfois accompagnée à l'écran de son agrandissement projeté, est le théâtre de projection de la vie psychique. Il n'est pas anodin que l'espace de la chambre soit récurrent dans les contributions : *camera obscura*, chambre optique, chambre au berceau, chambre d'adolescent sont autant d'espaces du rêve. La miniature, quand elle figure l'espace domestique miniaturisé, en particulier la cuisine et plus encore la chambre, est sans nul doute un concentré psychique « avec tout ce que cela implique de souvenirs, de rêves, d'hallucinations, d'obsessions et de frayeurs », comme nous le rappelle Danielle Constantin. Cet espace miniature est même pensé comme le lieu d'un crime, lors d'une séance de formation en criminologie (Danielle Constantin, Karen Luong) ou lors d'une expérience du visiteur devenant la cible d'une arme à feu dans le dispositif de Lynn Hershmann Leeson, *A room of One's Own*, ausculté par Frédérique Jospeh-Lowery. Est ainsi actualisée la tentation de renverser la scène : c'est le visiteur qui est tenu à l'œil par la caméra de surveillance ou le viseur d'une arme. Ce qui importe alors, ce n'est plus ce que nous voyons dans un trou mais ce qui nous tape à l'œil depuis ce trou, soit la petite déflagration qui accompagne la détonation. Alors il ne s'agit plus de tenir en main la miniature pour la posséder ou mieux la mémoriser, mais de se confronter à la puissance secrète qu'elle recèle.

Ce rapport paradoxal entre bruit et silence dans une production de petit format nous fait penser au travail de l'artiste et microbiologiste Philippe Boutibonnes[35] et en particulier à *Sans bruit, sans secret* (*Éthique II de Spinoza*) (1989-1990) ; il copie le texte du livre II *de mente* de l'*Éthique* avec une encre diluée qui s'estompe jusqu'à devenir illisible. À ce spectre de la disparition s'ajoute la référence à l'œuvre *À bruit secret* de Marcel Duchamp (1916) qui a glissé un petit objet dans une pelote de ficelle, faisant du bruit dès qu'on l'agite. Au contraire de cette pelote contenante, potentiellement sonore, le texte de Spinoza copié sur des petits formats chemine vers le silence. En contrepoint de la pratique sereine du copiste, l'art du petit peut confronter au vide et à l'in-

35 Texte manuscrit copié à la plume et à l'encre sépia sur cent-quatre feuilles de papier à la cuve insérées entre deux plaques de marbre, et photographie collée sur carton, Musée des Beaux-arts de Caen (13 mai – 2 octobre 2016), *Col tempo*. Le hasard faisait que *Maésta* d'Andy Guérif (analysé par Bruno Thibault) était projeté à l'emplacement d'un tableau en prêt, redessinant en quelque sorte la lecture des tableaux exposés à ses côtés, comme autant de miniatures complétant en écho le retable.

saisissable. Tout autant que la miniature visuelle, la miniature sonore permet d'approcher le secret des choses qui réside dans leur silence. Ce silence, limite sonore de la miniaturisation, est peut-être ce sur quoi débouche l'écoute du minuscule par Raymond Roussel selon Mathieu Jung. Bruno Thibaut analyse les pauses silencieuses qui scandent l'œuvre d'Andy Guérif comme autant de signes de l'invisible.

Au lieu de représenter un monde rassurant et intimiste, la miniature fait souvent éprouver l'angoisse d'une réduction, prélude à une disparition inéluctable. Le héros éponyme du roman de Richard Matheson *L'Homme qui rétrécit*[36] vit dans un temps qui s'accélère en même temps que sa taille se réduit : il engage une course contre la montre pour arrêter le processus de rapetissement qui paraît le conduire à une disparition inéluctable ; cependant, le roman ne s'achève pas sur la mort du personnage, puisque sa vie, dans l'infiniment petit, peut sans doute se prolonger indéfiniment. Rassurante ou angoissante, la miniature change notre rapport au monde quotidien qu'elle permet d'apprivoiser ou dont elle dévoile l'inquiétante étrangeté ou fragilité. Quand Denise Le Dantec étudie le végétal en miniature dans son *Encyclopédie poétique et raisonnée des herbes* en croisant les approches poétique et scientifique, elle ouvre un monde de connaissances pointues sur les plantes, qui modifie le regard du lecteur sur le monde et lui permet d'accéder à une réflexion écologique, selon Rachel Bouvet.

De la vision à l'intellection

Un certain positivisme marque le sens de la vue comme sens le plus sûr… À force de se focaliser sur la dimension optique, on finirait par *tomber dans le panneau*, ne rien y voir, au sens d'être dupe de l'illusion. Or, d'une part, cet engagement oculaire va souvent de pair avec un engagement du corps du visiteur qui doit se baisser, se mettre à quatre pattes, ou se hausser sur une marche pour voir en surplomb. Bruno Thibaut montre qu'Andy Guerif exhibe les conditions d'élaboration de son œuvre en donnant à voir les contorsions des personnages du tableau pour entrer dans le cadre miniature de chaque scène de la Passion. La miniature, aussi circonscrite soit-elle, nous confronte ainsi aux limites entre dedans et dehors, entre clos et ouvert. D'autre part, si la miniature fait voir et participe d'un processus de visualisation par des maquettes ou des modèles réduits, elle permet aussi de toucher, penser, parler : elle est l'embrayeur d'un

36 Richard Matheson, *L'Homme qui rétrécit* [*The Shrinking Man*, 1956], trad. Française Claude Elsen, Éditions Denoël, « Présence du futur », 1957.

récit. Si elle fonctionne comme un *piège à voir*, mettant en évidence la pulsion scopique, les plasticiens et metteurs en scène réfléchissent à l'acte de voir, en exhibant parfois le dispositif, tels des magiciens qui montreraient les trucages de leur scène. C'est ce à quoi s'emploie le collectif néerlandais Hotel Modern[37] dans sa mise en scène de *La grande guerre* où la manipulation de petits objets, – du persil pour une forêt –, rend compte des manœuvres de la guerre de tranchées. C'est ce qui se produit lorsque Didier Massard expose au MAD une œuvre photographiée et le décor miniature qui a permis l'élaboration de cette même photographie.

Il est de multiples façons de réfléchir au dispositif que l'on met en place : ne pas duper, connaître l'effet escompté, savoir que les conditions de la vision sont aussi l'œuvre elle-même. Dans *La grande guerre*, s'agit-il de déspectaculariser, désamorcer la charge des images fortes, pour les dédoubler sur scène afin de nous rappeler que le théâtre de la guerre est irreprésentable, qu'il est hors champ, qu'on ne peut figurer sa démesure ? La question de l'acte de voir est problématisée en scène, précisément grâce à ce dédoublement entre l'espace où sont actionnées les miniatures du théâtre d'objet, et la projection illusionniste du champ de bataille. Ceci est, ceci n'est pas : les deux en un. Deux échelles en scène, en même temps, permettent au spectateur de voir ce qui est train d'être fait et comment l'effet est créé. Lorsqu'une image photographique de Didier Massard est présentée en même temps que le décor qui lui a permis de la produire, l'objet tangible prend le pas. Car, si l'image numérique dématérialise, la présence des objets produit l'effet inverse.

Concernant la monstration des miniatures, le contexte d'usage – la projection dans une salle de cinéma, l'exposition dans une salle ou la manipulation dans un espace clinique – fait partie intégrante de la compréhension de l'œuvre. À cet égard, nous avons choisi lors du colloque de diffuser sur un grand écran de cinéma le travail de Karen Luong : la vidéo cadrée sur le visage de l'homme qui rétrécit[38]. La vidéo n'occupait qu'un petit carré central du grand écran, nous rivant au portrait du héros selon un seul point de vue et avec un clin d'œil aux médaillons miniatures mis ici au carré et multipliés. Selon la taille de l'écran choisi, on effectue une opération intellectuelle différente. Un écran de cinéma renvoie à l'origine matérielle des pixels. On sait bien que le cinéma rend aveugle au pixel, sinon le spectateur ne verrait rien. Au contraire, l'opération effectuée par Karen Luong fait parfois disparaître le visage de l'acteur dans une image trouble et rend les pixels visibles.

---

37 <http:/www.hotelmodern.nl>.

38 *L'Homme qui rétrécit*, (*The Incredible Shrinking Man*), film américain réalisé par Jack Arnold (1957), scénario de Richard Matheson, à partir de son roman cité ci-dessus.

Concentration et prolifération de la miniature

Quand un enfant surplombant sa maison de poupée peut dominer *son* monde, la perception d'un tout le rassure. Un adulte peut aussi éprouver ce désir de rassembler *ses* objets sous son regard afin de différer l'angoisse du morcellement. C'est le cas de Marcel Duchamp qui fit collection de ses œuvres réduites en miniature dans une boîte-en-valise emportable, ce qui avait l'avantage symbolique de protéger son œuvre de la dispersion. La miniature permet de contenir une certaine peur et d'activer le plaisir de la collection, très fréquente pour les petits objets et figurines. La boîte s'ouvre comme un polyptique de colporteur. Il est notable que Marcel Duchamp fabrique non pas un mais des petits musées imaginaires[39], de boîte verte en boîte rouge. La concentration d'objets en une unité rassurante n'empêche pas une forme de multiplication.

Dans l'une des sections, appelée « La maison tourniquet », d'un jeu vidéo assez addictif, *Lumino City* (2014) évoqué par Danielle Constantin, l'avatar se déplace dans une maison qui se renverse : il peut alors en sortir pour entrer dans une autre maison, et ainsi de suite. La prolifération des maisons fait de ce dispositif un labyrinthe sans fin. L'appréhension rassurante d'une totalité est donc remise en jeu puisque l'avatar doit quitter une première maison explorée pour une autre maison, les unes s'enchâssant aux autres. Ce jeu fait reculer la perception du tout, à l'infini.

Dans un processus pédagogique destiné à initier des futurs architectes à la conception, Églantine Bigot-Doll fait travailler des étudiants en format miniature, pour les mettre en confiance. Conçus avec une imprimante 3D, ces « plus petits objets possibles à produire », qui tiennent dans la main, sont appelés « pilules » en référence à Joseph Cornell, qui nommait « piluliers » ses boîtes à miniatures et qui collabora à la confection des boîtes de Duchamp.[40] Il est remarquable que les productions de ces futurs architectes à la créativité libérée sont éminemment organiques, cellulaires. Elles apparaissent comme des structures d'entrelacs complexes, difficiles à dénombrer. C'est sur ce paradoxe du petit difficile à dénombrer qu'insiste Rachel Bouvet, quand elle analyse des végétaux naturels, telle l'herbe dans une encyclopédie botanique illustrée de dessins qui modifient l'échelle, contrairement à un herbier. Dans ces perspectives originales, la miniature ne permet pas seulement de penser le rapport d'échelle mais aussi la notion de nombre.

---

39 La miniature ainsi pensée par Marcel Duchamp contamine le musée qui la contient : c'est un musée de petite taille, le Kunsthalle Marcel Duchamp, qui est investi par des œuvres de petit format.

40 Il réalisa aussi des boîtes *Museum* s'inspirant des musées et des cabinets de curiosités.

Les figures d'emboîtements, les séries gigognes, les mises en abyme peuvent dans un autre ordre devenir des figures de l'excès, jusqu'à gêner la vision. C'est ainsi que, dans sa lecture de *La Vie mode d'emploi*, Éléonore Hamaide-Jager montre la tension entre deux mouvements contraires : celui de l'éclatement du puzzle et celui de la concentration de la miniature. Partie d'un tout, le fragment s'oppose à la miniature qui reproduit à échelle réduite un objet dans sa totalité. Pourtant, la miniature elle-même est vouée à la fragmentation, puisque la miniaturiste mise en scène par Perec dans ce roman crée une image vouée à devenir le modèle d'un puzzle. La structure d'ensemble du roman s'inspire de la maison défaçadée en trois dimensions, c'est-à-dire d'une miniature, tandis que la structure éclatée du puzzle l'emporte dans l'éclatement des chapitres et dans les thématiques abordées.

Sur un autre mode, une certaine obsession peut se « mesurer » chez Raymond Roussel (Mathieu Jung), par son poème difficile à contenir. Ses trois poèmes qui constituent *La Vue* (1904) proposent des descriptions d'objets mineurs mis en abyme : une photographie de panorama balnéaire, enchâssée au sommet d'un porte-plume, l'en-tête d'un papier à lettre et une étiquette de bouteille d'eau. Voués à la prolifération textuelle, ces poèmes sont le prélude à *Nouvelles Impressions d'Afrique* (1932) qui reprend le même principe d'une description de ce qui est vu depuis une minuscule lorgnette-pendeloque. La miniature d'une représentation de petite taille trouve son extension paradoxale dans un long poème et dans le roman à suivre.

Enfin, c'est sur une figure du nombre, peut-être moins évidente, que s'ouvre le texte de Frédérique Joseph-Lowery : le trou effectué par le poinçonneur des Lilas. Ce trou indéfiniment démultiplié agit dans la réalité présente en l'évidant alors que le récit de la chanson évoque un ailleurs : c'est ce clivage entre le réel et le virtuel qu'aiderait à franchir la miniature. La capacité de symboliser est ainsi court-circuitée dans une économie de la miniature qui, pour embrasser et condenser le tout, est certes un facilitateur mais aussi une facilité. Devant l'objet isomorphique, la question à se poser n'est peut-être plus alors celle de la bonne taille, d'autant que notre cerveau a la capacité de reconstituer mentalement la taille réelle, mais la question de ce à quoi l'objet offre une contenance. La miniature donne contenance au moi, à moins que l'on fasse disparaître l'objet à force de le trouer. C'est cette tentation de l'effacement, voire de la disparition, qu'exhume la critique en regardant l'œuvre posthume *Étant donnés*[41], œuvre dérobée derrière une porte, qu'on ne peut regarder qu'à

41 Titre exact : *Étant donnés : 1° la chute d'eau, 2° le gaz d'éclairage . . .* (*Given: 1. The Waterfall, 2. The Illuminating Gas...*).

travers deux trous[42]. Femme nue telle une origine du monde dans un peep-show ou cadavre selon la tradition des dioramas de muséum. L'œuvre est imposante : 7 feet 11 1/2 inches × 70 inches × 49 inches (242.6 × 177.8 × 124.5 cm). Mais le dispositif n'interroge pas la taille, il questionne le passage du réel au fantasme. Que ce soit le diorama, la boîte ou la maison de poupée, nous aurions donc affaire à des appels au fantasme[43]. Depuis un trou habité par une vidéo ou un trou noir repéré comme pôle d'aimantation dans le film *Maésta* (Bruno Thibault) peut être activé le sentiment de l'abysse ou de l'enfer.

La miniature ne se cantonne décidément pas au principe de la mimésis et aux techniques du trompe l'œil : voie de passage d'un imaginaire dynamique ou d'un fantasme, elle peut confronter au vide ou à la promesse, dans un registre burlesque ou dramatique.

Le cas de Branzi, ce que la miniature remet en mouvement

La miniaturisation est prisonnière d'une illusion positiviste selon laquelle il suffirait de tout décrire pour tout saisir et tout savoir. La miniaturisation est tributaire d'une posture philosophique plus large : savoir, c'est prendre de la hauteur, voir l'ensemble, comprendre, c'est-à-dire prendre ensemble. La totalisation positive, en somme. *En somme*, au sens propre, car il suffirait de voir toute la somme d'un coup, et puis de pouvoir aussi voir *en détail*. S'en tenir à marquer les deux pôles micro/macro, dedans/dehors, risque d'occulter l'expérience du hors champ, d'entre, de décollement et le dispositif. Ce dernier, dans les exemples évoqués, est déjà manipulation du format. C'est pourquoi nous nous intéressons à des exemples qui pensent non pas l'opposition entre micro et macro mais qui s'inscrivent dans le mouvement de l'un à l'autre, qui interrogent le *process*, voire la co-présence des gestes. Plutôt que de penser l'addition ou l'opposition, nous pensons la relation. Il s'agit d'éprouver ce qu'écrit Bachelard dans son *Essai sur la connaissance approchée* : « Rien n'est plus difficile à analyser que des phénomènes que l'on peut connaître dans deux ordres de grandeur différents. »[44] Comment penser autrement que dans deux ordres

42 Richard Baquié (1991), en suivant les instructions du manuel de Marcel Duchamp, a réalisé une réplique exposée de telle façon qu'on puisse tourner autour du dispositif de la porte, ce qui permet à la fois de montrer la construction, de déconstruire l'illusion et de voir l'échelle de la scène.

43 Des théâtres optiques contemporains traitent les fantasmes autour de la maison de poupée avec humour, Pierrick Sorrin, *I would like to live in a doll house*, 2011.

44 Gaston Bachelard, *Essai sur la connaissance approchée*, Paris, Vrin, 1927, p. 95.

opposés sinon en pensant les chemins de l'un à l'autre ? Agrandir ou réduire, est-ce connaître dans deux ordres différents, selon la citation de Bachelard ? Les mécanismes de variation sont des modes exploratoires. Et Bachelard introduit bien un concept autre que ceux de mesure, de distance, d'ordre, celui d'« entre »[45].

Pour illustrer cette proposition, prenons le cas de l'architecte Branzi. Ce dernier ne veut pas faire du petit qui s'oppose au grand mais il veut penser les relations entre les deux ; il se demande comment expliquer qu'on pense encore en termes de maîtrise (illusion de la miniature qu'on domine) quand la société est un chaos, fluide et divers. Dans son projet *No-Stop City, vision d'une ville* (Bordeaux, 2014) la répétition d'un même élément, par un jeu de miroirs, compose un environnement miniature paradoxal, qui ne peut être circonscrit du regard. C'est une *microarchitecture connectée,* une hétérotopie activée par un dispositif de miroirs. Cette « réduction » ne réduit pas le monde. Branzi imagine, « une architecture qui ne s'occupe pas de réaliser des projets définitifs, forts et concentrés, caractéristiques de la modernité classique, mais plutôt des sous-systèmes imparfaits, incomplets, élastiques, caractéristiques de la modernité faible et diffuse du XXIe siècle »[46]. En raison de ces miroirs, les visiteurs sont devant « une expérience mixte entre utopie et hétérotopie » telle que la définit Michel Foucault :

> Le miroir après tout c'est une utopie, puisque c'est un lieu sans lieu. Dans le miroir, je me vois là où je ne suis pas, dans un espace irréel qui s'ouvre virtuellement derrière la surface [...] Mais, c'est également une hétérotopie, dans la mesure où le miroir existe réellement, [...] [il] fonctionne comme une hétérotopie en ce sens qu'il rend cette place que j'occupe au moment où je me regarde dans la glace, à la fois absolument réelle, en liaison avec tout l'espace qui l'entoure, et absolument irréelle puisqu'elle est obligée, pour être perçue, de passer par ce point virtuel qui est là-bas.[47]

Le dispositif dynamique et ouvert de Branzi ne joue ni sur l'illusion de la *mimesis,* ni sur le fantasme de puissance. Nous ne sommes plus dans une généalogie du savoir totalisant ou du savoir de l'infime. La miniature est un univers en soi, elle offre une expérience. Le dispositif de Branzi propose une approche immersive, *à perte* de vue. Ce sont à la fois l'infiniment petit et le panoramique

45 *Ibid.*, p. 33.

46 <http://www.arcenreve.com/Pages/2014/andrea-branzi-02.html>, consulté le 4 avril 2017.

47 Michel Foucault, « « Des espaces autres » », *Empan* 2/2004 (n°54), p. 12-19, paragraphe 17.

qui échappent dans un processus sans fin. La miniature permet de voir et de ne pas voir, elle confronte à la fragmentation répétée par le miroir, opérateur d'infini, qui anéantit le hors champ.

Le radicalisme de Branzi se fait l'écho d'une préconisation de Bachelard : comprendre le processus de perception comme un flux, un état transitif, et regarder comment « la relation réagit sur l'essence »[48], impossible à mettre en boîte.

De l'objet à ses finalités

Les thématiques choisies – miniature et enfance, mondes miniatures en littérature, paysages en miniature, mutations technologiques de la miniature à l'écran et à la scène, exposition de la miniature au musée ou hors les murs, questions d'échelle en architecture et en cartographie – abordent certes des champs différents, elles posent surtout différemment les trois questions que nous avons privilégiées : de quel objet s'agit-il ? Qui en est l'acteur ? Pourquoi ?

D'abord de quel objet parlons-nous ? Les objets évoqués – maison de poupées, boîte, diorama[49], cabinet, maquette tangible ou numérique, matière filmique –fonctionnent parfois avec l'adjonction d'un dispositif optique (loupe ou autre instrument optique) ou utilisent le procédé de la mise en abyme. Il ne s'agit pas de procéder à une taxonomie de ces objets mais de considérer les manières d'interroger le point de vue, la posture, le geste ou l'action provoquée.

Se pose alors plutôt la question de l'acteur : les contributeurs se sont intéressés soit au créateur patient du dispositif (Didier Massard, Camille Courier de Mèré, Karen Luong, Églantine Bigot-Doll) et à celui qui le bricole, soit à son usager (l'enfant joueur avec Florence Pandit et Danielle Constantin, le visiteur d'exposition). Ce dernier peut être un enfant, un adulte, par exemple un professionnel qui en fait un usage spécifique, tel le praticien dans sa clinique qui n'a pas forcément conçu l'objet. Combien de poupées permettent en médecine d'expliquer, de manipuler…

48 Gaston Bachelard, *Essai sur la connaissance approchée*, *op. cit.*, p. 27.

49 Une exposition remarquable *Dioramas* s'est tenue du 14 juin au 10 septembre 2017 au Palais de Tokyo. Elle a présenté « l'histoire du diorama et de ses multiples origines » : tant celle de Louis Daguerre que des dioramas naturalistes et ethnographiques propres aux musées d'histoire naturelle qui sont souvent des « espaces fantasmés » que nous n'avons pas abordés. Dans le présent ouvrage, la miniature offre moins une totalité de connaissances qu'une expérience d'une nature autre, qu'elle soit esthétique ou pédagogique.

En troisième lieu, à quelle fin ces dispositifs sont-ils conçus ? Dans l'article de Florence Pandit placé en ouverture, la miniature permet à l'enfant d'être acteur en décuplant sa capacité d'associations, en l'aidant à se concentrer par son hybridité même puisque c'est un objet où tout est simultané et où tout peut être séquencé. Une information est mieux encodée si elle est contextualisée, dans un rapport avec un espace. Et, plus que tout, la miniature libère une parole. Une des vertus de la narration rendue possible et élaborée est de couvrir une carte cérébrale plus large. Paradoxalement, la miniature, aussi petite soit-elle, ouvre un monde qu'on peut alors *se figurer*.

Les dispositifs miniatures peuvent aussi servir à contrôler, maîtriser voire dominer des territoires trop vastes en les ramenant à une échelle humaine. Dans *The Great Dictator* (1940), Charlie Chaplin utilise le changement d'échelle pour dénoncer cette volonté de puissance : dans la célèbre scène burlesque du globe, le dictateur Hynkel exécute un ballet puéril et léger en jouant avec le ballon terrestre qu'il finit par faire éclater. Les plans-reliefs, aujourd'hui exposés en partie au Musée des Beaux-Arts de Lille, ont été conçus comme des outils militaires ; la carte politique du Maroc, présentée lors de notre table ronde par Adeline Rispal dans le cadre d'un projet architectural au Sahara, révèle des enjeux de pouvoir. Bien des artistes contemporains abordent les questions politiques de la carte et du territoire. Lorsque, pour son projet *Toys soldiers*, Simon Brann Thorpe photographie des troupes dans le Sahara, il interroge aussi la manière de consommer la guerre en images. Nadja Maillard rappelle également les significations symboliques de la grandeur dans les monuments : la pierre, que l'on retrouve dans les façades à bossage de palais italiens, figure parfois de façon métonymique la puissance tirée de la montagne illustrant celle du propriétaire du palais. Et c'est en suivant le motif de l'escalade des parois minérales, depuis le texte de Vicki Baum jusqu'à la scène emblématique de *La Mort aux trousses* d'Alfred Hitchcock, que Nadja Maillard analyse le traitement cinématographique du mémorial national du Mont Rushmore. Dans ce film, plus monumental est le visage sculpté dans la montagne, plus petite apparaît la silhouette de celui qui l'escalade. Dans l'espace symbolique, plus monumentale est la *figure* des présidents américains, plus offensante est la *défiguration* de la montagne sacrée aux yeux des populations natives. Démonstration magistrale : c'est la *défiguration* qui désigne ce que signifie *figurer*.

Si Bachelard cherche à « caractériser l'influence de l'ordre de grandeur humain sur tous nos jugements de valeur »[50], c'est parce qu'il estime que l'homme ne s'est pas suffisamment interrogé sur les questions d'échelle inaugurées par

---

50 Gaston Bachelard, *La Formation de l'esprit scientifique*, Paris, Vrin, 1938, chapitre XI, « Les obstacles de la connaissance quantitative », p. 252.

la révolution copernicienne et rendues plus cruciales encore par les découvertes scientifiques récentes. Le changement d'échelle s'accompagne d'un changement de valeurs : en portant un regard poétique et scientifique sur l'herbe, Denise Le Dantec prend en compte la dimension éthique du rapport entre l'humain et le non-humain, ouvrant ainsi une réflexion éco-critique, selon l'analyse de Rachel Bouvet. Bruno Thibault montre que le récit imagé de la Passion du Christ en miniature, ordonné selon une autre logique que celle du monde réel, permet de figurer une expérience humaine extrême. Le changement d'échelle invite à une remise en cause « des idées simples de la proportionnalité »[51] qui nous font traiter de façon identique des phénomènes pourtant radicalement différents.

51 *Ibid.*, p. 266.

PARTIE 1

Potentiel cognitif d'une miniature

CHAPITRE 2

La miniature et l'enfant : perspectives cliniques

Florence Pandit

Le développement des fonctionnalités cérébrales détermine l'émergence des fonctions motrices, psychiques et cognitives grâce à plusieurs trajectoires maturatives en interaction selon des rythmes différents et des moments de synchronisation qui suivent un calendrier génétiquement pré déterminé. Son actualisation est modulée par l'expérience et l'apprentissage. Par exemple, l'émergence de la fonction symbolique et son accélération sont dues au développement du langage ; la structuration du raisonnement logique et la progression des capacités d'abstraction dépendent des structures frontales sous-jacentes.

Elles permettent un contrôle des fonctions attentionnelles et exécutives sur les représentations mentales selon trois moments sensibles situés aux alentours de 7 ans, 12 ans et 16 ans. La miniaturisation du monde proposée à l'enfant peut constituer une « ruse » adaptative pour contourner les contraintes développementales liées à l'immaturité de ses capacités de représentation et de traitement de l'information. Chez l'adulte elle permet un dépassement de ces mêmes contraintes afin d'augmenter sa capacité de compréhension du monde. Les objets ou images miniaturisés à des fins ludiques ou épistémiques comportent de multiples vertus cognitives et psychiques en lien direct avec le changement d'échelle et la possibilité de mieux percevoir les contextes. Les domaines d'application dans les sciences humaines ou les sciences de l'homme sont multiples. Nous nous intéressons plus particulièrement à l'usage de la miniature dans la sphère du développement de l'enfant ordinaire ou présentant des particularités pathologiques somatiques ou psychiques. Sont ainsi envisagés les aspects cognitifs, neuropsychologiques, éducatifs, sociaux, cliniques impliqués dans l'usage des miniatures. Au centre des recherches liées au développement cognitif de l'enfant, la miniature interroge le statut des représentations mentales, leur statut opératoire et leur rapport aux autres fonctions cognitives dont le langage. Du support cognitif au support thérapeutique sont abordés les multiples « pouvoirs » intrinsèques aux miniatures qui en font un vecteur de développement psychique et cognitif à toutes les étapes qui accompagnent l'enfant en développement dans son appropriation et sa connaissance du monde.

 | DOI 10.1163/9789004366206_003

La miniature : une énergie esthétique à l'origine du désir de connaissance chez le bébé

En amont de la construction des représentations cognitives et de leurs capacités opératoires, les aspects esthétiques des objets miniaturisés activent chez le bébé et le très jeune enfant la capacité d'émerveillement initial qui préside à l'élaboration psychique puis à l'émergence de la fonction symbolique. Cet émerveillement initial est pour Meltzer, psychanalyste de l'enfant, un constituant essentiel du psychisme, vecteur du désir épistémique par lequel l'enfant acquiert des connaissances sur le monde. Le modèle psychanalytique de Meltzer propose une « théorie de l'objet ou du conflit esthétique »[1]. Ainsi, l'objet est pour l'enfant une énigme à résoudre. Le désir épistémophilique y trouve son ancrage. L'enfant ébloui par la beauté extérieure de l'objet cherche à répondre à la question : « est-ce que c'est aussi beau à l'intérieur ? » Pour Meltzer la vérité et la beauté trouvent ainsi un point de rencontre à partir duquel se développe le désir de connaissance. L'expérience émotionnelle bouleversante de la beauté du monde extérieur engendre un conflit esthétique lié à l'incertitude de la « juxtaposition de ce qui peut être observé de l'extérieur de l'objet, de sa beauté et ce qui n'est pas observable, l'intérieur de cet objet »[2]. L'objet miniaturisé a un pouvoir esthétique qui initie le désir de connaissance préexistant aux activités de représentation et de symbolisation. Le changement d'échelle permet d'atteindre « la bonne taille » c'est-à-dire celle qui permet de manipuler, grâce aux contours perceptibles, de posséder et surtout de s'imaginer manipuler et posséder. « La bonne taille » est celle qui, simultanément, permet la représentation mentale de l'objet en évitant la submersion sensorielle. Cette possibilité de possession rend attractif l'objet miniaturisé qui répond alors au désir épistémique de connaissance et de maîtrise. Cette perspective soulève l'hypothèse selon laquelle l'attrait de l'adulte pour le monde miniature serait une réminiscence de cet état premier d'émerveillement du monde, prélude à la représentation puis à la symbolisation. Proche de Meltzer, Bion[3] considère l'émotion au cœur du processus de pensée, elle est le moyen d'une véritable connaissance de l'objet réel et de l'objet d'investissement pulsionnel. L'émotion permet de créer des liens au sein du psychisme du bébé et constitue un système de pensée par elle-même. Cette perspective trouve un écho actuel dans le champ

---

1 Donald Meltzer, « Sur l'objet et le conflit esthétique », *Journal de la psychanalyse de l'enfant*, 2013/1, vol. 3, p. 29-39.

2 *Ibid.*

3 Wilfried Ruprecht Bion, *Éléments de psychanalyse*, [1963], traduction française, PUF, Paris, 1979.

des travaux des sciences cognitives et des neurosciences. En effet, chez l'enfant comme chez l'adulte[4] l'émotion a la capacité de mettre en relation neurofonctionnelle différents constituants cognitifs tels que les représentations et les indices perceptifs. Ces connexions entre territoires cérébraux permettent par le médium « émotion » de « co-activer » différentes structures cognitives telles que les systèmes de mémoire, le langage ou encore de mettre en lien la fonction d'attention sélective et la planification de l'action. Ainsi, la réduction de taille facilite chez le jeune enfant la construction de représentations. Elle s'inscrit dans une ergonomie du développement cognitif qui interroge le rapport entre la perception de la miniature et sa représentation.

Émergence des représentations symboliques imagées

La miniaturisation comme procédé méthodologique a permis de repérer l'émergence des représentations symboliques chez l'enfant. Judy Deloache[5] a conduit un ensemble d'expériences déterminantes à partir de l'observation du comportement d'enfants de 3 ans et de 2 ans et 5 mois. Ces derniers ne pouvaient retrouver un grand personnage caché, un « grand Snoopy », dans un décor de salon à taille réelle alors qu'ils avaient vu le Snoopy miniature dissimulé dans le même décor miniaturisé. Les chercheurs disaient à l'enfant : « tu vois ce petit Snoopy que je cache derrière le canapé dans ce petit salon, eh bien à côté de l'endroit où nous sommes, il y a une grande pièce avec Grand Snoopy », si tu le veux, tu peux aller le chercher, il est caché au même endroit que dans ce salon miniature ». Les enfants de 3 ans allaient récupérer le grand Snoopy immédiatement, ce qui s'avérait impossible chez les enfants de 2 ans et 5 mois. Judy Deloache interprétait ce fait par l'impossibilité pour les enfants de 2 ans et 5 mois de se représenter un double codage : de l'objet réel et de sa représentation symbolique. L'émergence de cette compétence n'était repérée qu'à 3 ans. Cependant, une astuce méthodologique a reculé ces frontières développementales à 2 ans et 5 mois en utilisant « l'incroyable machine à rétrécir »

Ainsi, Terry le grand troll est placé devant une machine (un oscilloscope), les chercheurs expliquent à l'enfant que la machine va rétrécir le grand personnage, ils quittent ensuite la pièce avec les enfants, entendent un bruit signalant

4 Gerald Edelman, *Biologie de la conscience*, Odile Jacob, Paris, 1992 ; James J. Gross, Thompson R.A, « Emotion regulation : Conceptual foundations », James J. Gross (éd.), *Handbook of emotion regulation,* Guilford, New York, 2007, p. 3-24.

5 Judy S. Deloache, « Shrinking Trolls and Expanding Minds : early Symbolic Development », Science Briefs, Psychological Science Agenda, May/june 1996, p. 8-9.

le fonctionnement de la machine, puis ils retournent dans la pièce et montrent aux enfants très étonnés un troll miniature de Terry qu'il faudra retrouver dans le salon miniature. Les enfants de 2 ans et 5 mois, dès lors qu'il n'y a plus de double codage associant un référent symbolique à l'objet réel, parviennent à retrouver le troll. Leur réussite est liée à la croyance selon laquelle le modèle miniature dans le salon miniature et le grand modèle dans la pièce réelle sont une seule et même chose : grâce à « la machine à rétrécir », il ne leur est plus nécessaire de référencer la représentation. D'ailleurs, afin de fixer cette croyance, les chercheurs montraient à l'enfant l'opération inverse en agrandissant à nouveau la miniature qu'ils plaçaient devant la machine.

Le dispositif miniaturisant a permis ainsi de dépasser les frontières naturelles dépendant de la maturation en faisant l'économie d'un double codage par la mise en scène du processus miniaturisant. Ces travaux conduisent à un questionnement plus large. Si les représentations symboliques sont possibles dès 3 ans, sont-elles de la même taille que l'objet qu'elles représentent ? Ainsi, existe-il un isomorphisme entre l'objet réel et son image ? Sous quelle forme les images mentales sont-elles réellement encodées ? analogique et iconique ou propositionnelle, c'est-à-dire sous forme d'un codage abstrait associant un ensemble de propositions verbales aux images ? Ce domaine d'étude occupe depuis plusieurs décennies une grande partie des travaux dans le champ de la psychologie cognitive et développementale. Les travaux de Kosslyn, Ball et Reiser[6], et en particulier l'expérience suivante, demeurent une référence incontournable éclairant cette problématique. Des sujets devaient mémoriser la carte d'une île comportant sept points de repère dont une hutte, un puits, une mare, une plage, situés à des distances différentes les uns des autres. Sur une carte réelle, le temps nécessaire pour passer visuellement sans discontinuité d'un lieu à l'autre dépend de la distance entre les deux lieux. Qu'en est-il lorsque la carte est imaginée mentalement ? Kosslyn a demandé à ses sujets d'imaginer un des lieux précis sur leur carte mentale et ensuite d'imaginer un petit point se déplaçant en ligne droite de ce lieu vers un autre. Parfois, les sujets devaient imaginer le point se déplaçant vers un lieu qui n'était pas sur la carte. Dès qu'ils pouvaient trouver l'endroit, ils devaient appuyer sur un bouton. Les résultats indiquent que, pour tous les lieux indiqués sur la carte, le temps de réponse était proportionnel à la distance entre ce lieu et le lieu de départ. Ils concluent à la conservation des caractéristiques métriques dans la construction des images mentales. La même relation existe pour des objets présentés en trois

6 Stephan M. Kosslyn, Brian J. Reiser, Thomas M. Ball, « Visual Images Preserve Metric Spatial Information: Evidence from Studies of Image Scanning », *Journal of Experimental Psychology : Human Perception and Performance*, 1978, vol. 4, n° 1, p. 47-60.

dimensions : les temps de parcours mentaux augmentent linéairement avec les distances tri-dimensionnelles et non pas avec les distances bi-dimensionnelles[7]. Kosslyn a également démontré un effet de taille. Il demanda à ses sujets d'imaginer un lapin à côté d'un autre lapin puis à côté d'un éléphant puis d'une mouche puis de vérifier si certaines parties du lapin (yeux, oreilles) étaient bien dans l'image mentale formée. Les temps de réponse sont plus courts, signifiant que les parties de l'animal à examiner mentalement étaient repérées plus vite lorsque celui-ci était placé à côté de la mouche. Placé à côté de l'éléphant, il paraissait plus petit et l'exploration de sa représentation plus longue. Ces résultats furent confortés par la situation inverse dans laquelle le sujet devait imaginer un lapin à côté d'un éléphant de la taille d'une mouche ou à côté d'une mouche de la taille d'un éléphant. Il apparaît bien que c'est la taille de l'image mentale qui importe et non la taille réelle de l'animal.

Paivio[8] postule l'existence d'un double codage verbal et visuel impliqué dans l'activité symbolique de représentation et conforté par les travaux de neuropsychologie. Pour Farah[9] les images analogiques sont traitées dans l'hémisphère cérébral droit, les images codées verbalement dans l'hémisphère gauche. Pylyshyn[10] considère que les représentations sont de nature abstraites, « propositionnelles », distinctes des représentations verbales ou imagées. Selon Pylyshyn l'imagerie n'est qu'un épiphénomène du processus de pensée, une interprétation active et reconstructive de la réalité. Il n'existe qu'une seule forme de représentation de nature conceptuelle plutôt que sensorielle et perceptive. Les observations menées chez l'enfant suggèrent un ordre développemental qui associe les deux, un codage sous forme d'images avant 8 ans, puis au-delà le codage devient progressivement abstrait. Ces deux modes de représentations dépendent donc de l'âge mais aussi du type de matériel[11] ; les objets en 3 dimensions activent le traitement propositionnel, dès 7 ans[12].

La conservation des caractéristiques des objets ou images perçus implique que la miniature est encodée avec la réduction de taille de l'objet, ce qui induit

---

7 Steven Pinker, Stephen. M. Kosslyn, « The representation and manipulation of three-dimensional space in mental images », *Journal of Mental Imagery*, 2, 1978, p. 69-84.

8 Allan Paivio, *Imagery and verbal processes*. New York, Holt, Rinehart and Winston, 1971.

9 Martha. J. Farah, « The neuropsychological basis of mental imagery : a componential analysis», *Cognition 18* (1/3), 1984, p. 245-272.

10 Zenon W. Pylyshyn, « What the mind's eye tells the mind's brain : a critique of mental imagery », *Psychological Bulletin*, 1973, 80, p. 1-24.

11 *Ibid.*

12 Marc Lejeune, Christian Decker, « Capacité de rotation mentale dans un espace bi et tri-dimensionnel chez des enfants de 6 à 10 ans », *L'Année Psychologique*, 1994, n° 94, vol. 1, p. 45-62.

une économie de place répondant à une nécessité ergonomique au sein de la mémoire de travail parce que sa capacité est limitée. Le concept de mémoire de travail réactualise celui de mémoire à court terme élaboré initialement par Baddeley[13] La mémoire de travail est un espace mental limité de quelques secondes à quelques minutes où convergent les informations perceptives pour y être recodées grâce à deux sous-systèmes gérés par un administrateur central. La boucle phonologique qui permet la compréhension du langage intervient dans le calcul et le raisonnement, tandis que le bloc-note spatial est une structure de stockage où l'information visuelle et spatiale est gérée par un système attentionnel spatial[14].

On peut supposer que le dispositif miniaturisant a pour objectif de faciliter dès lors ces opérations dynamiques qui prennent moins de place dans le système de mémoire de travail, siège de la majeure partie des opérations adaptatives, mais dont la capacité se développe lentement d'une part -en lien avec le rythme maturatif des fonctions cérébrales frontales- et se trouve limitée à l'âge adulte d'autre part.

Le processus miniaturisant en compensation des contraintes de représentation cognitives

La miniature peut être perçue comme un dispositif économique de représentation du monde ajusté à la taille de la mémoire de travail qui autorise l'activation simultanée d'autres fonctions telles que la mémoire et le langage. En ce sens elle apparaît être un outil intelligent intermédiaire entre le monde et sa représentation. Il ne peut y avoir d'opérations cognitives dans une situation de submersion sensorielle. Les empans sont des mesures de stockage des capacités verbale et visuospatiale de la mémoire de travail avec une inégalité de capacité au détriment des représentations spatiales et visuelles. La réduction d'échelle permettrait alors de compenser cette inégalité naturelle. Ainsi, l'empan verbal chez l'adulte est de 7 plus ou moins 2 unités de stockage, il est de 5 pour le bloc note spatial. Baddeley *et al*[15] ajoutent une autre composante, « le buffer épisodique », au modèle de mémoire de travail.

---

13 Alan D. Baddeley, *Working memory*, Oxford, Oxford University Press, 1986.

14 Alan D. Baddeley, « Exploring the central executive », *The Quaterly Journal of Experimental Psychology*, 49A, 1996, p. 5-28.

15 Alan D. Baddeley, « The episodic buffer : a new component of working memory ? Trends in cognitive sciences », 4, 2000, p. 417-423.

Cette nouvelle structure permet de catégoriser, de couper l'information spatiale ou verbale, de regrouper des unités d'information pour compenser la capacité limitée de traitement. Chez l'enfant l'empan visuel et spatial est à 4 ans de 3 unités puis à 7 ans de 4. C'est à 7 ans seulement qu'apparaît la capacité de répétition phonologique, ce qui correspond d'ailleurs à une première grande étape de la trajectoire maturative des fonctions cérébrales frontales. La représentation en mémoire de travail chez l'enfant est tout d'abord analogique et visuelle et ne deviendrait recodée sous forme propositionnelle qu'après 8 ans. Ce sont d'ailleurs la capacité de recodage phonologique liée au langage et l'augmentation de la vitesse de traitement et de la capacité attentionnelle sous l'effet de la maturation qui contribuent à augmenter la mémoire de travail spatiale[16]. Les opérations sur les images mentales considérées comme statiques jusque 8 ans deviendraient, selon Piaget et Inhelder, des images dynamiques au-delà, avec la possibilité de réaliser des opérations telles que les rotations mentales[17]. Ces compétences ont toutefois été observées depuis chez des enfants de 5 ans[18].

La miniaturisation peut correspondre alors à une nécessaire économie des unités de stockage chez le jeune enfant et chez l'adulte qui permet d'encoder la perception globale d'une scène ou d'un ensemble d'objets associés entre eux, de percevoir leur relation au contexte, de réaliser un recodage propositionnel, et cela dès 8 ans[19]. Cet aspect du développement aurait un fondement neuroanatomique comme le suggèrent les travaux de neuro imagerie cérébrale. Le traitement visuo-spatial en mémoire de travail active les deux hémisphères cérébraux. Le traitement global de l'image est assuré par l'hémisphère droit tandis que les aspects locaux sont pris en charge par l'hémisphère gauche dont on connaît la spécialisation pour le langage et la spécificité développementale, à tel point qu'une lésion précoce de cet hémisphère implique le transfert du langage dans l'hémisphère droit. Spécifique à la fonction humaine, le langage bénéficie d'une priorité de « sauvegarde » et d'une mobilité développementale en cas de perturbation sévère de son substrat anatomique. D'autres travaux ont montré que des régions cérébrales distinctes étaient activées selon que l'image mentale était figurative ou non. Un autre avantage procuré par la réduction

---

16 Steve Pickering, « The development of visuospatial working memory », Memory, Jul-Nov 2001, 9 (4-6), p. 423-432.

17 Jean Piaget et Barbe Inhelder, *L'Imagerie mentale chez l'enfant*, Paris, PUF, 1966.

18 Gloria Strauss Marmor, « Mental rotation and number conservation : Are they related ? », Developmental Psychology, 1977, n° 13, p. 320-325.

19 Anne L. Dean, Élise D. Scherzer, Suzanne Chabaud, « Sequential ordering in children's representations of rotation movements », *Journal of Experimental Child Psychology*, 1986, n° 42, p. 99-114.

d'échelle est la capture attentionnelle et la réduction du coût attentionnel, ce qui induit une plus grande continuité de perception. L'attention est à la fois cause et conséquence du développement cognitif. C'est une fonction centrale dans la cognition et dans tout processus d'apprentissage. Dans le modèle de la mémoire de travail de Baddeley, la capacité à orienter l'attention et son maintien dans le processus de concentration est le rôle attribué de « l'administrateur central ». Quelles que soient les modélisations actuelles du développement cognitif[20] elles sont toutes d'essence constructiviste car l'enfant demeure acteur de ses constructions cognitives. La plupart des modèles admettent qu'un certain niveau d'attention mentale en mémoire de travail est requis pour activer simultanément le nombre de schèmes nécessaires à la réalisation d'une tâche. Le modèle piagétien proposait des stades de développement, chaque nouveau stade reprenant les précédents en étant plus complexe sous l'effet de la maturation. Les modèles actuels n'envisagent plus des stades mais des « limites supérieures » modifiables autant par la maturation, qui accélère la vitesse de traitement et le nombre de schèmes activés pour résoudre une tâche, que par l'environnement qui peut proposer des dispositifs facilitant l'intégration ; le changement d'échelle en est un qui trouve de multiples traductions dans la pédagogie et l'univers du jouet.

Exemples d'applications lors des apprentissages académiques

Un texte écrit est mieux mémorisé lorsqu'il est situé sur la même page que son illustration[21], la contiguïté spatiale favorise le double codage en activant le bloc note spatial et la boucle phonologique. De même, Mayer et Moreno[22] ont montré que la mémorisation d'un texte par des enfants de 8 ans était facilitée par la narration associée à l'animation plutôt que par la présentation d'un texte seul car ces deux formes de codage divisent l'attention et soulagent par conséquent la mémoire de travail qui facilite l'assimilation.

---

20 Anik De Ribeaupierre, « Modèles néopiagétiens du développement cognitif et perspective psychométrique de l'intelligence : y a-t-il convergence? », *L'Année Psychologique*, 2007, vol. 107, n° 2, p. 257-302.

21 Richard E. Mayer, « Multimedia learning : Are we asking the right questions ? », *Educational Psychologist*, vol. 32, Issue 1, 1997, p. 1-19.

22 Richard E. Mayer, Roxana Moreno, « A split-Attention Effect in Multimedia Learning Evidence for Dual Processing Systems in working Memory », *Journal of Educational Psychology*, vol. 90, n° 2, 1998, p. 312-320.

La miniature et la compréhension du monde dans la sphère ludique

La réduction de taille rend accessibles la globalité d'un objet autant que son contexte et, de ce fait, objective les relations des parties entre elles, créant un faisceau d'associations entre ce qui est déjà connu, stocké en mémoire à long terme, et ce qui est nouveau et nécessite une exploration et un encodage en mémoire à court terme. L'objectif est de pouvoir comprendre, planifier, anticiper des phénomènes dans des mises en scène à partir des représentations construites, l'anticipation étant la forme d'abstraction la plus élaborée. La réduction de taille permet ainsi de comprendre car « voir c'est comprendre » résume Hatwell[23] par opposition au sens tactile qui, quant à lui, assure la réussite des actions sur le monde pendant la période sensorimotrice. Toucher ou voir convoquent deux sens spatiaux et une des vertus d'un objet miniaturisé réside dans la possibilité de préhension, ce qui élabore une unité intermodale intégrée. Chez le jeune enfant, il existe des différences entre les modalités sensorielles visuelle et tactile. Lorsque la tâche tactile est précédée par la tâche visuelle, alors l'exploration tactile hors du contrôle visuel devient plus adaptée et proche du comportement visuel. Au cours du développement se produit un recodage des données tactiles en leur équivalent visuel, mode privilégié de traitement des informations spatiales. La miniature apparaît être un vecteur d'unité intermodale entre deux sens spatiaux, la vue et le toucher. La réduction d'échelle appliquée aux objets les rend manipulables, sources de connaissance qui vient en complémentarité de la perception visuelle, chez le jeune enfant. Chez l'adulte, la perception visuelle finit par supplanter la connaissance par le toucher[24]. On peut alors supposer qu'au cours du développement de l'espèce humaine, la réduction de taille des objets à l'échelle de la main humaine fut une étape déterminante dans la construction de la pensée humaine. Cette capacité fut rendue possible par la libération de la main, elle-même rendue possible par le redressement de l'homme grâce à l'apparition d'un trou occipital au niveau du crâne, qui a finalement libéré la vue. Ainsi la vue et le toucher ont conduit à un transfert intermodal de construction progressive des représentations du monde à l'échelle de l'espèce humaine que l'enfant reproduit à l'échelle de son développement individuel.

L'observation des comportements d'exploration visuelle chez l'enfant situe à 6 ans la capacité à suivre les contours pour former une image qui reproduit les principales propriétés de la source de stimulation[25]. Avant cet âge, de 3 ans à

23 Yvette Hatwell, *Toucher l'espace*, Presses Universitaires de Lille, 1986.

24 *Ibid.*

25 Alexander Vladimir Zaporozhets, Piotr Vladimir Zinchenko, « Development of perceptual activity and formation of a sensory image », *Psychological research in the U.S.S.R.*,

5 ans, les enfants se fixent sur un détail et quelques informations liées à la taille sont mémorisées, peu sur la forme. La manipulation permet de compléter la prise d'information. D'un point de vue neuropsychologique, les perceptions intermodales ont pour mission de connecter différents territoires cérébraux au cours du développement de l'enfant.

L'observation des jeunes enfants en situation de jeu valide empiriquement ces aspects. Pendant la période sensorimotrice et jusqu'à l'adolescence, l'enfant manipule, observe et met en relations des miniatures représentant le monde puis construit des histoires. De très nombreux aspects de l'environnement sont susceptibles d'être perçus à la fois par l'œil et la main. L'enfant doit établir des correspondances entre ces deux canaux sensoriels pour reconnaître leurs similitudes, leurs différences et intégrer toutes ces données en un ensemble cohérent. La miniature accélère ces correspondances. Prenons l'exemple d'un système solaire miniature, en trois dimensions où les planètes sont reliées entre elles par des fils rigides et spiralés. L'enfant peut à la fois percevoir, en les manipulant, les invariants sphériques, les tailles différentes des planètes et surtout leurs relations de proximité. Le tout cohérent est fixé par l'activation du langage qui organise de façon séquentielle l'observation. L'observation des situations de jeu avec des personnages et des univers miniatures chez les jeunes enfants révèle bien cet autre pouvoir de la miniature qui est l'activation du langage dans une narration. La miniature ne devient alors que le simple support de la parole, séquentielle, planifiée, en complémentarité de la perception globale, simultanée. Dans ces contextes, le traitement d'information est complet car toutes les fonctions cognitives sont sollicitées. En effet la parole active un troisième canal, auditif. L'enfant voit, manipule, s'entend parler et par là même exprime la dimension subjective du jeu, qui s'inscrit dans le continuum développemental commençant par la prise de connaissance et s'achevant par la prise de conscience.

Si de nombreuses vertus cognitives sont associées au changement d'échelle, les situations ludiques chez l'enfant – grand utilisateur de miniatures – permettent d'en objectiver aussi les vertus psychiques et psycho-affectives. La petite taille de l'objet ou de l'image laisse une distance possible pour l'intersubjectivité et l'exercice de l'autorégulation. L'enfant surplombe les objets et cet espace est une situation intermédiaire de projection « sécurisée » qui aura une importance toute particulière dans la pratique clinique. L'enfant mettant en scène des monstres miniatures, caractéristiques des jeux contemporains, peut jouer avec ses émotions en toute sécurité.

Progress Publishers, Moscou, 1966, p. 393-421.

Miniatures et pratiques cliniques

Deux axes en pratique clinique ont recours aux miniatures

Les situations pathologiques somatiques envisagées dans le contexte de l'éducation thérapeutique et les difficultés psychiques abordées en psychothérapie objectivent très nettement les bénéfices cognitifs mais aussi psychiques que procure l'usage des miniatures.

Les pratiques cliniques liées à l'Éducation Thérapeutique du jeune Patient (ETP) répondent à la loi HPST (Hôpital Patients Santé Territoires, loi du 21 juillet 2009) selon laquelle tout patient porteur de maladie chronique doit bénéficier d'un programme d'éducation thérapeutique pour connaître la maladie chronique et les soins afin d'augmenter ses capacités d'auto-soin et l'observance des traitements. Bien développées chez l'adulte, les pratiques d'ETP chez l'enfant sont récentes et le manque d'outils spécifiques adaptés au niveau de développement des enfants est pointé[26] autant que la nécessité d'en créer. Nous avons, dans notre pratique (au CHRU de Lille), eu recours à une miniaturisation du temps qui passe en proposant à de jeunes enfants de 7 ans un rouleau de papier impossible à déployer totalement pour matérialiser la métaphore du temps qui se déroule et dont on ne connaît pas la limite. Sur ce rouleau symbolisant le temps, les enfants pouvaient placer des images miniaturisées de situations ou d'objets appartenant à des registres très variés de leur vie quotidienne, à la maladie, ou encore à l'alimentation, sous forme de gommettes pour figurer le contenu d'une journée et celui des jours à venir. Ce dispositif aidait ainsi l'enfant à se projeter dans le temps mais aussi à construire son histoire. Le médium de la « frise temporelle » rassemblant le contenu miniaturisé des journées se succédant s'est avéré précieux pour aborder le futur, mettre en parole le vécu et améliorer la capacité du personnel à communiquer avec l'enfant en se mettant à sa portée.

Chez les enfants plus âgés, au-delà de 8 ans, et chez les adolescents porteurs d'une symptomatologie épileptique, la variété des symptômes liés à l'épilepsie est représentée en images miniatures amusantes pour induire un décalage émotionnel entre une situation qui peut être perçue comme anxiogène et la possibilité d'en parler dans un contexte émotionnel différent. La réduction de taille induit une mise à distance du symptôme qui se trouve associé à d'autres symptômes possibles dans un même espace. L'effet escompté est de relativiser spatialement l'importance du symptôme du fait qu'il soit figuré réduit et parmi

---

26 Margarita Sanchez Ovando, « Ressources Éducatives dans l'Éducation Thérapeutique du jeune patient atteint de maladie chronique », thèse, Université René Descartes-Paris, 2006.

d'autres. Les groupes de jeunes patients choisissent parmi de nombreuses images celles qui les interpellent. Ces images sont ensuite commentées, y compris les images de symptômes non choisies qui s'avèrent d'ailleurs dans certains cas les concerner particulièrement. Dans une même unité temporelle et émotionnelle sont encodées les informations que le soignant souhaite transmettre. L'objectif est de favoriser une prise de conscience en partant d'une appropriation globale des connaissances liées à la pathologie, médiatisées par le groupe, et en visant une meilleure autonomie du jeune patient dans sa prise en charge. Le travail de groupe réduit l'anxiété liée à la survenue des symptômes et, par là même, peut diminuer le risque d'apparition de ceux-ci. Trois facteurs sont conjugués : le travail de groupe, la miniaturisation et le principe du photolangage.

Dans le contexte de l'apparition d'une pathologie chronique qui va modifier la vie quotidienne, la construction en trois dimensions d'un hôpital miniature sans façade permet aux enfants de percevoir simultanément les différents soins possibles représentés dans chaque pièce. Le très jeune enfant crée un schéma mental global et simultané à partir de cette construction séquentielle. Rappelons que la construction en trois dimensions permet aux enfants en deçà de 8 ans d'accéder à un traitement d'information abstrait, plus tardif avec les objets bidimensionnels[27]. En petits groupes partageant la même pathologie, les enfants choisissent des meubles puis des personnages miniatures ; ils sont guidés par le personnel soignant selon les contextes d'examens et de soins qui ont et auront du sens pour eux. La représentation d'un « hôpital de poupée » crée un contexte d'anticipation qui diminue l'anxiété liée à la nouveauté en cas de confrontation à une situation réelle. Elle permet de contenir l'angoisse éprouvée lors de situations similaires déjà vécues. Peuvent ainsi être mis en scène et en parole différents schémas particulièrement anxiogènes tels que l'arrivée aux urgences qui demeure une situation traumatisante pour l'enfant et sa famille et qui peut devenir récurrente dans le contexte d'une pathologie chronique.

Vocation psychothérapeutique des miniatures

L'usage des miniatures a des vertus psychiques et cognitives en agissant tels des prismes. Les situations psychopathologiques très diverses chez l'enfant concernent des anomalies du lien et de la formation des symboles. Elles sont associées à une souffrance psychique, une inadaptation et, sur le versant

27 Zenon W. Pylyshyn, *op. cit.*

cognitif, à un développement disharmonieux dans lequel les constituants de la pensée et du langage ne se développent pas ou sont en décalage les uns par rapport aux autres, entravant partiellement ou totalement l'adaptation à la réalité ainsi que la communication.

De nombreux tests ou dispositifs projectifs mettent en scène des miniatures à des fins diagnostiques et psychothérapeutiques. Ils sont le support d'un travail d'intersubjectivité entre thérapeute et patient en insufflant une élaboration symbolique, vecteur de développement psychique, cognitif et d'adaptation. Les situations cliniques permettent d'objectiver l'importance particulière du cadre de la miniature qui matérialise une frontière entre deux espaces, l'un symbolique, l'autre archaïque. L'importance du cadre est particulièrement objectivable dans les dispositifs de jeu de sable.

Créée par Dora Kalf dans les années 1960, d'inspiration jungienne, la thérapie par le jeu de sable se réfère à la « psychologie des profondeurs ». Elle est très couramment utilisée dans les approches psychanalytiques et particulièrement d'obédience gestaltiste. La figure 1 représente le dispositif classique composé de deux bacs à sable, d'une multitude de figurines pouvant se substituer aux mots des patients qui ne disposent pas de la parole ou pour lesquels la parole est inhibée. Hélène Cordier[28], psychothérapeute gestaltiste, étend son usage aux approches du développement personnel de l'enfant et de l'adulte. Le bac à sable place l'enfant en situation surplombante : « devant le bac à sable [...] il peut considérer pour lui-même, de son point de vue, ce qui est en train d'advenir », écrit Cyrille Bonamy[29] dans son article « Regarder dans la fenêtre du jeu de sable ». Cyrille Bonamy précise que « Le thérapeute se tient à côté de l'enfant et participe à la réception des images qui émergent de sa vie inconsciente et, par sa présence rassurante, tente d'aider l'enfant à accueillir ces contenus inconscients ». Le bac à sable et ses miniatures sont les médiums d'une mise en lien entre vie interne et vie externe. L'enfant choisit des figurines qu'il met en scène, dans des décors qu'il construit. L'expérience sensorielle intéresse la vue et le toucher très précocement investis dans le développement des représentations. Le sable et son contenant symbolisent un objet contenant maternel qui permet la régression et le retour aux moments initiaux de sa vie psychique tels que décrits par Meltzer ou Bion.

La verbalisation est activée par cette approche sensorielle. Les créations miniatures des enfants sont interprétées selon plusieurs niveaux de significations,

28 Hélène Cordier, La traverse, Centre de psychothérapie, Centre pluridisciplinaire de Louvain La Neuve, Belgique.

29 Bonamy Cyrille « Regarder dans la fenêtre du jeu de sable », *Cahiers jungiens de psychanalyse*, 2/2015, n° 242, p. 27-37.

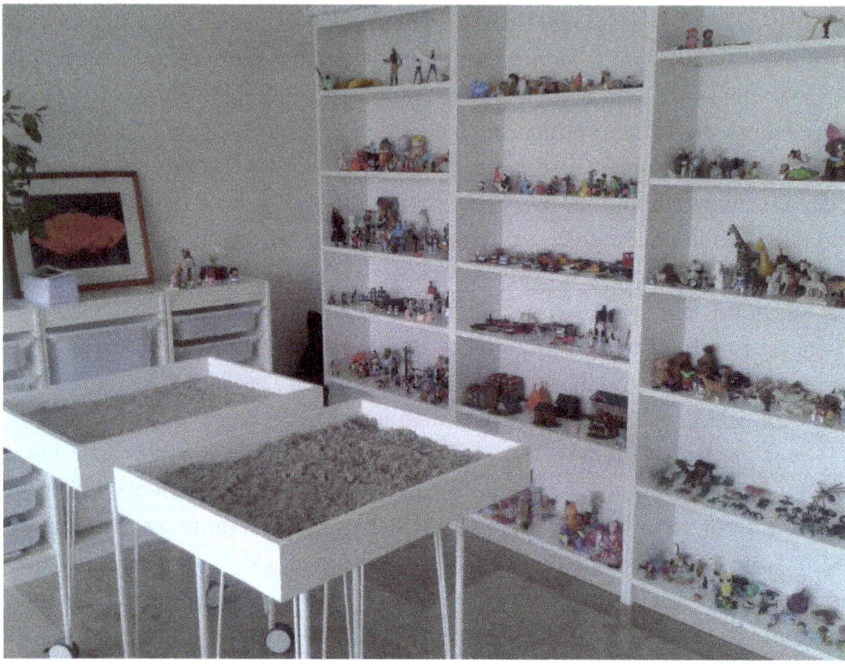

FIGURE 2.1 Les bacs à sable du Centre thérapeutique La Traverse de Louvain-La-Neuve. Photo : Hélène Cordier, Gestalt-thérapeute – Jeu de sable.

sémiotique, symbolique et archétypique[30]. L'approche psychothérapeutique des troubles psychiques est aussi envisagée au travers d'autres épreuves projectives telles que le scéno-test créé par Gerdhild Von Staabs[31]. Celui-ci vise aussi à saisir les mouvements inconscients à partir de la mise en scène de miniatures d'objets géométriques, de personnages humains, animaux et imaginaires qui objectivent les capacités d'exploration, de créativité, de projection, de construction d'espaces. Là encore l'enfant est en situation surplombante, et c'est « l'intégration de l'aire transitionnelle qui est investiguée à travers la sollicitation latente de la capacité à jouer seul en présence de l'autre. C'est lors de cette épreuve que les enfants autistes montrent leur meilleur niveau d'organisation et de compréhension des liens, de leurs processus de symbolisation »[32]. Le

30 Cyrille Bonamy, « Jeu de sable et créativité de l'inconscient », *Cahiers jungiens de psychanalyse*, 1/2012, n° 135, p. 63-74.

31 Gerdhild Von Staabs, *Der Scenotest,* Bern, Verlag Hans Huber, [1938], *Le Scéno-test*, trad. Fr. Gaspar L, éd. Delachaux & Niestlé, Lausanne, 1964.

32 Hélène Suarez Labat, « L'Intérêt des épreuves projectives chez les enfants autistes », *Médecine et Pédiatrie,* « Les TED », coord. par B. Golse, L. Robel, L. Ouss, 2012, 15 (3), p. 248-252.

symbole est dans la distance entre l'objet subjectif et l'objet perçu objectivement, d'où l'impact de la réduction de taille sur cette distance et la puissance symbolique qui en émane. Les miniatures sont des outils ayant des pouvoirs de resynchronisation des dimensions psychique et cognitive du développement dissocié par la pathologie. En effet, un trouble de la formation du symbole d'origine psychopathologique peut s'exprimer au cours du développement par des dysfonctionnements de la cognition. Inversement, des anomalies concernant les bases neuro-développementales qui sous-tendent les structures centrales de la cognition (attention/espace/temps/langage) peuvent altérer les interactions ou les constituants cognitifs de l'activité symbolique. En pratique clinique, l'usage des miniatures permet ainsi de réajuster des trajectoires maturatives interrompues. Dans le contexte des traumatismes psychiques, la réduction de taille facilite la réactivation des traces mnésiques du traumatisme, sa mise en parole avec la possibilité d'une prise de distance, le cadre pouvant contenir l'angoisse. La situation surplombante met l'enfant en situation de réappropriation des émotions qui l'ont submergé dans ces contextes psychoaffectifs traumatiques.

Miniaturisation de l'espace vécu

L'importance de la spatialisation comme support de projection est mise en lumière dans cet autre test projectif qu'est le Test du Village imaginaire[33], conçu par le docteur Mabille puis mis en pratique clinique par Muchielli en 1960. Ce sont les dispositions spatiales des bâtiments les uns par rapport aux autres qui définissent le mode de relation aux autres. Il est demandé au patient de choisir parmi une centaine de pièces disposées en tas, des bâtiments, églises et décors naturels, afin de construire un village dans lequel il souhaite habiter. Il doit ensuite répondre à différentes questions : « où est votre habitation ? que feriez-vous si le village était attaqué, détruit par un incendie et que vous ayez un pouvoir magique vous permettant de conserver trois maisons, lesquelles seraient-ce ? ». Yvonne Denis[34] utilisa ce test auprès d'enfants et d'adultes dans un protocole itératif. Le patient devait à chaque séance reconstruire un village. Elle a pu ainsi apprécier les modifications structurales des espaces et des constructions en lien avec les modifications psychiques du patient. La répétition est un processus qui, paradoxalement, permet le changement, car elle per-

33 Roger Mucchielli, *Le Jeu du monde et le test du Village Imaginaire*, Paris, PUF, 1960.

34 Yvonne Denis, « Contribution à une clinique psychothérapeutique, l'expérience itérative du village imaginaire », thèse sous la direction de Gilbert Durand, Grenoble, 1990.

met la prise de conscience et le changement de point de vue. Ces aspects étaient implicitement contenus dans la construction régulière du village miniature. Si l'espace et la figuration miniaturisés permettent la mobilité de la pensée et son élaboration symbolique, la réduction de taille facilite le traitement de l'information chez des enfants dont la mémoire de travail est de taille insuffisante compte tenu de leur âge.

Les miniatures dynamiques et interactives

Les jeux vidéo offrent des univers miniatures dynamiques avec des transferts multifocaux, une mise en forme de la sensorialité de l'image et du corps au travers des avatars. La projection dans des univers miniatures et virtuels permet une amorce de symbolisation avec des émotions bien réelles au travers des avatars qui objectivent les enjeux narcissiques. Le travail d'élaboration symbolique ne se fait pas par la parole mais par le jeu[35]. La visée constructiviste réside dans la possibilité pour le joueur de devenir l'acteur d'un spectacle dont il est aussi le spectateur. Selon Michaël Stora, les transferts sont à la fois intersubjectifs et interactifs. Il existe une liberté projective car inscrite dans la narration. Le réalisateur du jeu devient co-thérapeute. Une autre dimension spécifique est la possibilité de recommencer en cas de perte, Michaël Stora écrit : « les jeux vidéo nous apprennent à perdre. C'est par des échecs répétés qu'il est possible d'avancer »[36].

Quels que soient les cadres interprétatifs théoriques, les miniatures sont au centre des approches psychothérapeutiques de l'enfant. Jamais cependant ne sont étudiés, dans les travaux de psychothérapie, l'importance de l'échelle de représentation et en particulier l'impact de la réduction de taille, son implication dans la création d'un espace intersubjectif et projectif rassurant. L'étude de l'impact de la taille et du changement d'échelle est essentiellement limitée aux travaux sur les représentations menés dans le champ de la psychologie cognitive. Le recours à l'observation des développements atypiques de la cognition complèterait la réflexion épistémologique de l'usage des miniatures et de leur contribution possible comme médium dans divers domaines où de multiples codages de l'information sont nécessaires pour optimiser son intégration.

---

35 Michaël Stora, « Rêve et réalité : une clinique du jeu vidéo comme médiation thérapeutique », *Dialogue*, 4/2009, n° 186, p. 87-97.

36 *Ibid.*

PARTIE 2

Maison de poupée(s)

CHAPITRE 3

Les maisons de poupées : regard sur un dispositif, de Albert V de Bavière aux jeux vidéo

Danielle Constantin

En 2005, la plasticienne canadienne Heather Benning (1980-) acquiert une maison laissée à l'abandon près de la localité de Sinclair au Manitoba. Les travaux de rénovation et de décoration s'étalent sur dix-huit mois au cours desquels elle détruit la façade postérieure pour la remplacer par une paroi de plexiglas permettant de saisir tout l'intérieur d'un seul coup d'œil : cinq pièces aux murs de couleurs pastel, décorées sobrement dans le style populaire des années 60. Le 9 juin 2007, la maison pétrifiée, œuvre *in situ* qu'elle intitule *The Dollhouse*, peut enfin être vue par le public[1]. Par ses dimensions, *The Dollhouse* n'est pas une maison de poupées comme on la conçoit habituellement. La maison de poupées, en tant que dispositif, réunit deux caractéristiques principales : d'une part, elle met en scène un espace domestique qu'elle dévoile en faisant disparaître des façades ou des toitures – un attribut bel et bien rencontré dans l'œuvre de Benning – et, d'autre part, elle implique la miniaturisation de cet espace – ce qui n'est plus le cas ici. Cette maison de poupées gigantesque en viendra à montrer des signes de vieillissement alors que ses fondations fragilisées seront devenues peu sécuritaires. En mars 2013, Heather Benning décide donc de détruire son œuvre par le feu nous rappelant que les espaces stables n'existent pas et que, dans la réalité, les maisons sans façade et sans toiture sont le plus souvent le résultat de travaux de démolition ou de désastres tels des incendies, des guerres, des attentats ou des séismes

Un peu d'histoire

La maison de poupées la plus ancienne dont nous sont parvenues des traces appartenait à Albert V, duc de Bavière. L'habitation de quatre étages, réalisée en 1557 par des artisans de la ville de Augsbourg, cherchait à reproduire dans

1 Le projet *The Dollhouse* est présenté sur le site de Heather Benning [<http://www.heatherbenning.ca/the-dollhouse.html>].

 | DOI 10.1163/9789004366206_004

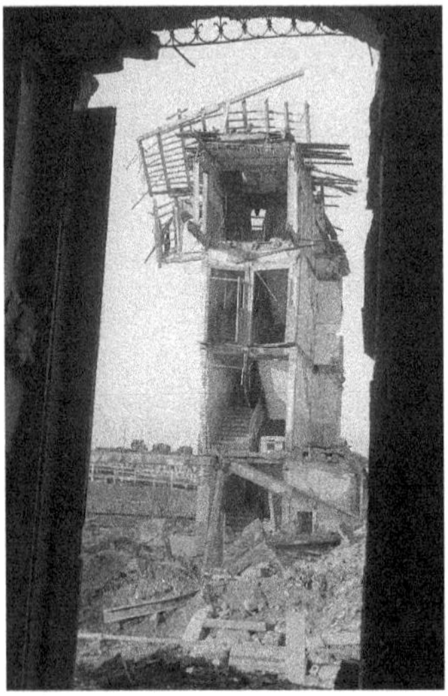

FIGURE 3.1
Dresde après le 17 septembre 1945. Photo : Richard Peter. Deutsche Fotothek.

un format réduit l'une des nombreuses demeures ducales. Or, la maison ayant été détruite dans un incendie, il ne subsiste que les factures de sa fabrication de même qu'un inventaire détaillé de son contenu, nous fournissant tout de même des informations précieuses tout en témoignant du style de vie fastueux de la noblesse allemande au XVIe siècle. En allemand, on employait alors le terme *Dockenhaus* pour nommer cette maison modèle : *Docke* étant un mot vieilli désignant une poupée de bois, *Dockenhaus* signifie donc « une maison de la taille d'une poupée » ou « maison miniature ». D'ailleurs, les Anglais, avant d'adopter les termes *dollhouse, doll house, doll's house* ou *dolls' house,* utiliseront ceux de *baby house,* mettant eux aussi l'accent sur la miniaturisation. C'est bel et bien d'une *baby house* dont parlera Jonathan Swift dans *Gulliver's Travels* (1726) lorsqu'il décrira les objets d'une maison lilliputienne.

Des premières *Dockenhaus* allemandes, très peu ont traversé les siècles. Le Germanisches Nationalmuseum à Nuremberg en possède néanmoins quatre dont la maison de la famille Bäumler

Au premier coup d'œil, avec son écurie, sa boutique commerciale et ses espaces d'entreposage, situés sur l'étage du bas, tout comme ses pièces à usage privé, sur les étages supérieurs, elle semble reproduire en miniature les caractéristiques architecturales d'une maison bourgeoise de Nuremberg au XVIIe siècle. Et pourtant, le processus de miniaturisation s'est accompagné d'un aménagement de l'espace afin d'orienter toutes les pièces vers le devant et de les compresser sur un seul plan, permettant ainsi qu'elles soient perçues d'un seul regard. L'authenticité des milliers d'objets qu'elle contient était garantie par un décret règlementant le travail des artisans en ne leur permettant de reproduire

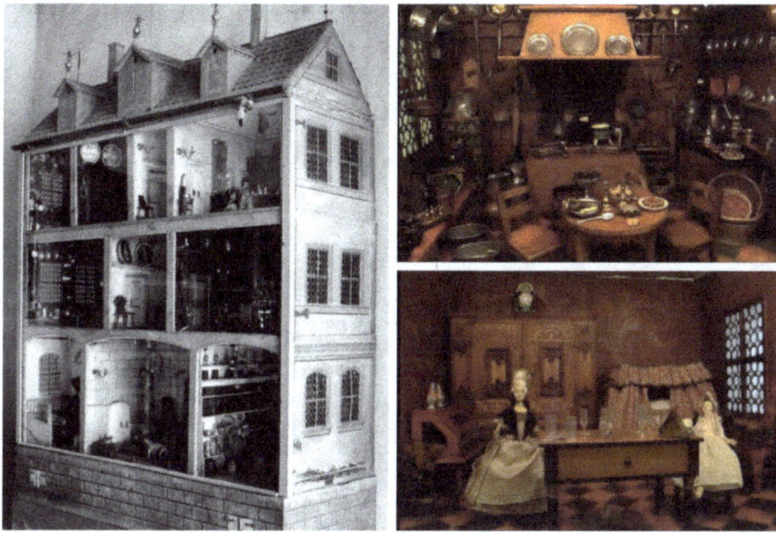

FIGURE 3.2 Maison de la famille Bäumler (fin du XVIIe s.), vues de la cuisine et de la chambre. Photo : Sailko. Germanisches Nationalmuseum, Nuremberg.

en miniature que les objets qu'ils produisaient déjà en taille normale. Dans les guildes et les corporations, la production d'objets miniatures viendra à remplir le rôle de chef-d'œuvre de maîtrise. Une telle maison n'était pas un jouet, mais bien plutôt un modèle pour éduquer les jeunes gens, principalement les filles mais aussi les garçons, dans l'art de tenir maison et commerce. Il s'agit donc d'une représentation idéalisée dans une visée didactique, un genre d'aide pédagogique que les jeunes gens étudiaient dans ses moindres détails sans pour autant le manipuler. Toujours dans un but pédagogique, on miniaturisait aussi non pas une maison en entier mais des suites de pièces ou même des pièces uniques, la cuisine étant particulièrement prisée.

La vogue des maisons de poupées a rapidement migré de l'Allemagne vers la Hollande. Deux de ces maisons sont conservées au Rijksmuseum à Amsterdam. L'une d'elle, contenue dans un cabinet de noyer mesurant deux mètres de haut, un mètre de large et un demi-mètre de profondeur, fut construite sous la supervision de Petrenolla Dunois, une femme aisée ayant vécu à Amsterdam dans la seconde moitié du XVIIe siècle. La maison miniature faisait partie de sa dot à une époque où – il faut le rappeler – les femmes pouvaient difficilement accéder à la propriété immobilière. En Hollande, au XVIIe siècle, la maison de poupée avait abandonné ses visées pédagogiques pour être considérée comme un objet décoratif de grande valeur. Être le maître d'œuvre d'une telle maison, comme le fut Petronella Dunois, supposait de diriger une vaste

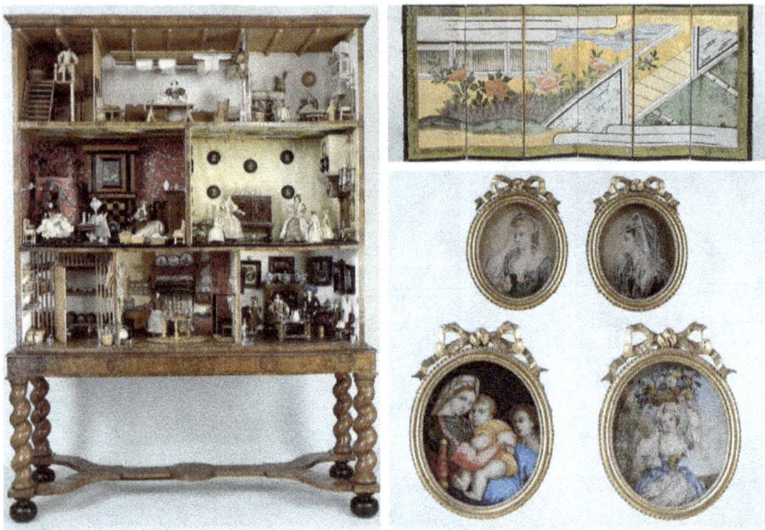

FIGURE 3.3 Maison de Petronella Dunois, ca. 1676, détails de la chambre (paravent japonais) et du salon (tableaux). Rijksmuseum, Amsterdam.

et dispendieuse entreprise puisque de nombreux artisans et artistes devaient être commissionnés pour participer à un chantier nécessitant souvent plusieurs années de travail. C'était aussi devenu un passetemps auquel s'adonnaient presque exclusivement les femmes. Les hommes choisissaient plutôt d'exhiber leur fortune en collectionnant des objets précieux, rares et exotiques dans ce qu'on a appelé les cabinets de curiosités. Théâtre de la domesticité pour les femmes, théâtre du monde pour les hommes, une division qui n'était cependant pas totalement étanche puisque quelques femmes ont élaboré des cabinets de curiosités tout comme de nombreux peintres de l'âge d'or flamand, et non des moindres, Vermeer, De Hooch ou Metsu, ont choisi pour sujet de leurs scènes de genre des thèmes domestiques. Or, selon moi, la rencontre la plus étonnante entre science et domesticité s'est produite dans les boîtes d'optique dont celle conçue par Samuel van Hoogstraten vers 1655 demeure l'un des rares exemples préservés. Il s'agit d'une boîte en bois rectangulaire, de 60 cm de hauteur, 88 cm de largeur et 60 cm de profondeur, ouverte sur tout le devant pour laisser entrer la lumière. Par deux orifices de la taille d'une pièce de monnaie, situés de chaque côté de la boîte, le spectateur, tel un voyeur, peut jeter un coup d'œil sur des vues en trois dimensions de l'intérieur d'une maison néerlandaise se déployant dans une série de neuf pièces en enfilade. L'illusion, des plus convaincantes, est le résultat de la convergence des connaissances de

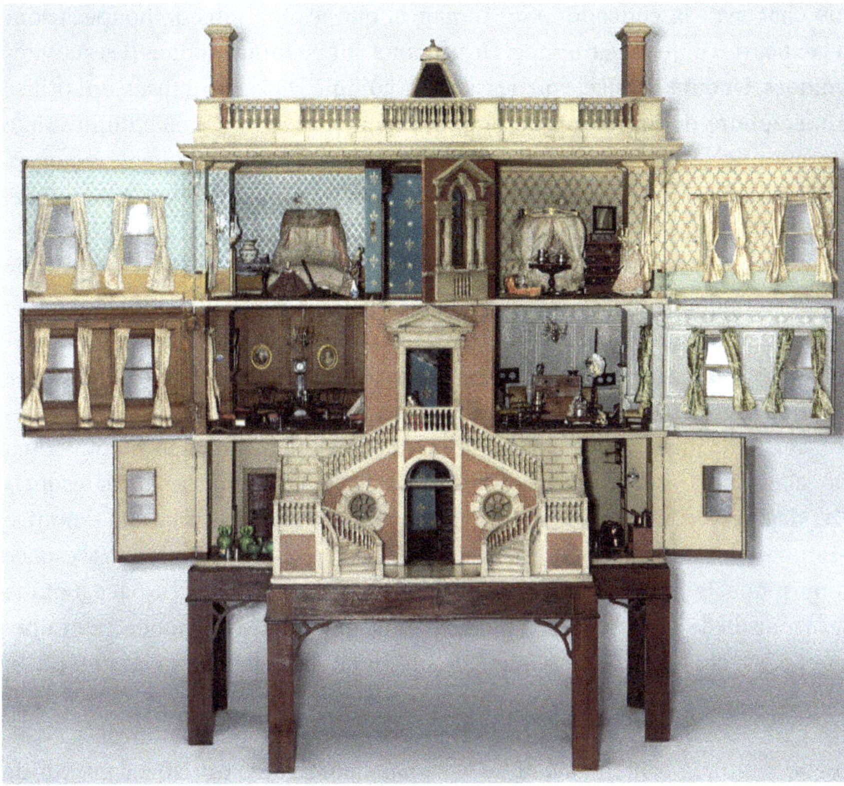

FIGURE 3.4 Tate Baby House, 1760. ©Victoria and Albert Museum, Londres.

l'époque sur la perspective et l'anamorphose et de la pratique répandue du trompe-l'œil. Cette boîte d'optique, comme une curieuse et fascinante maison de poupées, peut être vue à la National Gallery à Londres.

Après l'Allemagne et les Pays Bas, l'intérêt pour ces objets d'apparat se propagera en Angleterre au cours du XVIIIe siècle. L'une de ces maisons est la Tate Baby House datant de 1760 et ayant originellement appartenu à une famille bourgeoise de Cambridge. Transmise de génération en génération par le truchement des lignées féminines, comme ce fut le plus souvent le cas, elle fut finalement léguée à Flora Tate qui l'offrit en 1923 au Victoria and Albert Museum à Londres. Aujourd'hui, l'antenne de ce musée, située dans le quartier de Bethnal Green, possède une exceptionnelle collection de plus d'une centaine de maisons de poupées historiques.

C'est seulement au XIXe siècle, au moment où se sont développées la production et la distribution industrielle des jouets et des miniatures, alors même que changeait la conception de l'enfance, que les maisons de poupées sont devenues des objets avec lesquels les enfants ont pu interagir dans des activités ludiques. Or dans un siècle où des auteurs comme Dickens ou Ibsen ont utilisé la métaphore de la maison de poupées pour présenter l'espace domestique comme une prison pour les femmes, il est peu surprenant que ce nouveau jouet n'ait pas d'emblée été laissé aux petites filles sans surveillance parentale. En atteste un contrat signé entre Thomas Alsager et sa fille Margaret, âgée de douze ans, stipulant les règles et les usages restreints de la maison : en plus de bien s'occuper des lieux, elle doit payer un loyer mensuel d'un schilling et s'abstenir d'allumer des chandelles ou les cheminées[2]. Et pourtant, très vite, les petites filles ont réussi à s'approprier cet espace ludique pour outrepasser sa fonction première en tant que modèle dédié à la formation de « bonnes petites maîtresses de maison ». En faisant preuve de flexibilité, créativité et individualité, elles ont su introduire des routines et des jeux improvisés dans lesquels s'est déployée et projetée leur imagination narrative. Ainsi, face à la tentative d'imposer des normes en accord avec les rôles stéréotypés prônés dans l'espace domestique, les petites filles n'ont eu de cesse d'opposer dans l'espace ludique de la maison de poupées une résistance subversive. Cette résistance a certainement aussi été le fait de quelques garçons. À ce sujet, le romancier américain John Irving (1942-) a raconté en entrevue comment, après maints refus, il avait fini par convaincre ses parents de lui offrir une maison de poupées avec laquelle, comme l'avait fait avant lui la romancière Agatha Christie, il s'est initié à la construction de mondes fictionnels.

Les deux types de maisons de poupées, soit l'objet décoratif et le jouet, sont encore de nos jours amplement répandus en Europe et en Amérique, mais aussi bien au-delà (Japon, Corée du Sud…) : on rencontre le premier dans le monde des collectionneurs et des miniaturistes, le second dans les espaces de jeu des enfants. Il existe même des maisons de poupées numériques – nous y reviendrons. Et pour ce qui est de la maison de poupées en tant que modèle pédagogique, si les exemples contemporains sont plus rares, on peut tout de même mentionner le travail de l'Américaine Frances Glessner Lee qui, dans les années 40, a construit une série de dix-neuf scènes miniatures reproduisant dans leurs moindres détails des scènes de crimes réels à une échelle de 1/12. Au fil des années, ces dioramas macabres ont servi à former au sein du département de médecine légale de l'Université de Harvard des milliers d'enquêteurs légistes dans l'art et la science de l'observation et de la détection. Les dioramas

2 Ce contrat a été exposé dans le cadre de l'exposition consacrée aux maisons de poupées et à leur histoire, *Small Stories: At Home in a Dolls' House*, présentée au V&A Museum of Childhood du 13 décembre 2014 au 6 septembre 2015.

sont maintenant conservés à Baltimore où ils sont encore utilisés à des fins de formation au Bureau du médecin légiste en chef[3].

Nous explorerons maintenant comment des pratiques contemporaines dans les arts de l'image se sont approprié le dispositif de la maison de poupées. Seront discutés des exemples tirés de l'album et du roman graphiques, des arts plastiques, de la photographie, du cinéma et des arts vidéoludiques.

Album et roman graphiques

Meurtre en miniature (Dargaud, 1994) est un album de quarante-quatre pages, alliant textes et illustrations, réalisé par le scénariste François Rivière et l'illustrateur Jean-Claude Floch, dit Floc'h. La scène initiale, reproduite sur la couverture, montre deux jeunes sœurs, Lilibet et Bud, observant leur luxueuse demeure située au bord d'un lac idyllique. Dès l'incipit, le son de deux coups de feu vient brusquement troubler cette ambiance paisible. Un meurtre a eu lieu : Fairley, un des trois domestiques, a été assassiné, mettant en branle une enquête du genre *whodoneit*. On apprendra avec le dénouement que, dans une multiplication de mises en abyme astucieuses, le texte que nous sommes en train de lire serait celui d'un livre minuscule, *Murder in Miniature,* lu par les deux jeunes filles et écrit par la romancière fictive, Olivia Sturgess. Bud et Lilibet, avatars de Sherlock Holmes et de son associé Watson, sont en fait la princesse Margaret et sa sœur ainée Elizabeth, future reine d'Angleterre. *Murder in Miniature* ferait partie de la collection de la bibliothèque d'une maison de poupées dans laquelle se serait déroulé le suspense. La maison de poupées en question, maintenant conservée au Château de Windsor, est celle qui fut offerte en 1924 à la Reine Mary par les Anglais, comme un souvenir capté et figé des grandes demeures aristocratiques de style Edwardien qu'on construisait encore avant la Première Guerre

Conçu par l'architecte Edwin Lutyens, le chantier a nécessité la contribution de plus d'un millier d'artisans et d'artistes qui n'ont pas lésiné sur le luxe et le raffinement minutieux : les lustres fonctionnent vraiment à l'électricité, une plomberie en parfait état irrigue tous les étages – les toilettes fonctionnent –, les bouteilles de la cave sont remplies d'authentiques grands crus et un minuscule gramophone peut faire entendre *God Save the King*. Mais la merveille demeure la bibliothèque. Elle contient près de deux cents ouvrages manuscrits offerts par des écrivains de l'époque tels G. K. Chesterton, Arthur Conan Doyle,

3 Au sujet de l'œuvre de Frances Glessner Lee, voir le site de Erin N. Busch, *Death in Diorama* [<http://www.deathindiorama.com>].

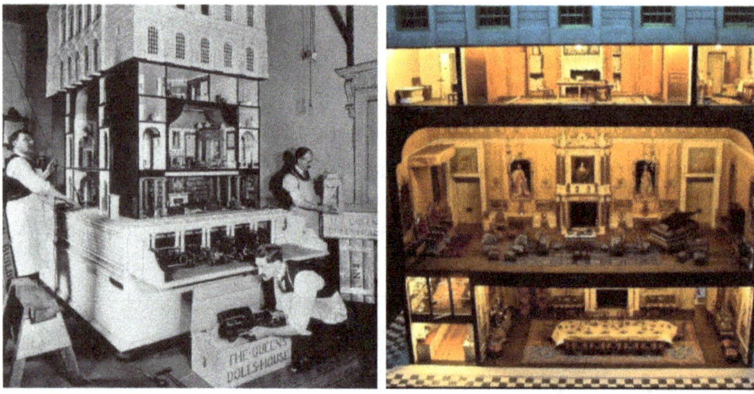

FIGURE 3.5 Maison de la Reine Mary, 1920-1924. Château de Windsor, Windsor.

Robert Graves, Rudyard Kipling ou Vita Sackville-West. L'un de ces petits livres, écrit par M. R. James, s'intitule *The Haunted Dolls' House*[4]. Comme l'indique son titre, il s'agit d'une histoire de fantômes se déroulant dans une maison de poupées. À l'instar de *Murder in Miniature*, ce livre vient troubler la sérénité de ce palais de la perfection en modèle réduit[5].

Building Stories de Chris Ware (1967-), publié en 2012, est un ensemble hétéroclite de quatorze ouvrages de différentes dimensions, allant du livret miniature au journal très grand format, le tout réuni dans une boîte cartonnée. Aucun de ces documents n'est paginé et il n'y a pas d'instructions pour ce qui a trait à la séquence de lecture. C'est donc un hypertexte proposant de multiples parcours narratifs, la plupart orbitant autour d'un personnage féminin unijambiste, jamais nommé. L'apposition des termes anglais *building stories* signifie autant « construire des histoires » qu'« histoires d'immeubles ». De fait, plusieurs des récits situent leur action dans une maison appartement où la protagoniste a passé quelques années de sa vie de jeune adulte. Peu à peu seront dévoilées son histoire, mais aussi l'histoire de ses voisins et même l'histoire de la maison qui devient ainsi un personnage à part entière. Ce roman architectural compte plus d'une dizaine de vues de la maison en coupe frontale ou selon une perspective isométrique. Et, à plusieurs moments, il met en abyme une maison de poupées pour enfants, suggérant de manière oblique que *Building Stories* est une œuvre avec laquelle il faut s'amuser. Questionné au sujet des

4 Le texte intégral de *The Haunted Dolls' House* est sur le site *A Thin Ghost*, consacré à l'œuvre de Montague Rhodes James [<http://www.thin-ghost.org/items/show/142>].

5 On peut faire une visite virtuelle de la maison de poupées de la Reine Mary sur le site du Royal Collection Trust [<http://46.236.36.161/queenmarysdollshouse/home.html>].

sources qui ont inspiré son dispositif, Chris Ware a, entre autres, mentionné *La Boîte-en-valise* (1936-1968) de Marcel Duchamp : une valise à fermoir, produite à plusieurs exemplaires, contenant soixante-neuf reproductions des principales œuvres duchampiennes dont des répliques miniatures des *ready-made* ou des modèles réduits des grandes installations telles que *Le Grand Verre*. D'ailleurs, Duchamp connaissait bien le monde des miniatures et des maisons de poupées puisqu'il avait fréquenté dans les années 20 à New York le salon littéraire et artistique des trois sœur Stettheimer : Ettie, Florine et Carrie, respectivement auteure, peintre et miniaturiste. En effet, à l'époque, Carrie W. Stettheimer (1869-1944) travaille déjà à la décoration d'une maison de poupées à laquelle elle consacrera près de vingt ans de sa vie (1916-1934). Le salon et la terrasse de la petite maison, qui font aussi office de galerie d'art ou de cabinet d'amateur, incluent une collection de tableaux et de sculptures miniatures créés spécialement pour l'occasion par des artistes de l'avant-garde newyorkaise. Parmi eux, mentionnons Alexander Archipenko, Georges Bellows, Maguerite Zorach, Gaston Lachaise et... Marcel Duchamp dont on peut voir, à la droite de la cheminée, le *Nu descendant l'escalier*, N° 4, un dessin original datant du 28 juillet 1918 et mesurant 9,5 × 5,5 cm. La maison Carrie Stettheimer est maintenant conservée au Museum of the City of New York.

Arts plastiques : les boîtes et les dioramas

En 2012, l'exposition « *Quelques instants plus tard...* » avait organisé la rencontre de quarante duos d'artistes œuvrant respectivement dans l'art contemporain et la bande dessinée[6]. À cette occasion, dans *Scène de crime* se côtoyaient une œuvre de Marc Giai-Miniet et quatre dessins du bédéiste Jacques de Loustal, qui, en partant des espaces réalisés par le premier, avait imaginé des scènes inquiétantes et sinistres. Giai-Miniet (1946-) se consacre depuis une vingtaine d'années à ce qu'il appelle un travail d'« emboîteur ». Il fabrique, en utilisant divers matériaux, des immeubles en coupe divisés en plusieurs strates et installés dans des boîtes en bois. Dans ces montages, à la fois réalistes et fantasmés, l'espace est organisé selon des zones spécifiques. Dans plusieurs de ces boîtes, par exemple *La Boîte des barbares*, *Library as a Mine* ou *Ascenseur*, le blanc domine la section supérieure où se trouve une bibliothèque. On accède aux étages inférieurs via des échelles, des escaliers, des poulies, des tuyaux ou

6 L'exposition s'est tenue du 19 octobre au 7 novembre 2012 au Couvent des Cordeliers (Paris) avant d'être présentée à la Cité de la BD (Angoulême), au Centre d'art (Perpignan) et au Rouge-Cloître (Auderghem, Belgique).

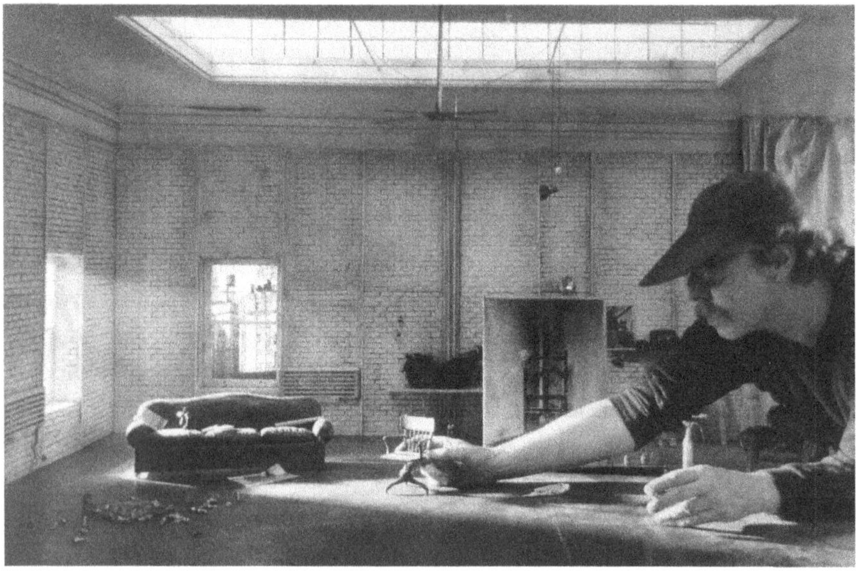

FIGURE 3.6 Charles Matton élaborant *Le Grand Loft*, 1988. Photo : Sylvie Matton.

des coursives. Les couleurs s'assombrissent : comme dans une descente aux enfers, on atteint ce qui apparaît comme des usines, des laboratoires, des égouts, des fours, des quais de partance. Là, l'ambiance glauque et menaçante suggère un inconscient historique malade, un « mal d'archive » pour reprendre le titre de l'ouvrage de Derrida[7].

Au cours des années 1980, le Français Charles Matton (1931-2008) élabore une méthode de travail dans une perspective photographique, donc réaliste, voire hyperréaliste, de même que picturale, dans le but avoué de contrôler absolument le sujet qu'il photographie et peint. Il crée donc lui-même les structures, les objets et les œuvres qui composent ce qu'il appellera d'abord des *Reconstitutions de lieux*, des *Réductions de lieux* ou des *Espaces miniatures,* avant de parler d'*Emboîtements* ou de *Boîtes* : des scènes intérieures sur une échelle de 1/7, contenues dans des espaces fermés d'environ deux mètres cube. Or, très tôt, les réalisations cesseront de constituer une étape préparatoire pour devenir des fins en soi. Les soixante-douze boîtes ainsi élaborées, mettant en scène des ateliers d'artistes, des chambres, des salles de bains, des bibliothèques, des couloirs, caractériseront la dernière période du travail de Matton.

---

7 On peut voir plusieurs des boîtes de Giai-Miniet, dont *Scène de crime,* sur son site [<http://www.marc-giai-miniet.com/page23.html>].

Toujours dans une veine hyperréaliste et toujours en France, on peut voir au Musée Miniature et Cinéma de Lyon le travail de plasticiens miniaturistes qui, eux aussi, reproduisent à petite échelle des espaces domestiques des plus divers. Ils peuvent mettre en scène, dans des dioramas qu'on pourrait aussi qualifier de « boîtes », le luxe et le bon goût d'un collectionneur d'art contemporain (*Le Loft de Brooklyn* de Dan Ohlmann), l'accumulation hétéroclite d'une pièce en désordre (*Le Cabinet de la rue Prague* de Ronan-Jim Sévellec), le dénuement et la simplicité d'une chambre de bonne (*La Chambre de bonne* de Michel Perez), et même un appartement vide (*Tapisserie* de Laurie Courbier) où l'on voit, selon l'expression de Georges Perec, « ce qui reste quand il ne reste rien »[8].

Photographie

Dans l'expression photographique, l'Américain David LaChapelle (1963-), avait déjà, en 1997, utilisé le dispositif de la maison de poupées pour faire des portraits de Cameron Diaz et de Ewan McGregor, intitulés tous deux *Dollhouse Disaster*, un travail commissionné par le magazine britannique *The Face*[9]. Dans les deux cas, la maison de poupées est désacralisée en faisant l'objet d'une violation de domicile aux conséquences coquines pour Cameron Diaz et violentes pour Ewan McGregor. LaChapelle revisitera le même dispositif en 2013 dans une œuvre plus personnelle, intitulée *Self Portrait as House*. La photo en couleur, mesurant 122 × 254 cm, ne résulte pas d'un montage numérique : la coupe d'une maison de dimensions réelles a bien été construite pour abriter les performance des figurants. Cette mise à nu constitue plus un portrait psychologique que réaliste ou même autobiographique. Selon LaChapelle, chaque pièce de la maison est une « projection freudienne » lui permettant non pas de se dévoiler, mais plutôt de suggérer symboliquement plusieurs facettes de son psychisme (spiritualité, secrets, vices, déformation de l'image corporelle, toxicomanie, dépendance…).

Au début des années 70, Laurie Simmons (1949-) achète un ensemble de jouets miniatures de fabrication commerciale, dénichés dans le grenier d'une boutique à New York. Elle commence à prendre quelques clichés des petits meubles et objets qu'elle met en scène dans des décors de sa fabrication sans intention précise en expérimentant surtout sur la lumière. Elle postule alors pour un contrat de photographe afin d'établir le catalogue d'une boutique

8 Certaines de ces œuvres sont reproduites sur le site du Musée Miniature et Cinéma [<http://www.museeminiatureetcinema.fr/miniature.html>].

9 Les deux photographies sont reproduites sur le site Artnet [<https://goo.gl/af8JBK>].

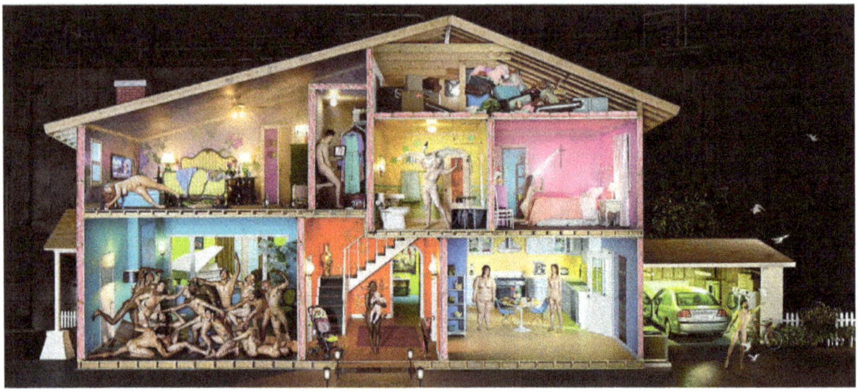

FIGURE 3.7 David LaChapelle, *Self portrait as House*, 2013. ©David LaChapelle [<https://fineartbiblio.com>].

d'accessoires pour maison de poupées. Elle ne l'obtient pas, mais poursuit tout de même ses expérimentations en incluant dorénavant dans ses photos des figurines féminines qu'elle continue à mettre en scène isolées, en les entourant uniquement d'objets domestiques et en utilisant la couleur[10]. Rappelons que, au même moment, dans les années 70, Cindy Sherman se met aussi en scène, seule dans des cuisines, des salons ou des chambres à coucher dans certains de ses célèbres *Untitled Film Stills* (1977-1980), Martha Rosler réalise son court métrage *Semiotics of the Kitchen* (1975) et Chantal Akerman, son film *Jeanne Dielman, 23, quai du commerce, 1080 Bruxelles* (1975). Toutes, à leur manière, questionnent l'espace domestique dans une perspective genrée, voire féministe.

En 2001, la même Laurie Simmons, en collaboration avec l'architecte Peter Wheelwright, concevra une maison de poupées contemporaine pour la marque de jouets Bozart. Les murs extérieurs se composent de parois coulissantes, transparentes, colorées ; les meubles sont des reproductions de pièces de designers connus dont Ron Arad, Dakota Jackson et Karim Rashid et la maison contient des reproductions d'œuvres de Simmons, de Cindy Sherman, de Barbara Kruger et de quelques autres. Pour les personnages, comme une signature secrète, Simmons et Wheelwright ont créé des figurines articulées à leur effigie et à celle de leurs enfants.

10 Les projets *Early Black & White* (1976-1978) et *Early Color Interiors* (1978-1979) sont présentés sur le site de Laurie Simmons [<http://www.lauriesimmons.net/photographs/>].

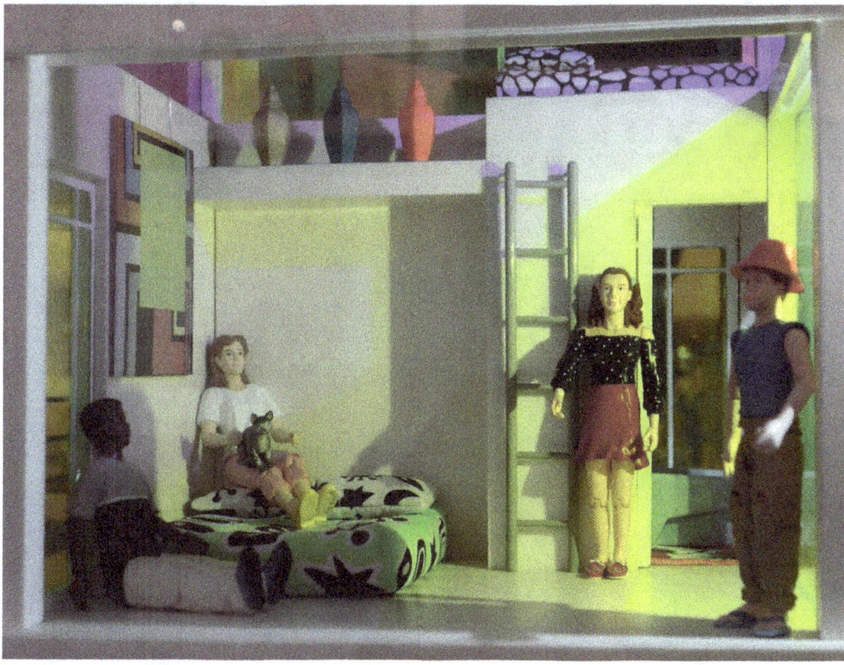

FIGURE 3.8 Laurie Simmons et Peter Wheelwright, *The Kaleidoscope House*, 2001, vue d'une chambre avec les reproductions d'œuvres de Peter Halley et d'Allan McCollum. Victoria and Albert Museum, Londres.

Cinéma

Lorsque l'une des deux filles de Laurie Simmons, Lena Dunham (1986-), débutera sa carrière de cinéaste/scénariste/actrice, elle choisira le loft new yorkais de sa mère pour y situer l'action de son premier long métrage, *Tiny Furniture* (2010). Le film, à forte teneur autofictionnelle – Dunham, sa mère et sa sœur y tiennent toutes un rôle – raconte l'histoire de Aura, alter-ego de Lena, une jeune fille d'une vingtaine d'années qui revient vivre chez sa mère après l'échec d'une relation sentimentale et de ses études cinématographiques. Les meubles minuscules que sa mère utilise dans son travail de photographe deviennent pour Aura le symbole autant d'une nostalgie de l'enfance que d'un désir frustré de création qui trouvera finalement une issue dans la transmission de la mère à la fille d'un engagement artistique et féministe.

Mais le cinéaste contemporain qu'on associe le plus souvent aux miniatures, aux maquettes et aux coupes d'habitats est incontestablement l'Américain Wes Anderson (1969-). Au fil de sa filmographie, il a éventré un bateau dans *The Life Aquatic with Steve Zissou* (2004), un train dans *The Darjeeling Limited*

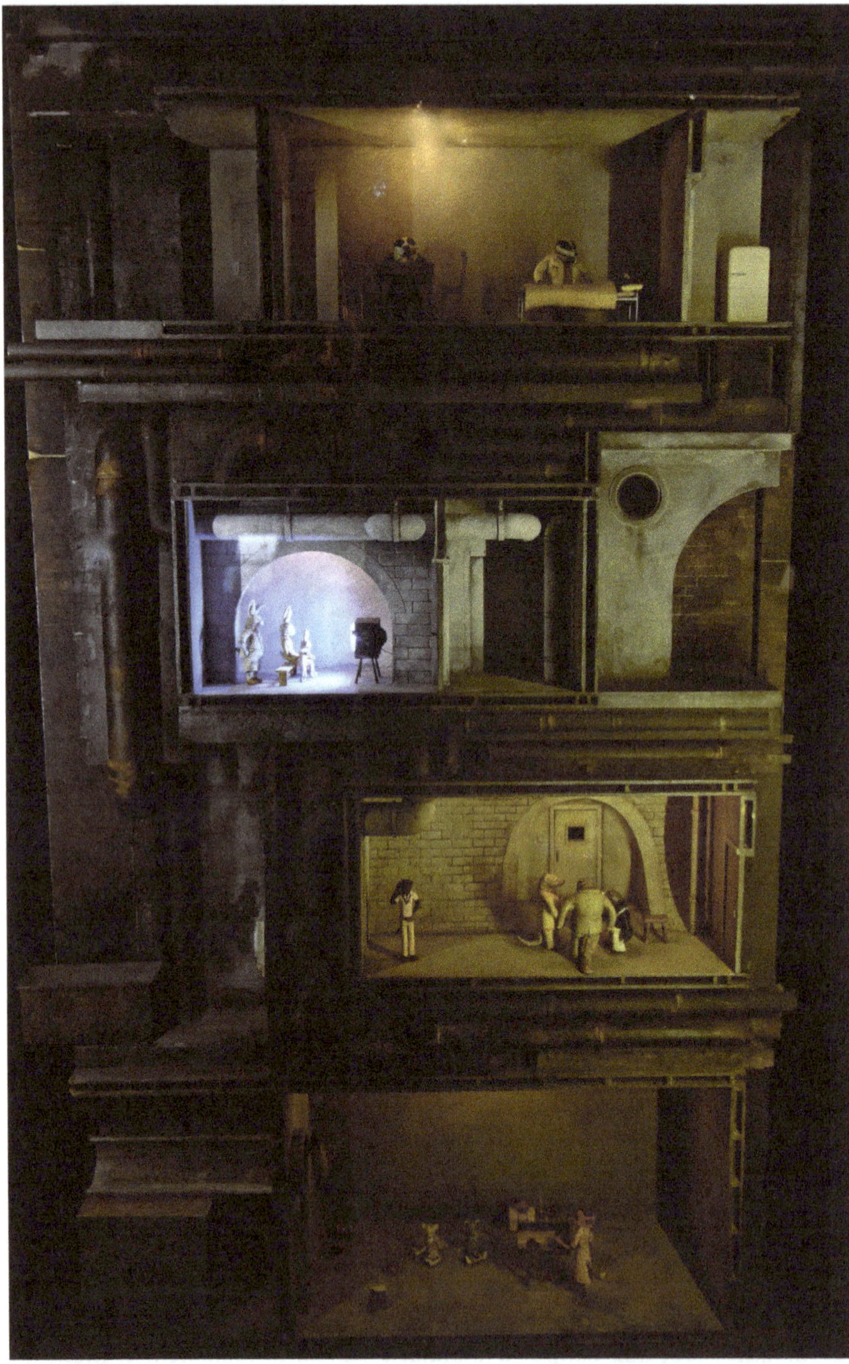

FIGURE 3.9 Maquette pour *Fantastic Mr. Fox*, 2009. Musée Miniature et Cinéma, Lyon, 2016.

(2007) ou la tanière d'une famille de renards dans *Fantastic Mr. Fox* (2009). Ce dernier titre est un film d'animation en volume dans lequel Anderson recrée, image par image, le monde imaginaire de Road Dahl en utilisant maquettes et figurines.

Or la scène où il explicite ce que certains critiques ont appelé une esthétique de la maison de poupées (*dollhouse æsthetic*) ou même une esthétique du diorama en boîte de chaussures (*shoebox diorama æsthetic*) est la scène d'ouverture de *Moonrise Kingdom* (2012). Pendant les quarante secondes du générique, au son de la musique *Young People's Symphony Orchestra* de Benjamin Britten, Anderson filme le décor d'une maison en coupe de taille réelle en misant sur les cadrages, les mouvements de caméra et le montage pour présenter la demeure et les membres de la famille Bishop. D'ailleurs, très tôt, la mise en abyme d'une maison de poupées jouet dans le bas de l'écran vient discrètement pointer vers le dispositif de la mise en scène[11].

Arts vidéoludiques

Dans le monde des jeux vidéo, dès 1985, c'est-à-dire à l'époque archaïque des processeurs 8-bits et des graphiques pixellisés, apparaît un jeu de simulation de vie circonscrit dans le décor d'une maison dont la façade a été soulevée, *Little Computer People* (concepteurs : David Crane et Rich Gold). Les interactions avec l'unique personnage sont très simples : le joueur peut lui faire exécuter des actions quotidiennes telles que cuisiner, manger, lire le journal ou dormir. Ce dépouillement apparent n'a pourtant pas empêché Will Wright, le créateur d'un autre jeu de simulation de vie, *The Sims* (2000) de citer *Little Computer People* comme une source d'inspiration. À l'origine, Wright avait l'intention de créer un logiciel d'architecture, mais on lui conseilla d'ajouter des personnages. Finalement il aura créé un des jeux vidéo les plus joués au monde, populaire auprès de centaines de millions de joueurs de toutes tranches d'âge, aussi bien hommes que femmes. Will Wright a souvent qualifié *The Sims* de « maison de poupées numérique ». En effet, c'est un environnement ludique de type bac à sable puisqu'il n'y a pas vraiment de règles rigides si ce n'est que de s'occuper et d'occuper une population de Sims habitant un quartier rappelant ceux des banlieues résidentielles américaines. L'unité spatiale de base est la maison unifamiliale dont l'architecture peut être modifiée à volonté et où la décoration intérieure tient une place de choix. Le jeu laisse donc la place à des

---

11 L'ouverture de *Moonrise Kingdom* est présentée et commentée sur le site *The Art of the Title* [<http://www.artofthetitle.com/title/moonrise-kingdom/>].

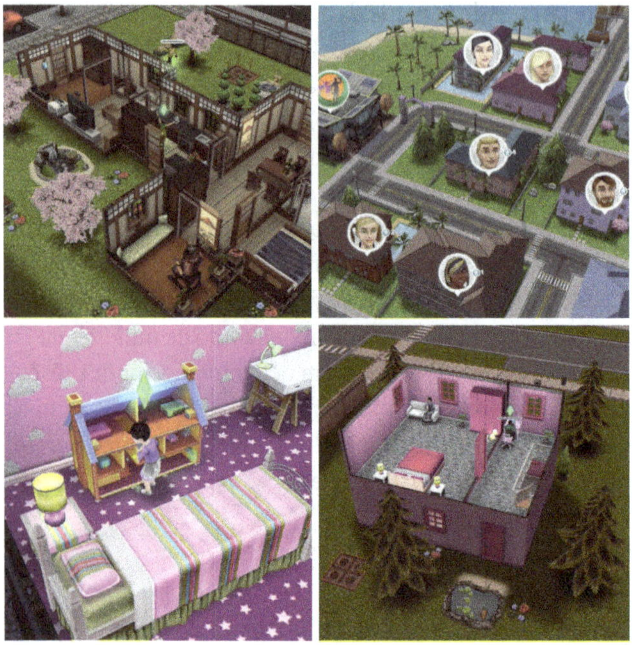

FIGURE 3.10
Les Sims, version iOS

environnements et des comportements hors normes (incongruité de l'espace imaginé, présence d'éléments surnaturels ou fantastiques, malpropreté, désordre, violence, sexualité non hétéronormative…). La position du joueur, tel un dieu veillant sur sa création, est surplomblante et distanciée. Il peut faire pivoter ou déplacer le point de vue, de même qu'imposer des mouvements de zoom avant ou arrière à la caméra fictive. Il ne peut cependant pas pénétrer sous forme d'avatar dans le monde du jeu pour y circuler librement d'un point de vue subjectif.

La spatialité est une des grandes différences entre *The Sims* et *Alice: Madness Returns*. En effet, dans ce jeu de type action/plateforme, le joueur contrôle et suit à la piste, tout en partageant son point de vue, un personnage féminin, Alice Liddell, qui se déplace dans un monde virtuel en trois dimensions, inspiré librement de celui créé par Lewis Carroll. Le jeu se divise en cinq domaines, ou cinq niveaux, dont le cinquième s'intitule « Maisons de poupées ». L'espace y est constitué d'un agencement complexe de maisons sans façades entre lesquelles une Alice, dans une de ses phases miniaturisées, se déplace en marchant, courant, sautant et planant et ce, afin d'explorer l'environnement, de résoudre des puzzles et de faire la rencontre de personnages plus ou moins amicaux. Le jeu de déroule dans un espace se voulant la représentation d'un espace psychique avec tout ce que cela implique de souvenirs, de rêves, d'hallucinations, d'obsessions et de frayeurs.

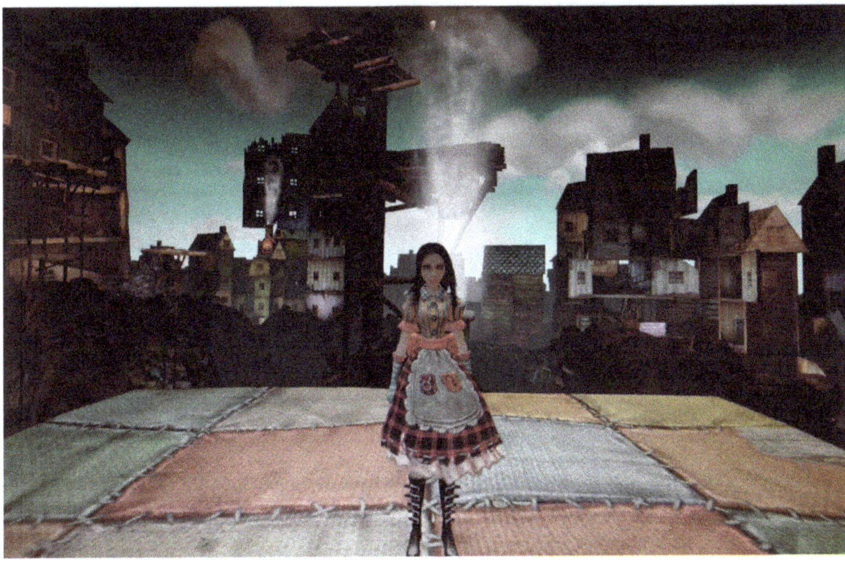

FIGURE 3.11 *Alice: Madness Returns*, version PC.

L'originalité de *Lumino City* (2014) un jeu d'aventure de type pointer et cliquer, conçu par le studio State of Play Games, est de situer son action non pas dans un environnement numérique, mais dans des décors entièrement faits main dans lesquels ont été modélisés les déplacements et les interactions[12]. Le joueur contrôle Lumi, un minuscule personnage féminin, se déplaçant dans différentes sections d'un monde miniature dans lequel elle doit résoudre des puzzles afin de se rendre dans le lieu où elle retrouvera son grand-père. Dans l'une des sections, appelée « La maison tourniquet », une maison sans façade doit être manipulée. Ainsi, la maison de poupées n'est plus simplement un espace à aménager ou à découvrir, mais devient partie intégrante de la mécanique du jeu[13].

Depuis leur apparition en Allemagne au XVIe siècle jusqu'à leur incarnation récente dans l'univers des jeux vidéo, les maisons de poupées ont principalement rempli trois fonctions : didactiques, décoratives et ludiques. En tant que modèles didactiques et objets hautement décoratifs, elles sont essentiellement demeurées, pendant plus de deux siècles, des objets idéalisés, presque

12 Les concepteurs de *Lumino City* offrent gracieusement sous forme d'application (iOS) un livre interactif, intitulé *The Making of Lumino City*, dans lequel ils présentent les différentes étapes de la genèse du jeu.

13 On peut voir l'auteure du présent article résoudre le niveau « La maison tourniquet » de *Lumino City* [<https://youtu.be/AnqNqmY62Ow>].

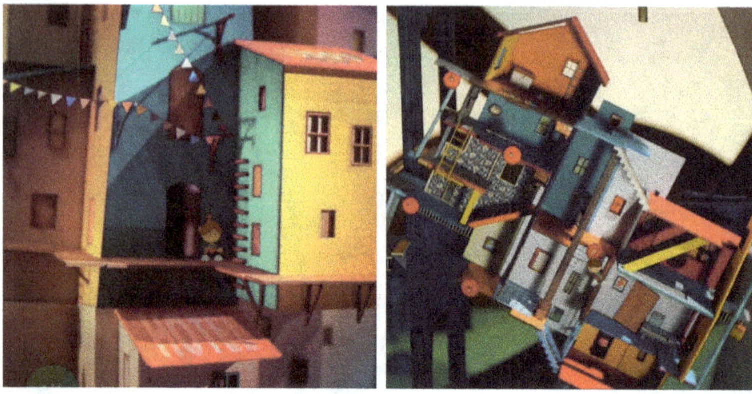

FIGURE 3.12 *Lumino City*, version iOS.

pétrifiés, qu'on observait, étudiait ou admirait. Le spectateur, à l'intérieur de telles configurations, est cantonné dans une perception visuelle et ce, même si le soulèvement de la façade ou du toit des maisons miniatures permet un regard totalisant, voire vertigineux par la mise en abyme de maisons dans la maison. Les sentiments d'omnipotence et d'émerveillement qui peuvent en résulter se voient néanmoins sapés par l'impossibilité mélancolique de pénétrer et d'habiter ces espaces. Les précieuses maisons de poupées, objets des plus fragiles, sont aussi source de nostalgie en tentant de reproduire et de préserver en format réduit, donc diminué, des lieux dont la disparition est inexorable. Depuis que, au XIXe siècle, les enfants peuvent poser leurs petites mains, pas toujours propres, sur les maisons de poupées et les objets qu'elles contiennent, leur rôle s'est complexifié et enrichi : elles sont devenues des jouets interactifs. La complétude, l'ordre, la propreté, la bienséance, la perfection minutieuse et le luxe qu'on avait prônés pour ces espaces sont dès lors subvertis dans des jeux où l'imagination et la créativité narratives peuvent s'exprimer librement. Le jeu vidéo permet même de pénétrer dans des maisons de poupées virtuelles par l'intermédiaire d'avatars. Au début du XXe siècle, les maisons de poupées, jusque-là confinées au domaine du privé, deviennent publiques en entrant dans les collections des musées. Leur statut artistique est ainsi admis et les créateurs ne tardent pas à reconnaître un dispositif aux multiples possibilités. L'étude d'un corpus d'œuvres contemporaines a révélé quelques-unes des fonctions renouvelées des maisons de poupées : scéniques, méta-narratives, méta-historiques, féministes ou psychanalytiques. En exploitant ce puissant dispositif, les plasticiens, les photographes, les cinéastes, les bédéistes ou les concepteurs de jeux vidéo nous invitent, à leur manière, à appréhender autrement les espaces domestiques par le truchement de la miniaturisation et du dévoilement de l'intime.

CHAPITRE 4

Du musée au roman de Jessie Burton, une maison miniature comme dispositif esthétique actif

Isabelle Roussel-Gillet

Quelles sont les miniatures visibles au musée qui activent un mode analogique au sens où Raymond Montpetit le définit : « une similitude, une isomorphie et une proportionnalité »[1] ? Si ce muséologue limite l'analogique au respect de l'échelle réelle, qui permet inclusion immersive par volumétrie habitable, telles les *period room* et autres reconstitutions, nous choisissons ici le sens plus large que Peirce donne à l'analogie, la proposition iconique factice suppose alors un référent originel ou simplement la possibilité d'être reconnue conforme globalement à son modèle[2]. De ces modèles, qui font donc référence au réel, se différencient les dioramas[3], « représentations illusionnistes », où l'on *voit à travers,* selon l'étymologie. Le diorama fait office de premier petit caillou sur notre chemin de petit poucet. Il signale un ordre magique. Il s'est répandu via le stéréoscope, cette boite percée d'un petit trou, objet de spectacle dont nous voulons rappeler qu'il est « apprécié aux Pays-Bas au XVII »[4], lieu et temps du roman que nous allons analyser. Un simple œilleton ou viseur permet d'activer le dispositif. Ce trou à la différence de ceux d'*Étant donnés* de Duchamp (1946-1966) fait voir une composition entièrement miniature. Dans le roman qui nous occupe il n'est de trou que de serrure, indice d'une optique de voyeur, chargé de sexualité ou de son impossibilité, et qui n'introduit pas à une miniaturisation du monde mais à l'envie de voir la chambre de l'autre. La miniature, elle, suppose la conversion des dimensions[5] et elle a une fonction de modélisation, heuristique, critique, voire autoréflexive comme le sont les boîtes-valises emportables de Duchamp. La portabilité, qui peut caractériser la miniature, ne sera pas de mise non plus dans le roman, la protagoniste ne pouvant emporter les petites figurines qu'en laissant sur place leur contenant,

1 Raymond Montpetit, « Une logique d'exposition populaire : les images de la muséographie analogique », *Publics et musées* (dir. Bernard Schiele), n°9, 1996, p. 57.

2 *Ibid.*, p. 59.

3 *Ibid*, p. 55-103.

4 David Revere McFadden, *Voir et savoir*, Catalogue MUBA, 2012, p. 7.

5 Paradoxalement, réduire induit une perte alors qu'on se représente la réduction comme une prise en main qui augmente la maîtrise (modèle didactique, domination par la taille, etc.).

 | DOI 10.1163/9789004366206_005

trop lourd, trop grand. On le constate déjà : l'objet miniature peut engager le corps de deux manières comme objet à voir et/ou à manipuler. Et qu'on l'approche par œil ou par corps, il demeure bien « notre objet » puisqu'il nous permet de jouer avec nos représentations.

Outre les théâtres optiques, la dimension miniature a aussi existé grâce à un instrument optique, d'abord le miroir si l'on pense à la mise en abyme de la scène des *Époux Arnolfini*[6], scène inversée dans le miroir, et bien sûr grâce aux loupes et microscopes. Ces derniers ouvrent un changement de paradigme : le microscopique, qui suppose une médiation technique, n'ouvre pas sur la réduction du même mais permet de rendre visible en système clos ce qu'on ne pouvait voir, d'explorer un autre monde, d'agrandir, d'isoler une partie, ce qui tend vers « le particulier »[7] comme le suppose Gaston Bachelard. Le mouvement général d'un mode de pensée est donné, du général au particulier. Le microscope est un des premiers outils d'exploration de la biologie. Notre second petit caillou concerne une chirurgie de l'anatomie distillée dans le roman *Miniaturiste* de Jessie Burton[8], sous forme de coupe organique ou de détail.

Si Bellasi considère les « processus de miniaturisation » « comme symptômes privilégiés des caractères marquant le rapport que nous entretenons avec l'objectalité et, [...] en général, le rapport entre le sujet et le « réel » »[9], il nous faut recontextualiser la valeur historique de l'expérimentation. Elle résulte d'un déplacement épistémologique précisément au XVIIe vers le goût de l'observation directe manifestée par la constitution de cabinets de collection. Et il nous faut rappeler que c'est depuis le XVIe que croissent aussi les salles de dissection et théâtres anatomiques[10]. Cet imaginaire est bien présent dans le roman que nous étudierons. Bien que sa répulsion pour l'organique soit perceptible, c'est le personnage principal, Nella, qui accouche sa belle-sœur et coupe le cordon ombilical.

Jusqu'ici la miniature nous collerait l'œil au trou[11] et au petit. À la différence des deux dimensions miniaturisante et microscopique, la dimension nano contemporaine ne peut être pensée à partir des mêmes catégories, car il s'agit

6 Il s'agit bien sûr ici de pointer la promesse de fécondité du couple qui crève la toile de toute sa symbolique appuyée. Le roman est à contrepied de ce tableau emblématique.

7 Gaston Bachelard, *Essai sur la connaissance approchée*, Vrin, 1981, p. 65.

8 Jessie Burton, *Miniaturiste* [*The Miniaturist*, Peebo and Pilgrim Limited, 2014], trad. Dominique Letellier, Paris, Gallimard, 2015 [VO 2014]. Les références à ce roman seront directement indiquées entre parenthèses au sein de l'article.

9 Pietro Bellasi, *op. cit.*, p. 33.

10 Raymond Monpetit, *op. cit.*, p. 84.

11 Le trou ne renvoie pas ici à l'anatomie féminine en suivant un vocabulaire freudien, même si le trou de serrure donne sur la chambre de Marin, qui est la parturiente que

de ce qui échappe non seulement à l'œil mais peut-être aussi à une forme de pensée. Ce qu'explique Julien Lamy[12] prenant l'exemple de la gravité, catégorie moins opératoire à cette échelle. À l'invisible s'adjoint l'imprédictible. Le nano est un monde chimique (et non plus biologique) qui s'autofabrique, un monde du probable, de l'instable, de l'impossible appréhension empirique, plutôt le contraire de la miniaturisation qui, elle, invite à la possession, à l'intime, à la réassurance, du moins en général. Dans le roman écrit au XXIe siècle qui nous occupe et inspiré d'une maison miniaturisée datant du XVIIe, bien que certains anachronismes ou croisements temporels épistémologiques soient patents, l'ordre imprédictible n'aura pas sa place. Il est une foi manifeste en une omniscience très incarnée, à un paradigme du contrôle. L'univers romanesque du XVIIe siècle évoqué est résolument biologique, marqué par la biodégradabilité de toute matière ; de la chair au sucre. Et si notre geste d'écriture en appelle aux énigmes et petits cailloux du petit poucet, c'est que ce roman pose aussi ses indices, et tourne autour d'une angoisse de la prédiction et de l'instabilité, par figurines interposées.

La maison de poupées dont il est question est en théorie à l'échelle 1/12e, aux matériaux authentiques et tout y fonctionne. Conçue entre 1686 et 1710, elle appartient désormais à la collection du Rijksmuseum, y est sanctifiée comme chef d'œuvre, valant le prix d'une maison à taille réelle, dit-on. Si nous avons choisi la maison Poppenhuis Van Petronella Oortman[13], c'est dans deux perspectives, la première pour analyser le dispositif, l'objet muséifié et scénographié, comme objet esthétique, et la seconde pour analyser cette maison devenue un dispositif narratif dans le roman de Jessie Burton : *Miniaturiste*. La puissance d'émerveillement du premier dispositif semble complexifiée, à la fois entretenue et déconstruite, dans le roman.

La maison Poppenhuis Van Petronella Oortman témoigne d'abord d'un contexte historique qui préside à ces créations de maisons de poupées luxueuses. Au XVIIe siècle, chez les riches marchands d'Amsterdam, ce type de maison miniature est un cadeau hautement symbolique : d'un point de vue historique, cette maison offerte à la jeune épousée n'est pas faite pour jouer mais pour l'occuper et montrer son statut social et sa richesse. La femme la décore

---

personne ne soupçonne. Le petit ne renvoie pas non plus au bébé comme humain miniature.

12 Julien Lamy, « Penser l'infiniment petit avec Gaston Bachelard, nanotechnologies et microphysique », Revue *Alliage*, n° 62, avril 2008, Micro et nano, p. 48-57 <http://revel.unice.fr/alliage/index.html?id=3420>, « pour penser autrement, il est nécessaire de mettre au point de nouvelles catégories de pensée ».

13 La maison au musée : <https://www.rijksmuseum.nl/en/rijksstudio/works-of-art/dolls-houses>.

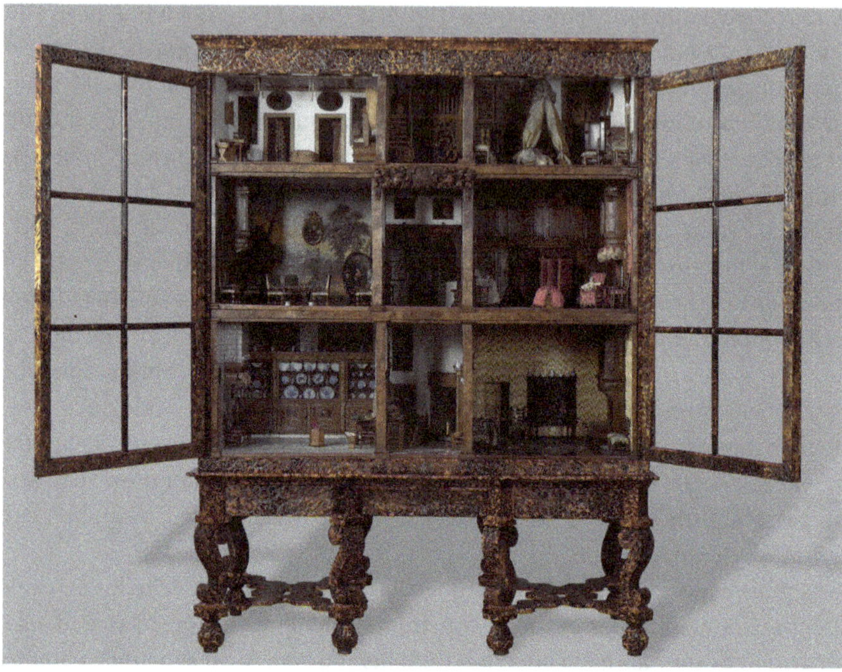

FIGURE 4.1 Dolls' house of Petronella Oortman, anonymous, ca. 1686 – ca. 1710. Rijksmuseum, Amsterdam.

de figurines et objets, fait collection. D'un point de vue sociologique, la maison de poupées est à la fois le fruit et le vecteur d'une construction culturelle qui modélise la fonction de la future épouse au sein de la société hollandaise : elle a donc fonction didactique et genrée[14]. La maison dédiée aux femmes est souvent dite équivaloir au cabinet de curiosités dédié aux hommes ; or en parcourant le Rijksmuseum, vous verrez des cabinets offerts à des femmes. Ce qui distingue fortement la maison du cabinet[15] est leur contenu : des curiosités du monde versus un espace domestique reconstitué. Une autre différence tient à la fermeture du cabinet quand la maison de poupées n'est séparée de nous

14 Mary Flanagan, *Critical play radical game*, Chapitre 2 Playing house. MIT PRESS Cambridge, 2009 : des maisons pour femme adulte « particurarly for women to be married » (p. 26) « mimicked the upper-class fashions of the times. The materials used to created the miniature objects were authentic : animal fur and leather seat coverings, marble mantelpieces, and linen in the washroom » (27). Elles participent de la normalisation du désir (Freud) et du contrôle social (Foucault).

15 D'un point de vue sémantique, dans la traduction française du roman de Jessie Burton qui met en scène cette pièce de collection, la maison est désignée comme « cabinet » (65) puis « maison de poupée » (71).

que d'une porte vitrée ou d'un rideau. Elle a en effet la forme d'une armoire et non d'une maison comme en Allemagne. Cette différence institue une modélisation des frontières dedans/dehors. À Amsterdam, où se déroule le roman de Jessie Burton, il semble qu'on montre l'intérieur de sa maison comme on montre sa femme.

Cette tradition des maisons de poupées est avérée dans l'Allemagne protestante depuis le XVIe et Lydia Bayer[16] explique que « Le rapport entre la religion réformée et la maison de poupées est à l'origine de la migration de cette dernière vers la Hollande, lors des multiples échanges avec ce pays. Dans les régions non réformées, l'amour pour le détail s'est exprimé plutôt dans les crèches où l'on peut trouver les mêmes arrangements détaillés que dans les maisons de poupées ». Et même quelque bébé... C'est là notre troisième petit caillou : la crèche, qui rend tangible le mystère de la nativité, qui se répand au Moyen Âge et relève d'un art populaire, bien éloigné de prime abord de la maison qui nous occupe, et qui, pourtant, n'en est pas si étrangère. À noter que la romancière précise la véracité de ses sources : « Tous les passages de la Bible sont tirés de ceux qui furent soulignés dans la Bible des Brandt » (p. 13), du nom des propriétaires de la maison, Petronella épousant un Brandt, ce qui pose d'entrée l'importance des religions. Et bien qu'une photographie de l'objet de collection figure au seuil du livre, la part de fiction est dite assumée, ce qui dédouane sans doute la chercheuse qui a épaulé le travail de documentation de la romancière.

Pour résumer, trou de serrure, organes anatomiques, bébé hors scène de crèche sont les indices d'enjeux de l'appréhension du monde : voir, voir au travers, prévoir.

Le changement de statut de l'objet muséifié et scénographié

Si, à suivre Claude Levi Strauss, toutes les miniatures se voient dotées d'une qualité esthétique, nul étonnement à ce qu'elles soient au final conduites au musée des beaux-arts, fétichisées, installées à demeure. Une maison de poupées par son faire collection, sa manière expositive d'apparat qui la fige l'y prédispose. Dans ce cadre sa fonction est des plus esthétiques comme en témoignent le dispositif de mise à distance et les quelques marches pour mettre le visiteur à hauteur (h 255 cm × l 190cm × p 78cm), insistant sur la pulsion

16 Conservateur du musée du jouet de Nuremberg, « Petite histoire de la maison de poupée en Europe », *Miniatures d'art. Les maisons de poupées d'aujourd'hui*, Ingeborg Riesser, Paris, Massin éditeur, p. 4-5. La plus ancienne daterait de 1557 en Bavière.

scopique pour voir l'intérieur du meuble aux portes grandes ouvertes. L'attention n'est pas mobilisée sur la facture des huit pieds ou le pourtour, seules importent les neuf pièces. La danse muséale un pas en arrière ou en avant est impossible, on nous colle le nez à la vitre. Le visiteur n'est pas tant placé en position dominante qu'au niveau du dispositif en élévation comme au théâtre, ce qui induit un *voir de près*, une entrée dans la décomposition en espaces compartimentés et, ainsi, une mise en échec de la vue d'ensemble. Dans le roman, cette incapacité à avoir une vue d'ensemble caractérise la jeune Nella : sa perception n'est guère scientifique puisqu'elle ne comprend pas les cartes marines de son entourage marital. Sa perception n'est pas non plus socio-culturelle : elle n'a pas les clefs du territoire. Très peu de lignes sont consacrées à la vue d'ensemble de l'objet, sinon des allusions soit à l'encombrement dans le hall qui motive son déplacement dans la chambre de Nella, soit à une hauteur qui doublerait celle d'un homme. Écho à la pensée de Bachelard pour qui « La miniature est un des gîtes de la grandeur »[17] ? Ou simple rappel du lien actif entre macrocosme (la maison réelle) et microcosme (sa représentation), ou encore insistance sur la synecdoque ?

Nous ne pouvons alors nous étonner que l'objet soit devenu un tableau, commandé par Petronella elle-même, et que le point de vue perceptif et le cadrage induisent un cadre esthétique, soit l'encadrement ou le musée. Le tableau, placé au musée à gauche de l'objet, malgré ses perspectives, accentue l'effet de coupe. Et de fait, toute une isotopie de la dissection chirurgicale parcourt le roman. La maison miniature joue une fonction contenante fragilisée par l'exposition de son intérieur qui met mal à l'aise (70), « son corps coupé et ses organes dévoilés » (p. 67).

L'esthétisation est renforcée, le texte de salle mythifie le cadeau fait à Petronella en précisant sa valeur et le désir de le voir exprimé par un tsar. La notoriété de ce visiteur s'ajoute alors à la rareté de l'objet, valeur au-delà du beau et du laid[18]. Voir au musée, c'est aussi « voir en relation »[19] les objets mis en dialogue. Dans la pièce où la maison est exposée, outre le tableau et un cabinet d'homme en face d'elle, figure à sa droite une autre maison béante plus ostentatoire par sa foule de personnages en costume, comme pour nous *en mettre plein la vue*. C'est bien sur une maison qui se repeuple une à une de ses figurines que prend appui le roman ainsi que sur une vue partielle, sélective. Dans

17 Gaston Bachelard, *La Poétique de l'espace* [1957], Paris, PUF, Quadrige, 2004, p. 146.

18 Nathalie Heinich, Jean-Marie Schaeffer et Carole Talon-Hugon, *Par-delà le beau et le laid, Enquêtes sur les valeurs de l'art*, Presses Universitaires de Rennes, 2014.

19 Rudolf Arnheim, *La Pensée visuelle*, Paris, Flammarion, 1999.

le roman, loin du pur spectacle de l'objet miniature, le décor s'efface derrière l'action des personnages.

Seule l'aide à la visite, mise à disposition à droite de la maison, indique que la poupée de bébé y figure pour être la seule figurine originale retrouvée. C'est cette poupée qui sert d'embrayeur à l'imaginaire romanesque comme nativité amputée de sa scène. Car rien de plus détonnant qu'un bébé créchant seul dans cette maison. Héritier attendu pour qui ? De qui ? L'objet, maison comme berceau, est un levier narratif, comme le sont les objets ethnographiques ou archéologiques muséifiés pour la collection *Récit d'objets* chez Invenit pour le musée des Confluences. Au musée, la fonction didactique de l'aide à la visite se concentre sur l'explication de la richesse des matériaux. Les proportions conditionnant l'harmonie sont observées à l'échelle, nous dit-on sans plus de précision. Cette fiche du Rijksmuseum, a un recto *à Voir* et un verso *à Savoir*, induisant la conception d'une partition entre les activités sensible et cognitive du visiteur.

Que sait-on ? Voit-on ? Peut-on ? Ce sont les questions posées par le roman que nous allons résumer à grands traits.

La maison dans le roman, un dispositif narratif

Ce roman historique se déroule sur trois mois. À l'automne 1686, Petronella Oortman, dite Nella, 18 ans, arrive de sa province à Amsterdam chez son mari, Johannes Brandt riche commerçant de vingt ans son aîné, accaparé par ses affaires avec la VOC (la Compagnie néerlandaise des Indes orientales). Il laisse sa sœur, l'austère Marin, célibataire par choix, régir leur demeure sur le canal. À ses côtés Cornelia, jeune servante, et Otto le « nègre », que son maître a affranchi. Brandt offre à Nella la maison de poupées, réplique exacte de la leur. Afin de peupler et décorer cette maison, Nella sollicite un miniaturiste, mais ce dernier lui fait aussi livrer des objets et figurines non commandés, témoignant d'une étrange prescience[20] et d'une intrusion dans son intimité. Seule la chambre de Marin n'a pas été restituée en miniature. Cette maison comme cadeau de mariée est un soufflet puisque le mariage ne sera pas consommé. La maison n'est plus la figure de compensation du manque affectif et sexuel mais une boite à secrets révélés. Les conduites intrusives se multiplient : regarder par le trou de la serrure, entrer dans la chambre de l'autre en son absence, ouvrir ses affaires. Jessie Burton ne cesse de pointer l'ambivalence de cette société entre « humilité ou excitation de la privation », « argent et honte » (46),

20 Nous mesurons ici la résistance à un imprédictible.

entre la robe à l'apparence austère et sa doublure sensuelle. Les dessous de cette société protestante amstellodamoise bienséante sont concupiscence, désir de sucreries et secrets en chaîne : l'homosexualité de Brandt, la relation entre Otto et Marin, qui est enceinte. Puis les évènements s'enchaînent : condamnation de Brandt, mort de Marin à l'accouchement. Le geste de la coupe, d'enlever la *façade* (mot pris au sens propre comme figuré) de la maison éclaire les liens du dehors et du dedans. Les liens entre les pièces (ou les personnages) n'ont pas la densité des simultanéités comme dans *La Vie mode d'emploi* de Perec, véritable livre-cabinet. Ce n'est que progressivement que la protagoniste, dans la position de la naïve, découvre une à une ces pièces et un à un les liens entre personnages avant de devenir elle-même partie prenante de la trame. Le roman historique est aussi roman d'initiation.

Au musée, se situer par repères à droite, à gauche de la maison, c'est avant tout situer par rapport au corps axial du visiteur regardeur. Mais dans le roman, du corps de Nella le lecteur ne sait rien, son entourage non plus d'ailleurs puisque la robe qui lui est offerte n'est pas à ses mesures. Trop grande, mal ajustée. Le lecteur comprend que de ce corps-là on ne veut rien savoir. Aux yeux de Nella, la miniature *extime* sa propre non « intimité ». Cette exposition la dérange comme l'indisposent la béance des « huîtres » peintes (p. 32), symbole sexuel surexposé, puis les rideaux du cabinet « évoquant des jupes relevées » (p. 104), ironiques si l'on considère sa virginité. Ces détails annoncent un tout autre type d'intrusion, celle de figurines envoyées à l'initiative de la miniaturiste, à commencer par le berceau reçu comme une insulte, puis comme un indice annonciateur d'une grossesse.

Pas plus hier chez la propriétaire qu'aujourd'hui au musée, le dispositif n'est fait pour être manipulé et expérimenté. Or c'est cette dimension que va mettre en acte la romancière. Le démontage de ce théâtre optique, dont les ficelles nous sont livrées tel un processus actif propre à la modernité dans sa dimension de manipulation et de métamorphose, est, à cet égard, quelque peu anachronique comme l'est le discours féministe dans les dialogues et les mots laissés par la miniaturiste, habituellement un métier d'homme. La femme vit son rapport à la liberté non à l'homme. La trame s'appuie sur une potentialité narrative, critique, subversive des objets. Sur le plan sémiologique, la maison change de nature, d'iconique (qui ressemble à son original plus grand), elle devient symbole (codée et qui fonde des codes) puis indice (empreinte d'une réalité physique, comme les spores nécrosés d'un pain de sucre). Une action réelle laisse des traces sur la scène de la maison miniature, soit après que le personnage a pris conscience de l'événement (ainsi la tache de sang sur la figurine du chien indique le coup réel porté), soit avant qu'il en prenne conscience, ce qui fait par exemple du spore noirci d'un pain de sucre miniature un signe annonciateur d'un fait réel à vérifier. La nature fantomatique de la miniaturiste insaisissable dessine l'importance de ce qui se joue en coulisses, tirant parti d'un ressort activé entre le caché et le révélé. L'objet miniaturisé, devenu fantastique en raison de ses métamorphoses, assure des nœuds de compréhension et des fonctions d'objet qui posent la question du pouvoir.

Corps du meuble, fonction d'objet et enjeu socio-historique

Le meuble enraye la fonction psychique de l'encoquillement : dans sa chambre Nella ne peut rentrer dans sa coquille selon le paradigme d'intimité et de repos de Bachelard[21]. Nella ne jouit pas de la conscience d'être protégée et doit sortir du cocon de l'enfance autrement que par les schèmes usuels de l'initiation sexuelle qui lui sont refusés.

L'objet n'a pas non plus fonction de contenance, tout comme la vraie maison à taille réelle qui est ouverte à la dispersion et à la perte : par la fenêtre ouverte de la cage puis de la maison, l'oiseau de Nella disparaît, et c'est par la porte laissée ouverte que Jack, l'amant, fait intrusion. La maison n'est pas hermétique aux événements, elle est traversée par le dehors, ce que métaphorise le courant d'air. La maison miniaturisée n'évacue pas l'altérité. Une miniature n'est pas, par définition, « l'objet autistique », définitivement séparé, autonome dont nous parle Bellasi[22], comme « anachronisme » radical, greffé au quotidien ou petit monde hors du temps, où, selon Susan Stewart, « le monde extérieur s'arrête »[23]. Elle est, bien au contraire, poreuse au réel.

La maison miniature assume diverses fonctions d'objets[24] : auxiliaire de symbolisation des expériences vécues (sang du chien qui manifeste la mise à mort), support pour mettre en place une fonction de transformation, quoique ce ne soit pas Nella qui fasse pas advenir les changements : « [...] plus nous transformons un objet et plus nous éprouvons sa capacité à contenir certaines parties de nous-mêmes » (p. 19). Selon Winnicott, l'essentiel n'est pas la possession mais la manipulation d'un objet duquel le travail psychique peut être désinvesti dès son rôle rempli. Nella a passé le cap de vivre dans l'aire d'illusion,

21 Gaston Bachelard, *La Poétique de l'espace*, *op. cit.*, chapitre V, « La coquille », p. 105-129.

22 Pietro Bellasi, « À propos du mouchoir de Gulliver : essai sur l'imaginaire miniaturisant », *Objets prétextes, objets manipulés*, édité par Jacques Hainard et Roland Kaehr, musée d'ethnographie Neuchâtel, 1984, p. 27-43, p. 41.

23 Susan Stewart, *On longing : Narratives of the miniature, the Gigantic, the Souvenir, the Collection*, Johns Hopkins press, Baltimore et Londres, 1984, p. 67.

24 Serge Tisseron, « Nos objets quotidiens, de l'identité à la mémoire », *Faire avec l'objet*, Lyon, Chronique sociale, 2003, p. 14-23.

la toute-puissance narcissique ; elle ne se confond pas avec sa poupée. Elle en sait l'altérité. La maison comme théâtre psychique joue un rôle de conscientisation et la rend active en impulsant par exemple ses premières sorties vers la réalité de la ville.

L'objet miniature a donc plusieurs fonctions : psychologique (objet d'apparat substitué à l'acte charnel par le mari), symbolique (concentrant le sémantisme de la fiction), réaliste (discours contraint par le contexte historique), dramatique (le sang sur la figurine du chien), et bien sûr heuristique (servant à élucider ce que Nella ne comprend pas du réel). Sa fonction dominante semble être cognitive comme « modalité d'élaboration de la réalité objective, environnante et "historique" »[25].

Quoiqu'au XVIIe siècle, la prééminence des sciences et techniques[26] tend à bannir le rituel, la superstition et le savoir folklorique, la maison se voit progressivement dotée d'une fonction magique de par ses objets « chargés d'une énergie différente » (p. 165). Petronella, dans une pensée vaudou, tire les cheveux de l'amant miniaturisé de son mari en espérant que le vrai ressente de la douleur, alors « Un sentiment de pouvoir l'inonde, un désir de détruire » (p. 235). Plus tard elle emporte des figurines dans sa poche malgré l'interdiction qui pèse sur la ville de faire des pains d'épices en forme d'humain puis des poupées et marionnettes, en rapport avec une conception « de fausses idoles [papistes] et de supériorité de l'invisible sur le tangible » (p. 236). « Nella, [elle], s'imagine en train d'arracher la tête [des] poupées, de les démembrer […] pour leur retirer tout pouvoir » (p. 320). La maison dérègle même le plateau de *verkeerspel* qui devient « une sorte de jeu de hasard miraculeux » (p. 365). Le *game* devient *alea*. Une femme, au tout début du livre, glisse une maison miniature de la miniature (une mise en abyme ou une miniature au carré) avec cinq figurines dans une tombe. Dans ce cas, le rapport au mini se fonde sur la croyance que les objets accompagnent le passage vers l'au-delà, à l'instar de ceux retrouvés dans les tombes de Chine ou d'Égypte, ce qui nous éloigne de la pensée protestante.

Manières de voir ?

> « Vous ne voyez vraiment pas !
> Voir quoi ? J'en vois plus que vous. » (p. 363)

25 Pietro Bellasi, *op. cit.*, p. 29.

26 Mary Flanagan, *Critical play radical game design*, Chapitre 2 playing house, MIT PRESS Cambridge, 2009.

Nella se concentre sur les nouvelles figurines arrivées sur un mode additif. Puis *punctum* et détails indiquant des métamorphoses attirent son attention. Même si sa façon de regarder les tableaux de sa chambre a permis d'introduire ce mode d'appréhension par le détail, il n'y a pas réduction volontaire du champ visuel, Nella s'aveugle à ce qu'elle ne veut pas voir : il est remarquable qu'elle retourne les tableaux et leurs scènes de chasse, leur sang, leur allusion à la découpe. Mais, elle subit le mode d'apparition d'une figurine, comme au guet des apparitions/disparitions de la miniaturiste aux cheveux d'or dans le labyrinthe des rues d'Amsterdam. L'intrigue circule entre les deux pôles de la *vélation* (secret) et de la révélation (ce que métaphorise tantôt le rideau, tantôt la robe soulevée), et entre le visible et l'invisible. Sans se réduire à sa propre fable, « La vierge, la Marie-Madeleine fautive et l'Homosexuel », le texte se construit entre désir et frustration, entre désir de pénétration, de gourmandise et d'envie, entre mets sucrés interdits et rivalité exacerbée. Un autre couple marié voit son impuissance à avoir des enfants compensée par la possession de sucre, gage de fortune. Au début du roman, Nella ne peut mobiliser beaucoup d'aptitudes quoique sa mère et Marin insistent sur sa capacité d'imagination. Privée d'expérience donc, novice qu'elle demeure, privée d'expérimentation comme opérateur scientifique, elle peine à accéder à l'intelligible. Mais elle finit par produire ses modèles de femme, par ajustements entre les données de l'environnement et les savoirs qu'elle est apte à mobiliser. Si elle n'accède pas à la sexualité, elle comprend la société hollandaise par une quête optique – voir –, et discursive -faire parler.

Où est le pouvoir ?

Nella dote la scène miniature d'une fonction d'anticipation, inversant la logique temporelle, l'objet n'étant plus un résultat produit mais déterminant un avenir. L'objet n'est plus une fin en soi à contempler mais l'embrayeur du doute sur les possibilités de prédire le comportement des êtres plus que des matériaux. Chaque hypothèse faite par Nella ou Marin a pour postulat le contrôle par un acteur occulte, humain doté d'une préscience. La maison, tel un portrait de Dorian Gray, dessine un destin : « Au fur et à mesure que la maisonnée s'étiole, ses occupants la quittant un à un, le cabinet paraît plus plein, plus vivant. » (p. 325)

Pour mettre un point final à ce pouvoir divinatoire il faut détruire l'objet. Chez un autre couple, la femme voulut une maison miniature que fit brûler l'homme persuadé qu'elle apportait la malédiction. Ce qui confirme le pouvoir singulier de la miniaturiste, d'ailleurs hors guilde, chez qui Nella trouva de nombreuses lettres d'autres femmes troublées par les figurines reçues.

En définitive, le roman réactive l'illusion de croire en l'existence de « totalités » traitées comme des sujets de l'action sociale, ce que pointait Karl Popper. Cette croyance conduit à une autre croyance-relais, celle d'une conspiration imputée à la miniaturiste. Nous ne dirons rien ici des autres conspirations comme celles du pasteur Pellicorne et des guildes. Vanité de la puissance sous le signe du soleil, comme le rappelle l'enseigne de la miniaturiste : « *Tout ce que voit l'homme il le prend pour un jouet/ Si bien qu'il est à jamais un enfant* » (p. 93). De la maxime, au final effacée, il ne restera que la mention *« pour un jouet »* (p. 430). Tout ce que la maison n'était pas censée être, tout ce qui menace l'homme-manipulé.

La mécanique de l'omniscience est mise au compte de la miniaturiste ou de la reconstruction du récit *a posteriori* : « j'aurais dû remarquer », songe Nella, « que de tous les objets que Marin a voulu tenir, le berceau a été son premier choix » (p. 337). Tout cela est bien sûr au compte de l'auteur démiurge qui a toujours un coup d'avance, ce qui ne va pas sans susciter chez Nella le sentiment que l'on se joue d'elle : « En me montrant ma propre histoire, la miniaturiste en est devenue l'auteur. J'aimerais pouvoir reprendre ma place » (p. 342). Façon de pointer la figure de la miniaturiste comme étant celle de l'auteur. Si le titre du roman par l'absence d'article occulte le genre de la miniaturiste, bien vite le lecteur la sait femme. Par ce choix de titre tout est cependant dit de la femme qu'on ne veut pas voir, ni en Nella, ni en une miniaturiste.

La première devise énoncée de la miniaturise était : « TOUT, ET POURTANT RIEN ». Elle réalise en ce sens un livre « aux écrits si menus qu'il est impossible de les lire » (p. 143) (niveau micro). Ce n'est pas un changement d'échelle qui rend visible. C'est le lien entre les deux modèles, si « corrélatifs »[27]. L'illisible ou l'invisible renvoient au mystère de la création artistique incarnée par la miniaturiste qui à son apparition « emplit soudain [Nella] d'une conscience nouvelle de son corps » (p. 94) et qui la fait se sentir à la fois dépecée et « *concentrée* » (en italique dans le texte, p. 96), alors qu'elle se sent « rétréci[e] » (p. 192) quand elle voit son mari avec son amant.

Entre deux échelles ou époques ?

Dans le roman, nul passage ne s'attarde sur le fait qu'au XXIe siècle le processus de création fait partie à part entière de « l'expérience esthétique » (Arthur C.

27 Selon Bachelard, 1981, *op. cit.*

Danto). Si avant la fin du XVIIe « l'homme n'existe pas » nous dit Foucault[28], quand l'*épistémè* moderne « structure la connaissance autour de la relation humaine », à la fin du roman, l'atelier de la miniaturiste déserté n'est que cabinet de curiosités, sans *process* visible à l'œuvre, seule la miniature au carré induit un second degré patent, une réflexivité. La leçon de chose générale situe l'humain entre déterminisme et liberté : reprendre son destin en main n'est pas manipuler l'objet mais agir sur le réel. Et Nella de se mettre à négocier et vendre du sucre. Ce n'est pas le moindre paradoxe que ce soit une maison d'épousée prévue pour se sentir familière qui lui donne un sentiment d'extranéité, la conscience que savoir et pouvoir lui échappent et la révélation d'un destin non d'épouse mais de marchande de petits pains de sucre, qui tiennent dans la main. De la pâte d'amande de l'enfance (premier objet qu'elle commanda à la miniaturiste) à ce pain de sucre, il est toujours question de sensualité buccale, d'intimité, d'un rapport dedans/dehors. Depuis ce cadeau à l'épousée qui induit une lune de miel démentie par la réalité, on songe à d'autres miniatures qui jalonnent les mariages, des portraits de miniatures que l'on faisait des princesses à marier et que l'on envoyait au futur époux aux figurines du gâteau, manières d'engager le corps, de promettre, soit « aller de l'avant », « garantir » ou « prédire ». Et l'on sait que le mot *prédiction* vint abolir dans la langue ce dernier sens (prédire) du verbe en son substantif. De promesse il n'est que d'espérance. Et la devise demeure : « TOUT, ET POURTANT RIEN ».

28 *Les Mots et les choses*, Gallimard, 1966, p. 319.

PARTIE 3

« Petits mondes » en littérature

CHAPITRE 5

Tobie Lolness ou les deux infinis pascaliens revisités à la loupe de la miniaturisation

Laurence Olivier-Messonnier

Par les branches indécises
allait une demoiselle
qui était la vie[1].

« Qu'est-ce qu'un homme dans la nature ? Un néant à l'égard de l'infini un tout à l'égard du néant. »[2] La question posée par Blaise Pascal a non seulement influencé les philosophes et historiens des XVIIIe et XIXe siècles comme Voltaire avec *Micromégas* et Michelet avec *L'Insecte et l'Oiseau*, mais aussi des essayistes et romanciers des XXe et XXIe siècles à l'instar de Maurice Maeterlinck avec sa petite république des abeilles ou Bernard Werber avec sa trilogie des *Fourmis*. La tentation miniaturisante gagne tous les genres littéraires et notamment la littérature juvénile. Ainsi, Timothée de Fombelle, auteur pour la jeunesse, miniaturise le monde humain à l'échelle du millimètre dans *Tobie Lolness*, diptyque composé de *La Vie suspendue*[3] et *Les Yeux d'Elisha*[4].

Dans un arbre[5], métonymie de l'univers infiniment grand, se trouve un peuple d'un millimètre et demi de haut à deux millimètres pour les plus forts,

1 Federico Garcia Lorca, épigraphe de *Tobie Lolness, Les Yeux d'Elisha* dans Timothée de Fombelle, *Tobie Lolness, Les Yeux d'Elisha*, Paris, Gallimard Jeunesse, Folio Junior, 2010 [1ère éd. Gallimard Jeunesse, 2007].

2 Blaise Pascal, *Pensées*, « Disproportion de l'homme », Pensée 72-199, texte établi par Léon Brunschwig, Paris, Garnier-Flammarion, 1976, p. 66. Le premier numéro renvoie à l'édition de Léon Brunschwicg et le second à celle de Lafuma.

3 Timothée de Fombelle, *Tobie Lolness, La Vie suspendue*, Paris, Gallimard Jeunesse, Folio Junior, 2010 [1ère éd. Gallimard Jeunesse, 2006].

4 Timothée de Fombelle, *Tobie Lolness, Les Yeux d'Elisha*, Paris, Gallimard Jeunesse, Folio Junior, 2010 [1ère éd. Gallimard Jeunesse, 2007].

5 Dans l'arbre vivent le peuple des Cimes et celui des Basses-Branches, soumis à la dictature d'un autocrate nommé Jo Mitch. La famille Lolness est exilée, pourchassée et emprisonnée

 | DOI 10.1163/9789004366206_006

qui compose un monde en soi, un monde à l'image du nôtre. Cette étude entend expliquer comment auteur et dessinateur expriment l'écartèlement de l'homme entre « les deux infinis pascaliens » et prendra pour pierre de touche la Pensée 72-199 intitulée « Disproportion de l'homme ». « Lorsqu'on réduit un être humain à un millimètre, tout est possible et cela rend immense ce qui l'entoure »[6], déclare Timothée de Fombelle. La miniaturisation a pour corollaire la gigantisation de l'entour et le changement de taille. La tension entre les deux dimensions est à l'image de notre monde : Timothée de Fombelle livre une nouvelle leçon de relativisme culturel à travers un récit qui tient de l'apologue majeur et de « Pensées » mineures sans prétention théologique. Quelle part la posture pascalienne occupe-t-elle dans cette fiction romanesque ? En quoi la miniaturisation favorise-t-elle une nouvelle épistémologie de la connaissance du monde et de ses enjeux actuels ? Notre étude articulera approche génétique et générique avec les enjeux métaphysiques des productions d'une part, puis les envisagera sous l'angle poétique et phénoménologique bachelardien d'autre part. Lu à la lumière des hypotextes pascalien des *Pensées* et voltairien des *Lettres philosophiques*[7], *Tobie Lolness* montre que l'on passe avec Timothée de Fombelle, d'une « phénoménologie de la perception à une phénoménologie de l'imagination créatrice »[8]. Le lecteur réveille des sources endormies qui lui révèlent le réel dans sa profondeur et dans une relation intuitive, unissant la fantaisie du romancier et l'observation du scientifique.

Vies et desseins parallèles de Blaise Pascal et Timothée de Fombelle : une nouvelle épistémologie de la connaissance par la miniaturisation ?

Tobie Lolness appartient à la lignée des minuscules, des Poucets vulnérables mais malins et des Lilliputiens satiriques mais constructifs. La genèse de

car Sim, le père, est détenteur d'une découverte qui peut changer la face du monde. Seul Tobie, son fils, parvient à s'échapper et va tenter de libérer les siens. Il va rencontrer Elisha, une jeune fille aux origines mystérieuses appartenant à une lignée maudite et persécutée, les Pelés, le peuple de l'herbe, dont Jo Mitch a programmé l'extermination. Tobie va devoir sauver l'honneur et la vie de son père, fabuleux savant humaniste, lutter à mort contre son meilleur ami, Léo Blue qui l'a trahi et voudra lui voler Elisha.

6 « Tobie Lolness : un classique est né ! » dans *Entrevues*, par Brigitte Monet, publié le 17/12/2006. revue.leslibraires.ca, consulté le 10/09/2016.

7 Voltaire, *Lettres philosophiques*, Lettre XXV (1734), Paris, Garnier-Flammarion, 1964, p. 159-185.

8 Gaston Bachelard, *La Poétique de la rêverie*, Paris, PUF, 1974, p. 12.

l'œuvre explique pourquoi il occupe alors une place centrale dans l'imaginaire enfantin : en effet, le projet a été bâti autour de la fable et d'un monde parallèle qui serait lié au monde naturel. Ce choix s'explique parce que « les plus grandes libertés sont dans les mondes qu'on invente et crée de toutes pièces pour écrire »[9], déclare le romancier. Blaise Pascal de son côté donne à imaginer l'infiniment petit comme une représentation inversement proportionnelle dans la petitesse, de l'infiniment grand contenu dans l'être humain. La miniaturisation sert le projet commun des deux auteurs et trouve son origine dans « un coin du monde »[10] de leur jeunesse dans lequel ils sont enracinés.

Jeunesse d'une genèse littéraire, philosophique et mathématique

Le philosophe clermontois, né en 1623, a une enfance baignée d'art et de sciences. La culture transmise par le père et la curiosité de l'enfant en font un génie admiré des mathématiciens. Il déménage au gré des mutations paternelles et notamment à Rouen. La famille est ouverte à la littérature comme aux sciences. C'est la chute du père qui se brise une jambe qui est à l'origine de la découverte du jansénisme par Pascal puisque deux gentilshommes récemment convertis viennent le soigner et révèlent à leurs hôtes les œuvres de Jansénius. Pascal, vivement ému par ces lectures, se persuade dès lors que le but suprême de l'homme n'est pas la vérité mais la sainteté. Il entreprend alors la rédaction de l'*Apologie de la religion chrétienne*, plus connue sous le titre de *Pensées*. Sans cet événement déclencheur, point de vertige né de la contemplation de l'univers. Or la mise en perspective pascalienne des deux infinis sert l'objectif idéologique et artistique du romancier et de son illustrateur.

Timothée de Fombelle est né en 1973 et issu d'une famille nombreuse de cinq enfants avec un père architecte et une mère psychologue. Enracinée à Paris, la famille voyage au gré du travail paternel ; l'auteur se définit comme un « voyageur enraciné » qui a vécu au Maroc, en Côte d'Ivoire, des « moments très intenses qui ont été des multiplicateurs de vie »[11] qui ont sensibilisé l'auteur aux thèmes de l'exil et du déracinement. La métaphore arboricole parcourt déjà sa vie. La tradition théâtrale anime cette famille dans un cercle privé et les nombreux deuils l'ont marquée d'une conscience tragique mais ils ont été aussi traversés avec espérance, avec un humour noir inhérent à l'éducation reçue.

9 « Tobie Lolness : un classique est né ! » dans *Entrevues*, par Brigitte Monet, publié le 17/12/2006. revue.leslibraires.ca, consulté le 10/09/2016.

10 Gaston Bachelard, *La Poétique de l'espace*, Paris, PUF, 1957, p. 24.

11 *Ibid.*

La fracture due à la disparition du père a renforcé la conscience tragique de la mort inexorable et influe sur la diégèse de *Tobie Lolness* devenue légende des siècles miniaturisée pour la jeunesse. À l'instar de Victor Hugo, Timothée de Fombelle dessine une vaste fresque fondée sur l'histoire de l'humanité dont il transfigure les faits majeurs grâce à l'imagination créatrice. Timothée de Fombelle utilise le réel microscopique à hauteur de fourmi pour dévoiler une humanité en marche : l'épopée a ici son héros et son aède, Tobie Lolness l'enfant de l'arbre et Pol Colleen, « ce vieux fou de poète », surnommé « la sauterelle » car « on dirait qu'il a les oreilles dans les pattes : il écrit tout ce qu'il entend »[12]. Ce dernier signe d'ailleurs le récit à l'ultime page, « Pol Colleen, Basses Branches, Noël de l'an 6 »[13]. Tout comme la poésie hugolienne est l'écho du monde, le roman de Fombelle retrace une histoire de l'humanité prise dans l'étau des deux infinis pascaliens. Il emprunte aux mystères, aux mythes et aux miracles. Le surnaturel y traduit une justice immanente, que Pascal attribuerait à Dieu. Sim, Maïa et Tobie Lolness seraient-ils les avatars de Booz, Ruth et Obed ?

Le diptyque allie la parabole biblique à la sagesse humaniste de Sim, scientifique exemplaire qui ne nie pas son goût pour la poésie, « lui qui pouvait réciter les tables de multiplication jusqu'à mille dans l'ordre et le désordre, lui qui avait écrit des livres de cinq cents pages sur *La Longévité des mégaloptères*, ou *Pourquoi la coccinelle n'a-t-elle jamais cinq points sur le dos ?* ou encore *L'Optique de la goutte d'eau*, lui qui repérait d'un coup d'œil une étoile nouvelle [...]. »[14] Le chercheur Sim aime aussi la poésie, tout comme le penseur et scientifique Pascal, auteur du *Mémorial*, précédant les *Pensées*. L'un et l'autre savent que « la connaissance est un monde qui repousse sans cesse ses limites »[15] car la réflexion des deux savants s'engage aussi dans les voies eschatologiques et ontologiques.

Sim Lolness s'interroge sur le devenir de l'Arbre et de son peuple : « Tous les savants se disputaient à ce sujet. L'arbre change-t-il ? Est-il éternel ? Quelle est son origine ? Y aura-t-il une fin du monde ? Et surtout : existe-t-il une vie en dehors de l'arbre ? »[16] Le renoncement de Sim à révéler « le secret de Balaïna »[17], cette source d'énergie inépuisable qui risquait de tuer l'arbre et son peuple, le rapproche de Pascal dans sa conception de la connaissance : ce der-

12 Timothée de Fombelle, *Tobie Lolness*, vol. 2, *op. cit.*, p. 422.

13 *Ibid.*, p. 426.

14 Timothée de Fombelle, *Tobie Lolness*, vol. 1, *op. cit.*, p. 30-31.

15 *Ibid.*, p. 69.

16 *Ibid.*

17 Titre du sixième chapitre de *Tobie Lolness*, vol. 1.

nier y voit orgueil et présomption face à l'infini qui ne peut se laisser capter par la connaissance limitée de l'homme ; le premier opte pour la réserve et le secret qui préservera l'arbre, enjoignant la contemplation et la réflexion à ses concitoyens : « Je vous redis qu'il suffit de bien regarder une fleur ou un bourgeon pour comprendre comment ça marche. Mais moi, je préfère ne rien dire de plus, pour que le fils de mon fils puisse encore un jour se pencher sur une fleur ou un bourgeon. »[18] À cet appel à la mesure conservatrice correspond l'invitation pascalienne à la modestie, rappelant à l'homme les limites de son entendement :

> Connaissons donc notre portée ; nous sommes quelque chose, et ne sommes pas tout ; [...]
> Notre intelligence tient dans l'ordre des choses intelligibles le même rang que notre corps dans l'étendue de la nature.
> Bornés en tout genre, cet état qui tient le milieu entre deux extrêmes se trouve en toutes nos puissances.[19]

Alors que dans *L'Apologie*, Pascal entend montrer aux libertins qu'ils font fausse route et leur enseigne le chemin du bonheur et du salut sous les auspices de Dieu dont l'homme doit espérer la grâce, Timothée de Fombelle souhaite alerter sur les dangers encourus par les hommes s'ils se soumettent à leurs désirs les plus fous de grandeur et d'exploitation de l'univers, *hybris* funeste que le choix générique souligne.

Histoire de genres et de tons : une visée commune à trois siècles et demi d'écart ?

En effet, le texte crée des attentes différentes selon les *incipit* mais dans les deux cas inaugure l'argumentation ou la narration par une tension entre la connaissance de la finitude et le vertige irraisonné de l'infini : « Que l'homme contemple donc la nature dans sa haute et pleine majesté, qu'il éloigne de sa vue des objets bas qui l'environnent »[20], déclare Pascal, invitant le lecteur à l'humilité vis-à-vis de l'univers qui l'englobe et qu'il contient afin de le plonger dans la perplexité et l'effroi. Pascal, dont le dessein est avant tout apologétique veut donner le vertige à l'homme et utilise le ton d'un prédicateur dans une période qui n'a de cesse d'enfler et de trouver son acmé dans « le firmament »

18 Timothée de Fombelle, *Tobie Lolness*, vol. 1, *op. cit.*, p. 89.
19 Blaise Pascal, *Pensées*, *op. cit.*, p. 66.
20 *Ibid.*, p. 64-65.

dans lequel « roulent »[21] les astres. Le lecteur contemporain est perplexe et pris dans les rets du penseur, étonné de l'originalité des *Pensées* : « Ni traité de philosophie, ni autobiographie mystique, ni seulement apologie de la religion chrétienne, l'œuvre de Pascal revêt une forme littéraire sans équivalent, à la fois fragmentaire et systématique. »[22]

Le genre de *Tobie Lolness* ravit le lecteur par sa simplicité et l'aventure déjà en cours dès les premières lignes. C'est ce que confirment les *incipit* du diptyque : dans le premier volume, le chapitre inaugural intitulé « Traqué » découvre le héros pourchassé : « Tobie mesurait un millimètre et demi, ce qui n'était pas grand pour son âge. Seul le bout de ses pieds dépassait du trou de l'écorce. Il ne bougeait pas. La nuit l'avait recouvert comme un seau d'eau. »[23] Le second tome commence également par une situation périlleuse renforcée par le titre capitulaire, « Les ailes coupées » : « Si la bêtise avait un poids, le major aurait déjà fait craquer la branche. Il s'était assis sur l'écorce, les pieds dans le vide, et il jetait des flèches vers une forme noire qui gesticulait juste en dessous. »[24]

Aux antipodes de la rhétorique pascalienne, la malice du narrateur fait mouche et laisse tout aussi perplexe le lecteur : les deux *incipit in medias res* offrent une vision en plongée de l'homme ou de l'enfant au sein de l'univers. L'inquiétude pascalienne recourt au suspens imaginaire qui laisse le lecteur dans une étrange expectative tandis que l'espérance de Fombelle s'appuie sur un socle vertigineux pour perdre son lecteur.

Imagination et vertige dans les deux infinis de Timothée de Fombelle : une vision pascalienne détournée et optimiste ou un avertissement aux incrédules ?

Le roman allie indéniablement le pittoresque à la raison, « l'idée, le sentiment, le contenu plus ou moins global qu'elle incarne »[25]. Le regard porté sur l'entour par Sim et Tobie, le patriarche et son fils, est subordonné à la rigueur du raisonnement. Pascal ne manque pas de rappeler que notre impuissance à concevoir

21 *Ibid.*

22 *Ibid.*, Introduction de Dominique Descotes, p. 13.

23 Timothée de Fombelle, *Tobie Lolness*, vol. 1, *op. cit.*, p. 7.

24 Timothée de Fombelle, *Tobie Lolness*, vol. 2, *op. cit.*, p. 9.

25 François Germain, « Imagination et vertige dans les deux infinis de Pascal », in *Revue des sciences humaines*, n°97, janvier-mars 1960, Lille, p. 31.

l'infini est « le plus grand caractère sensible de la toute-puissance de Dieu »[26]. De son côté, Timothée de Fombelle veut alerter sur les dangers encourus par l'homme ignorant de ce qui œuvre à la destruction de son espèce.

Effrayer l'homme : le premier objectif commun aux deux auteurs

Dans un premier temps, Pascal entend effrayer l'homme, le livrer à l'angoisse et au désespoir : « Qui se considérera de la sorte s'effrayera de soi-même, et, se considérant soutenu dans la masse des deux abîmes de l'infini et du néant, il tremblera dans la vue de ces merveilles [...] »[27]. Timothée de Fombelle, sans prétention théologique utilise les deux infinis pour étayer sa thèse de sauvegarde de la planète face à la folie des hommes tandis que Pascal dénonce notre incapacité radicale à concevoir l'infini en grandeur comme en petitesse : « Les extrêmes sont invinciblement cachés dans un secret impénétrable »[28].

Mais Timothée de Fombelle explore ce que Pascal considérait comme une défaillance rédhibitoire : alors que le second affirme que parce que « nous sommes composés de deux natures opposées et de divers genre, d'âme et de corps »[29], nous ne pouvons prétendre à une connaissance des choses, le premier établit le dialogue entre les idées et les choses pour réfléchir sur la matière. Sim Lolness a inventé Balaïna, un objet capable de produire de l'énergie à partir de la sève de l'arbre, mais qui pourrait aussi le tuer si elle était mal maîtrisée. : « J'ai décidé de ne pas dévoiler comment marche ma petite boîte noire. Je pense que la sève brute appartient à notre arbre. Je pense que l'arbre vit grâce à elle. Utiliser son sang, c'est mettre le monde en danger. »[30]

Il a percé le secret de la continuation de la vie de l'arbre, tout comme son fils va découvrir de nouveaux univers par une descente dans les Basses-Branches et la vie parmi le peuple de l'Herbe. Sim et Tobie tentent de trouver un *modus vivendi* entre deux infinis par l'exploration de l'infiniment grand de l'arbre/ planète/ univers, à la loupe des « vies minuscules »[31]. Ils font pièce à l'assertion pascalienne selon laquelle nous ne connaîtrons jamais que des grandeurs moyennes, incapables d'appréhender la cause première et la fin dernière.

Pour Pascal, le peu que nous savons est incertain et négligeable comparé à l'immensité de notre ignorance et les phénomènes demeurent de désolantes

26 *Ibid.*

27 *Ibid.*

28 *Ibid.*, p. 69.

29 *Ibid.*

30 Timothée de Fombelle, *Tobie Lolness*, vol. 1, *op. cit.*, p. 87-89.

31 Expression empruntée au titre de l'ouvrage de Pierre Michon, *Vies minuscules*, Paris, Gallimard, 1984.

« merveilles » qui nous font osciller entre la « présomption » de connaître et le « désespoir éternel »[32] de trouver. Timothée de Fombelle « prend le parti de l'humanité contre ce misanthrope sublime »[33]. Il offre une vision effrayante de l'humanité pour amener son lecteur à la paix par le périple initiatique d'un poucet égaré dans l'arbre à l'image de l'homme perdu dans l'univers, pour « que de ce petit cachot où il se trouve logé [...], il apprenne à estimer la terre, les royaumes, les villes et soi-même son juste prix. »[34] Les deux auteurs connaissent les faiblesses de l'homme et savent que l'ignorance est « l'état le plus contraire à notre inclination » : les certitudes se forgent bien trop souvent à la gouge des préjugés et de l'ignorance. C'est pourquoi les deux auteurs ont un objectif commun : ramener à la raison par l'angoisse primitive de la mort.

Le mystère de la Vérité ou l'angoisse de la mort face aux infinis

Pascal et Timothée de Fombelle recourent à l'angoisse suggérée par la posture physique de l'homme face à la mort : pour celui qui veut désespérer le libertin comme Pascal, la crainte d'être mis à mort est plus accessible que l'angoisse d'ignorer. L'efficacité vient des descriptions concrètes de la position de l'homme face à son destin. Timothée de Fombelle explore l'imaginaire de la cruauté. Ainsi la longue description par Petite-Tête des souffrances qu'endurera Tobie après avoir avalé une boulette de sève concentrée présente la double particularité d'établir une pause suspensive et de maintenir la curiosité sur l'inventivité du héros pour s'en sortir : « Ils adorent ça, mon morpion. On donne une boule de sève concentrée à ceux qui travaillent le mieux. Ils les sentent à des kilomètres. Des fois on en met une dans les nœuds de bois durci. Les charançons font exploser le bloc pour arriver à la capsule. »[35] Le déroulement narratif laisse l'illusion des dernières heures de Tobie qui voit défiler sa vie car « si ces bestioles vont chercher à dix centimètres sous l'écorce, elles sont capables de la trouver dans tes tripes, même en remuant un peu de chair fraîche. »[36]

Timothée de Fombelle souscrit à la thèse pascalienne sur le sentiment humain de l'angoisse face à l'inconnu et à la démesure de l'univers, sentiment accru par l'imagination, maîtresse d'erreur et de fausseté. Toutefois le rationalisme du XXIe siècle se double d'une poétique de l'espace et de la rêverie tandis que la dialectique pascalienne repose sur le postulat de l'ignorance intellectuelle.

---

32 Pascal, *Pensées*, *op. cit.*, p. 66.

33 Voltaire, *Lettres philosophiques*, *op. cit.*, p. 160.

34 Pascal, *Pensées*, *op. cit.*, p. 66.

35 Timothée de Fombelle, *Tobie Lolness*, vol. 1, *op. cit.*, p. 138-139.

36 *Ibid.*

Poétique de la rêverie

Le romancier propose une galerie de personnages à qui il a donné un destin dans le second volume. Pour fuir les clichés, il fallait les tourner en dérision et créer un livre drôle. C'est ainsi que Timothée de Fombelle joue des caricatures, des lectures inférentielles qui renvoient à des textes canoniques et d'allusions étiologiques.

Un micro-récit biblique ?

Le titre générique est révélateur de la générosité du personnage et de sa solitude qui trouve son origine dans les livres sacrés. Dans la Bible, Tobie[37], Galiléen captif du roi assyrien Salmanasar, a témoigné d'une étonnante maturité pour aider les siens dans leur captivité et a toujours cherché le chemin de la vérité au cours d'un périple initiatique. Le prénom du héros révèle donc son destin tandis que son nom atteste de sa condition d'esseulé grâce à la réduction du nom anglais « *loneliness* », bienvenue dans un monde miniature.

Les dessins de François Place offrent au lecteur un premier aperçu de l'échelle adoptée par le narrateur et du dispositif scalaire établi : la proportion des personnages par rapport aux branches rappelle celle de l'homme dans l'univers. L'échelle adoptée est de l'ordre de 1/1000e. La réduction minuscule de l'être humain permet ainsi d'imaginer le grossissement de l'entour à proportion : Timothée de Fombelle rend possible ce qu'Olivier Rey nomme par le biais de Galilée « l'impossibilité, non seulement pour l'art, mais pour la nature elle-même, d'accroître leurs constructions jusqu'à des dimensions énormes. »[38] Il offre une finitude au gigantisme, permettant au lecteur d'entrer dans les yeux d'Elisha et de Tobie : ainsi une écharde devient-elle une immense pique, une boursouflure d'écorce un cratère, une anfractuosité un abyme. « La toile en chausse-trape de la veuve noire »[39] est un piège mortel et le combat est celui de David contre Goliath. Olivier Rey rappelle que « l'épaisseur d'un corps d'insecte ou d'arachnide ne peut guère dépasser un demi-centimètre »[40], soit quatre fois la taille de Tobie. Le dessin double la taille de l'animal par rapport à la réalité afin de favoriser l'illusion gigantesque du lecteur. L'exercice de style

---

37 *Ancien Testament*, Livre de Tobie, chapitre 1. Il ne faut pas confondre Tobie et son père Tobit atteint de cécité et sauvé par son fils. Dans le cas du roman, au contraire Sim est clairvoyant.

38 Olivier Rey, *Une question de taille*, Paris, Stock, 2014, p. 159.

39 Timothée de Fombelle, *Tobie Lolness*, vol. 1, *op. cit.*, chap. 13, p. 162-176.

40 Olivier Rey, *op. cit.*, p. 163.

de Timothée de Fombelle est d'autant plus subtil qu'il ne s'interdit pas l'humour.

L'humour : une nécessaire dédramatisation

L'humour provient des allusions intertextuelles : le soldat Patate, incarnation de la bêtise, fait se tordre de rire Elisha mais prend des allures touchantes par sa sincérité et sa bonté foncière. Il tient du Sapeur Camember[41], soldat illettré et simplet. L'ignorance rapproche les deux infortunés. Le sapeur s'adresse en ces termes à Victoire, la bonne du colonel dont il est amoureux : « Serai-je-t-y assez heureux si vous me feriez celui de demander un service que je serais rudement satisfaisant d'vous obtempérer ? »[42] Le malheureux se caractérise par son incapacité à comprendre le langage que lui parlent ses supérieurs et son désir de les imiter sans prendre conscience de sa pédanterie ridicule.

Il en va de même dans l'entretien entre Patate et Elisha qui a su lui inculquer une politesse élémentaire dont il ne saurait se départir : « J'ai grande… réjouissance à vous remercier… de votre réception… si je peux vous permettre de m'exprimer-z-ainsi. […] Mon grand pardon de vous avoir réveillée, mamzelle. On ne vous opportunera pas d'un autre fouillage autant pestif…. »[43] La miniaturisation littéraire *via* l'insertion d'hypotextes canoniques sert le pari de Timothée de Fombelle : sauver notre planète par « une légende des siècles » revisitée à la loupe pascalienne. Les romans de Timothée de Fombelle procèdent à une miniaturisation littéraire et iconographique en insérant en leur sein de minuscules échantillons d'œuvres reconnues des artistes.

Une fenêtre ouverte sur le monde grâce aux deux infinis de *Tobie Lolness*

Timothée de Fombelle avoue avoir toujours eu envie de regarder le monde de son jardin, en s'enfouissant dans l'herbe et de l'observer à la loupe.

---

41 Christophe, de son vrai nom Georges Colomb, a connu un succès considérable lors de l'exposition universelle de 1889 et est considéré comme le précurseur de la bande dessinée, se réclamant de Töpffer. Il dessine pour la presse enfantine et est connu des illustrateurs pour enfants ainsi que des auteurs pour la jeunesse, comme le rappelle Olivier Piffault dans *Livres d'enfants d'hier et d'aujourd'hui*, Paris, Bibliothèque nationale de France, 2008, p. 312.

42 Christophe, *Les Facéties du Sapeur Camember*, 1ère partie, 1896, Bibliothèque numérique romande, <http://www.ebooks-bnr.com>, p. 11-19, consulté le 30/11/2016.

43 Timothée de Fombelle, *Tobie Lolness*, vol. 1, *op. cit.*, p. 208.

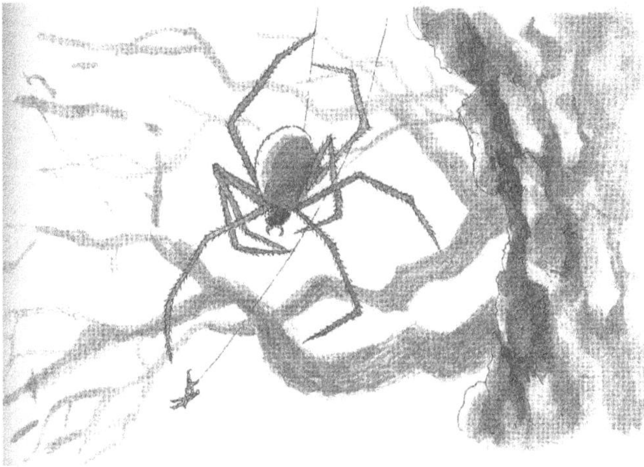

FIGURE 5.1 François Place, *La veuve-noire* : gigantisation du minuscule. Timothée de Fombelle, *Tobie Lolness*, vol. 1, La Vie suspendue, Paris, Gallimard Jeunesse, Folio Junior, 2010, p. 186.) © Éditions Gallimard Jeunesse.

Un appel à la contemplation paisible du monde ?

Le romancier organise une rêverie autour d'un univers arboricole au cœur duquel il fait découvrir des merveilles. « Notre œil détendu [...] nous fait prendre conscience de notre paix intime et de l'éloignement pacifique des choses. Alors tout s'amenuise et tient dans le cadre et la croisée. C'est là qu'est peinte, dans son pittoresque et sa composition, l'image du Monde. »[44] Le lecteur pénètre ainsi au cœur du minuscule avec un plaisir aux antipodes de la vertigineuse concaténation pascalienne qui fait sombrer dans des abîmes. L'intérieur de l'arbre recèle des mondes charmants comme cette « petite ouverture ronde aménagée dans l'écorce et d'où s'échappait ce divin fumet »[45], la demeure d'Elisha Lee et de sa mère: « C'était une petite pièce entièrement ronde et sans fenêtre et sans cheminée, avec juste un petit feu au milieu, et des grands carrés de tissu tendus à certains endroits. »[46] Dans cet espace minuscule, l'on pratique l'élevage des cochenilles, dont on vend les œufs et la cire, animaux qui « faisaient deux fois et demie la taille de Tobie »[47].

L'arbre assure la survie de nouveaux robinsons à l'instar de Tobie fugitif qui peut ainsi se nourrir d'une « grosse gale brune » ou de « champignons plats où vivaient parfois des nymphes d'insectes » dont on faisait en temps normal « un

44 *Ibid.*

45 Timothée de Fombelle, *Tobie Lolness,* Livre 1, Gallimard jeunesse, Folio Junior, 2010 [1ère éd. 2006], p. 49.

46 *Ibid.*, p. 50.

47 *Ibid.*, p. 52.

gratin ou une friture »[48]. La représentation miniaturisée du peuple de l'arbre implique de fréquentes comparaisons myrmicéennes : Elisha escalade l'Arbre « à la vitesse d'une fourmi guerrière »[49], Tobie « lape comme une fourmi »[50]. Ces analogies soulignent le labeur incessant des habitants et leur pugnacité. Timothée de Fombelle, tel un poète, dessille nos yeux sur une vie proche et invisible.

Pascal tente de le faire également avec une rhétorique différente mais tout aussi imagée : grâce au ciron, il plonge l'homme au milieu de lui-même, par un emboîtement des vues censé le perdre au sein de son corps dans l'infiniment petit, plus angoissant car invisible à l'œil nu pour ses contemporains[51].

> Qu'un ciron lui offre dans la petitesse de son corps des parties incomparablement plus petites, des jambes avec des jointures, des veines dans ces jambes, du sang dans ces veines, des humeurs dans ce sang, des gouttes dans ces humeurs, des vapeurs dans ces gouttes ; que divisant encore ces dernières choses, il épuise ses forces en ces conceptions [...] il pensera peut-être que c'est là l'extrême petitesse de la nature. Je veux lui faire voir là-dedans un abîme nouveau. [52]

Alors que le philosophe mène à l'irrécusable angoisse du gouffre et à l'unique secours de Dieu, Timothée de Fombelle offre un espoir dans l'homme grâce à l'ingéniosité née de la contemplation active de l'univers. Dans cette optique, le chronotope appliqué par le romancier à son diptyque est une réponse au désespoir pascalien.

Du puer lusor à l'homo faber[53] *grâce au chronotope*

Tobie Lolness illustre de façon imagée et aventureuse la notion de chronotope bakhtinien : « Les indices du temps se découvrent dans l'espace, celui-ci est perçu et mesuré d'après le temps. Cette intersection des séries et cette fusion

48 *Ibid.*, p. 56.

49 *Ibid.*, p. 49.

50 *Ibid.*, p. 56.

51 Il est vrai qu'à son époque, si les bornes du ciel avaient considérablement reculé grâce à la découverte du télescope par Galilée en 1610, celles de l'infiniment petit sont encore proches ; il semble pressentir la découverte du microscope par Swammerdam et promène l'homme des extrémités du ciel à l'insecte le plus petit qui soit, le ciron.

52 Blaise Pascal, *Pensées, op. cit.*, p. 65.

53 *Ibid.*, p. 28. *Homo faber* désigne l'homme en tant qu'être capable de fabriquer des outils, *puer lusor* renvoie à l'enfant joueur, qui s'approprie le monde par le jouet.

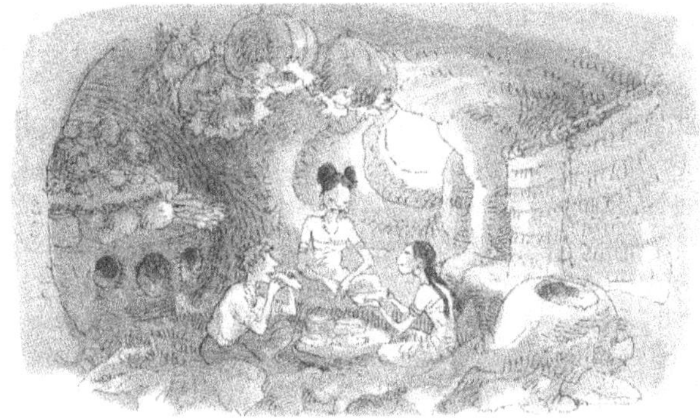

FIGURE 5.2
François Place, *La maison d'Elisha* : la vie à hauteur de minuscules. Timothée de Fombelle, Tobie Lolness, vol. 1, La Vie suspendue, Paris, Gallimard Jeunesse, Folio Junior, 2010, p. 50. © Éditions Gallimard Jeunesse.

des indices caractérisent, précisément, le chronotope de l'art littéraire. »[54] Pris en otage par la neige, Tobie ne dispose de nourriture que pour deux semaines alors qu'il est prisonnier d'une caverne d'écorce pour quatre mois. La moisissure le nourrira et lui servira d'horloge car il remarque qu'en vingt-quatre heures, elle « atteindrait le second cercle qu'il avait tracé autour du premier. »[55] La grotte renvoie aux temps les plus reculés et concentre dans un espace de quelques millimètres des ères de création du monde et des moyens de survie. Tobie conjure la folie par l'expression artistique : « en plus de l'air, de l'eau et de tout le bazar, il lui fallait une œuvre. [...] Sur les murs de la grotte, il se mit à peindre le monde qu'il connaissait. Il fit la peinture de l'arbre. »[56] La peinture pariétale renvoie à l'art des premiers hommes tandis que le texte consiste en une *ekphrasis* qui sacralise la peinture de Tobie et l'érige au rang de témoignage séculaire.

La stratification temporelle se confirme avec le statut des Pelés avatar du peuple juif persécuté par les nazis : les camps de travail de Jo Mitch et notamment celui de Tomb sont de violents rappels des camps de concentration où les prisonniers sont affamés, humiliés, battus et exploités à mort. Les paillasses insalubres et la promiscuité des baraques sont de strictes reproductions des camps de la mort comme en témoignent les dessins de François Place dans le second tome. L'enfant Tobie/lecteur a ainsi accès au monde et à l'Histoire par une peinture/ un livre, qui l'immerge dans le kaléidoscope de miniatures à sa portée grâce au dessin de François Place.

54 Mikhaïl Bakhtine, *Esthétique et théorie du roman*, Paris, Gallimard, 1978, p. 235.

55 Timothée de Fombelle, *Tobie Lolness*, vol. 1, *op. cit.*, p. 223.

56 *Ibid.*, p. 226.

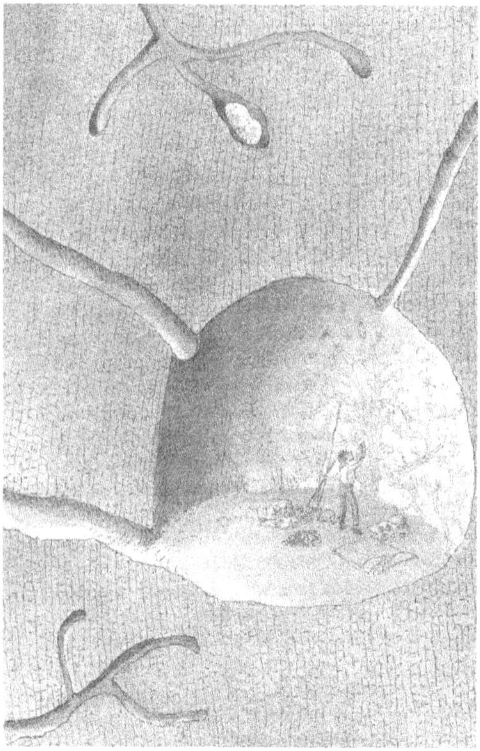

FIGURE 5.3
François Place, *Tobie peintre des cavernes* : miniaturisation du Temps. Timothée de Fombelle, *Tobie Lolness*, vol. 1, La Vie suspendue, Paris, Gallimard Jeunesse, Folio Junior, 2010, p. 228. © Éditions Gallimard Jeunesse.

Les illustrations de François Place : entre « esprit de géométrie » et « esprit de finesse »[57]

L'illustrateur nous donne à voir ce que Bachelard nomme « les merveilleuses constructions de l'impalpable »[58]. Il fait basculer notre rêverie visuelle en vision objective afin d'obtenir des « impressions rétiniennes »[59] qui éclairent le flou imaginatif. Pour nous « présenter [cet] autre prodige aussi étonnant »[60] qu'est l'infiniment petit, il veut nous « peindre non seulement l'univers visible, mais l'immensité qu'on peut concevoir de la nature, dans l'enceinte de ce raccourci d'atome. »[61]

Dans cette perspective, il recourt à l'agrandissement afin de souligner la disproportion de l'homme par rapport à l'immensément grand afin de frapper les

57 Blaise Pascal, *Pensées, op. cit.*, p. 49.

58 Gaston Bachelard, « Le monde comme caprice et miniature », *Etudes*, *Etudes*, Paris, Librairie philosophique J. Vrin, 1970., p. 27.

59 *Ibid.*, p. 33.

60 Blaise Pascal, *Pensées, op. cit.*, p. 65.

61 *Ibid.*, p. 65.

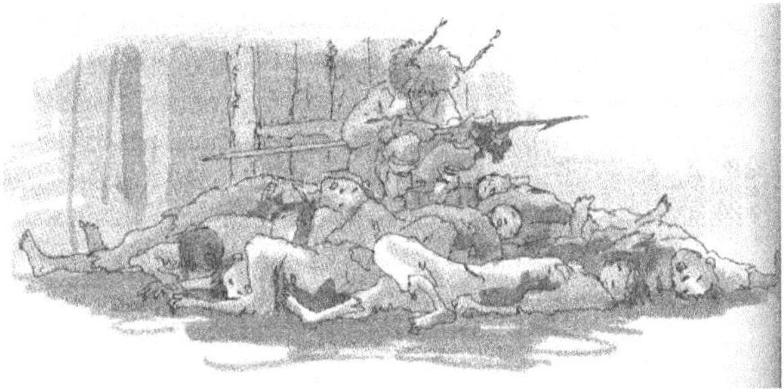

FIGURE 5.4
François Place, micro-dessin historique : *les camps de la mort.* Timothée de Fombelle, *Tobie Lolness*, vol. 2, Les Yeux d'Elisha, Paris, Gallimard Jeunesse, Folio Junior, 2010, p. 342. © Éditions Gallimard Jeunesse.

esprits et de déjouer la prime impression qui nous ferait penser, comme le dit Pascal que « c'est là l'extrême petitesse de la nature »[62]. Ainsi la représentation de la dictature en marche prend des allures de défilés fascistes et d'exode des Juifs lorsque les Lolness sont exilés à la marge des Cimes : « Au loin, ils voyaient passer des convois de charançons qui faisaient frémir Maïa. Ils croisaient aussi des hommes en chapeaux et en manteaux, qui tenaient au bout d'une laisse des fourmis rouges aux gros colliers cloutés. Les Lolness les laissaient passer en détournant la tête. Ils voyageaient incognito. »[63]

Nombreux sont les dessins en plongée qui offrent une vision vertigineuse en creux de l'arbre, comme lorsqu'Elisha « se jeta dans le vide » pour sauver Tobie et Léo Blue qui s'entretuent sur le lac gelé d'un creux de branche : « On vit un petit corps tourner sur lui-même au ralenti dans la chute d'eau et descendre interminablement vers le lac. [...] Le corps d'Elisha [...] disparut dans les ténèbres violettes du lac. »[64] Place opte pour la totale disproportion entre l'homme et la nature, corps minuscules au sein d'une nature paisible et immense à perte de vue. Il rejoint l'objectif de l'auteur qui est de rétablir l'harmonie originelle avec la nature[65]

Timothée de Fombelle propose une morale à la mesure de son jeune lecteur, adulte en devenir. Il se rapproche de Pascal par une prise de conscience de la place vertigineuse de l'homme dans l'univers, de Sénèque par une identification tacite de la nature avec Dieu, lequel exige notre obéissance car « nous sommes nés dans ce royaume et obéir à Dieu est liberté »[66]. Il est donc outra-

62 *Ibid.*, p. 65.

63 Timothée de Fombelle, *Tobie Lolness*, vol. 1, *op. cit.*, p. 236.

64 Timothée de Fombelle, *Tobie Lolness*, vol. 2, *op. cit.*, p. 387.

65 Sénèque, *De Vita Beata* dans *Les Auteurs latins*, trad. de M.-J. Baillard, Paris, Hachette, 2010, chap. III, p. 12.

66 *Ibid.*, chap. XV, p. 56.

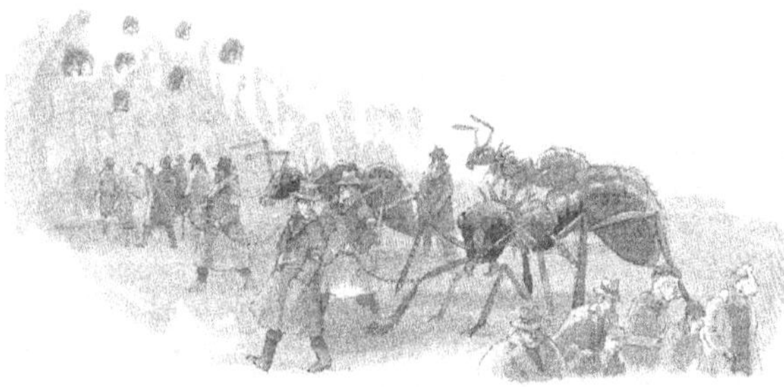

FIGURE 5.5
François Place, micro-dessin aventurier : *des hommes et des bêtes.* Timothée de Fombelle, *Tobie Lolness*, vol. 1, La Vie suspendue, Paris, Gallimard Jeunesse, Folio Junior, 2010, p. 236. © Éditions Gallimard Jeunesse.

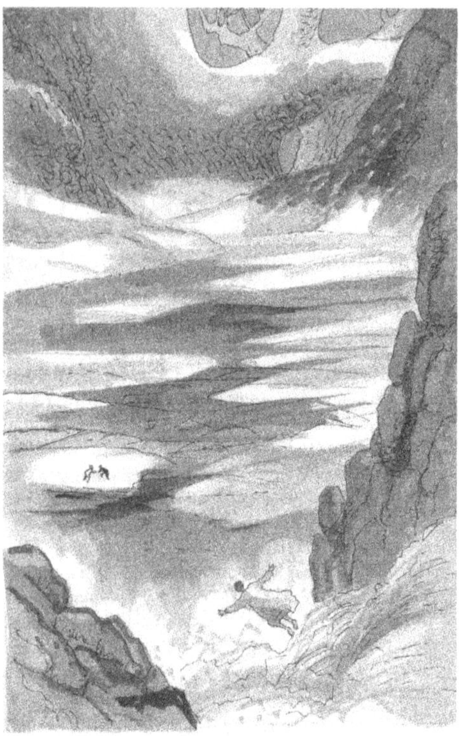

FIGURE 5.6
François Place, micro-dessin pascalien : *un néant à l'égard de l'infini.* Timothée de Fombelle, *Tobie Lolness*, vol. 2, Les Yeux d'Elisha, Paris, Gallimard Jeunesse, Folio Junior, 2010, p. 387.) © Éditions Gallimard Jeunesse.

geux de se plaindre de l'ordre du monde. Cependant, loin de l'effroi pascalien, le romancier offre une vision renouvelée de l'homme dans l'univers, substituant à « la misère de l'homme sans Dieu »[67] celle de l'homme responsable de l'humanité. Pascal se place au plan religieux pour un bonheur métaphysique, Voltaire au plan de la raison pour un bonheur matériel, Sénèque au plan de la sagesse pour un bonheur vertueux. Sans « entrer en désespoir d'un état si misérable »[68] inhérent à l'homme, Timothée de Fombelle utilise la miniature

67 Titre de la première partie des *Pensées*.
68 Blaise Pascal, *Pensées*, *op. cit.*, p. 66.

pour éclairer le monde et les richesses qu'il recèle dans un atome de nature ; il offre des visions de l'arbre de vie qui ressemblent parfois à un « cachot » livré aux mains de la démesure. Ni « fanatique », ni « sybarite »[69], il est un sage mais aussi un poète aventurier qui anime la scène du monde dans ses moindres recoins ; il nous oblige à regarder différemment l'univers qui nous entoure sans sombrer dans une écologie sommaire et tyrannique. Les aventures de Tobie Lolness nous offrent une miniaturisation du sublime, une illustration de la *magnitudo parvi* hugolienne, car il y a « de l'Antée dans ce pygmée »[70]. Loin de l'angoisse pascalienne née de la disproportion de l'homme dans l'infini, Timothée de Fombelle fait aimer les choses, les fait voir de près, et jouir de leur petitesse. Sa prose fait écho aux propos de Gaston Bachelard : « C'est dans les jardins minuscules que le poète connaît le germe des fleurs. Et je voudrais pouvoir dire comme André Breton : "J'ai des mains pour te cueillir, thym minuscule de mes rêves, romarin de mon extrême pâleur. " »[71]

---

69 Voltaire, *Lettres philosophiques*, *op. cit.*, p. 166.

70 Victor Hugo, *Les Misérables*, Tome II, Cinquième partie, Livre I, chap. XV, Paris, France Loisirs, p. 418 [1ère éd. 1862].

71 Gaston Bachelard, *La poétique de l'espace*, *op. cit.*, p. 152.

CHAPITRE 6

De la miniature au livre monde : *La Vie mode d'emploi* de Georges Perec

Éléonore Hamaide-Jager

Au premier abord, *La Vie mode d'emploi* de Georges Perec (1978)[1] semble parfaitement éloigné de la miniature. Le gigantisme de cette œuvre a focalisé l'attention : les six cents pages du roman et ses annexes nombreuses (index, chronologie), les neuf années de travail de Perec pour concevoir son roman centré sur un immeuble parisien à travers la description des cent pièces qui le constituent et enfin la complexité des contraintes, nombreuses, qui ont régi son écriture, en partie révélées dans l'épais *Cahier des charges* publié en 1993 (Zulma) et dont certaines conditionnent l'apparition des mentions à la miniature. *La Vie mode d'emploi* obtient le prix Médicis à sa sortie en 1978. Dans les interviews qui suivent inévitablement ce succès, la métaphore du puzzle mise en avant dès le préambule du roman est largement discutée ainsi que la place des contraintes, laissant dans l'ombre d'autres motifs qui pourtant courent dans l'œuvre perecquienne, en particulier les jeux sur petit et grand, et notamment les miniatures, qui prennent des formes très variables et des noms différents (maquettes qu'on peut mettre en relation avec le « mode d'emploi » du titre, montres animées, modèles réduits). Le puzzle suggère en effet la fragmentation d'un ensemble en une multitude de pièces qu'il s'agirait de recomposer pour retrouver une unité alors que la miniature se donne comme une réduction, complète, d'un sujet où la petitesse est conditionnée par le changement d'échelle et non par le morcellement. Le fragment est couramment associé à la perte et au manque. Les deux termes semblent donc bien distincts. Dans le roman de Perec pourtant, les deux termes se contaminent parfois et la miniature peut se faire fragment par une variation des points de vue.

À travers le roman, la miniature est tour à tour motif lexical, narratif, structurel, voire théorique, autant d'aspects qui mériteront d'être examinés en parallèle et par opposition ou rapprochement avec le puzzle qui irradie tout le roman. Comment Perec combine-t-il ces deux motifs ? De quelle manière la miniature peut-elle par moment se confondre avec le puzzle et pourquoi se confronte-t-elle sans cesse à ce dernier ? Quelle place occupe-t-elle dans

1 Georges Perec, *La Vie mode d'emploi,* Paris, Le livre de poche, 1990, maintenant noté VME directement dans le corps du texte suivi du numéro de page.

 | DOI 10.1163/9789004366206_007

l'économie du roman ? Finalement dans quelle mesure la miniature est-elle un puissant moteur romanesque à partir du moment où l'auteur manipule notre échelle de perception ? La miniature serait alors un modèle théorique pour appréhender le réel par le biais de l'art, de la lecture et de l'écriture.

Le murmure de la miniature

Perec donne pour origine de son roman plusieurs images: *Le Diable boiteux* de Lesage ou encore le dessin de Steinberg présentant une façade d'immeuble ouverte sur des appartements et il le mentionne à plusieurs moments du roman :

> Et comme dans ces maisons de poupées dans lesquelles tout est reproduit en miniature, les carpettes, les gravures, les horloges, les bassinoires, il y aurait dans chaque pièce les gens qui y avaient vécu et les gens qui y vivaient encore et tous les détails de leur vie, leurs chats, leurs bouillottes, leur histoire... » (prière d'insérer de *La Vie mode d'emploi*).

Parmi les descriptions perecquiennes se glissent évidemment plusieurs modèles réduits. Certains peintres de *La Vie mode d'emploi* se spécialisent dans la miniature. Le terme même de miniature est employé à quinze reprises[2] pour désigner des aliments de petits formats (quiches ou éclairs), des objets miniaturisés comme la maison de poupée dont a pu parler ailleurs Danielle Constantin[3], mais la plupart des occurrences désignent des petits tableaux ou petites œuvres d'art. C'est finalement très peu au regard du roman, lorsqu'on sait tout le travail mené sur les changements d'échelle[4]. À titre de comparaison, le mot « puzzle » comporte cent vingt-huit occurrences.

---

2 Pour la liste exhaustive des occurrences du mot « miniature », voir le relevé de Jean-Luc Joly, *Connaissement du monde : multiplicité, exhaustivité, totalité dans l'œuvre de Perec*, Université de Toulouse le Mirail, ANRT, 2004, p. 197-199. Jean-Luc Joly fait aussi un parallèle intéressant entre la miniature et les malles de Bartlebooth ou encore les expositions universelles : « À côté de ces miniatures effectives, on trouve dans *La Vie mode d'emploi* un certain nombre d'objets, de réalisations ou de manifestations dont l'existence est réglée par un processus particulier de miniaturisation en ce sens qu'il miniaturise les distances en rassemblant en un seul point ou lieu ce qui est habituellement dispersé. »

3 Danielle Constantin, « Les maisons de poupées de Perec : un catalogue », *Cahier de L'Herne Perec*, Paris, Éditions de l'Herne, 2016, p. 260-266.

4 Steen Bille Jørgensen, « Lire *La Belle et la Bête* : des jeux d'échelles, des modèles narratifs et des formules littérales dans l'œuvre de Perec », *Relire Perec*, Presses Universitaires de Rennes, coll. « La Licorne », 2016, p. 204-209.

Ces occurrences mettent en lumière un personnage en apparence secondaire, puisque plusieurs des occurrences désignent Madame Marcia, antiquaire de son état, dont le magasin est, en lui-même, par son enchevêtrement d'objets, une miniature du roman de Perec. Chacun des chapitres inventorie les diverses pièces du magasin ou de l'appartement mais énonce aussi une première forme de fonctionnement des cheminements possibles à l'intérieur du roman. De même que les meubles passent très facilement de la boutique à la cave ou à l'appartement de Madame Marcia, les personnages, les objets et les chats circulent à l'intérieur de l'immeuble. Ainsi sont présentées à une échelle plus facilement appréhendable les modalités de mouvement et de construction du roman, qui, cela a déjà été noté, commence dans l'escalier[5], lieu du passage par excellence, lieu du collectif.

La thématique de la miniature est très présente au cours du roman, en premier lieu, à travers des personnages. Ainsi, nombre de personnages font des maquettes qui leur permettent de projeter sur les choses un regard distancié mais aussi englobant. Quatre des personnages les plus importants du roman ont à voir de près ou de loin avec la miniature : Winckler, le faiseur de puzzle, qui sculpte un buffet entier avec des scènes tirées de *Vingt mille lieues sous les mers* de Jules Verne, Marguerite sa femme, Bartlebooth le milliardaire et Valène le peintre. Le terme apparaît en particulier au sujet de Marguerite, dont le métier est miniaturiste. C'est ainsi qu'elle est d'abord présentée, sans autre détail, en dehors du fait que le puzzle que va proposer Winckler pour se faire embaucher par Bartlebooth est tiré d'une gouache de quatorze centimètres sur neuf qu'elle a peinte. Par l'intermédiaire de Valène qui a été amoureux d'elle pendant toute sa vie, elle est présentée plus longuement notamment dans les instruments assez sommaires qu'elle utilise, sa loupe, sa minuscule palette d'ivoire qui lui sert à préparer ses peintures ou encore dans ses gestes qui donnent, de manière exceptionnelle dans un roman réputé pour ses descriptions volontairement neutres, un point de vue très tendre sur cette femme : « Il aimait la manière pleine d'assurance et en même temps, pleine de grâce dont elle prenait appui sur son coude gauche avant d'esquisser du bout de son pinceau fin comme un cheveu une microscopique ombre verte dans un œil. »

---

5 Sur cet *incipit* et l'escalier comme « partie commune, voir Christelle Reggiani, « L'ordre des signes : fixation de la référence et *incipit* romanesque dans *La Vie mode d'emploi* », *L'Éternel et l'éphémère. Temporalités dans l'œuvre de Georges Perec*, Amsterdam, Rodopi, coll. « Faux titre », 2010, p. 63-72. Sur l'importance de l'escalier dans l'œuvre de Perec, on peut lire l'article de Danielle Constantin, « Le seul véritable problème est bien évidemment de commencer : sur le travail prérédactionnel et l'entrée en écriture de *La Vie mode d'emploi* de Georges Perec, dans Freeman G. Henry (dir.), *Beginnings in French Literature, French Literature Studies*, Amsterdam, Rodopi, 2002, p. 150-152.

(VME, p. 312). On sait que ce personnage se rattache à la fois à la mère de Perec par ses dates de naissance et de mort, mais aussi à Paulette Perec pour les traits physiques, ce qui souligne d'emblée l'importance de ce personnage pourtant très discret. Sans elle finalement, pas de projet vertigineux de Bartlebooth, pas de faiseur de puzzle. Restant dans l'ombre, elle est un artisan, qui a besoin des dessins des autres pour les reproduire avec une grande habileté certes mais sans créer de motifs.

> Elle était miniaturiste. Elle peignait rarement des sujets originaux : elle préférait reproduire ou s'inspirer de documents existant déjà : par exemple, elle avait dessiné le puzzle d'essai que Gaspard Winckler avait découpé pour Bartlebooth à partir de gravures sur acier publiées dans *Le Journal des Vosges*. Elle savait merveilleusement copier dans leurs presque imperceptibles détails les toutes petites scènes peintes à l'intérieur des montres de gousset, sur les boîtes à priser ou sur les gardes de missels lilliputiens, ou restaurer des tabatières, des éventails, des bonbonnières ou des médaillons. Elle avait comme clients des collectionneurs particuliers, des marchands de curiosités, des porcelainiers désireux de rééditer des services prestigieux Retour d'Égypte ou Malmaison, des bijoutiers qui lui demandaient de représenter sur le fond d'un pendentif destiné à recevoir une unique mèche de cheveux, le portrait de l'être chéri [...] ou des libraires d'art pour qui elle retouchait des vignettes romantiques ou des enluminures de livres d'heures. (VME, p. 309)

Le roman insiste sur sa compétence et la variété des supports miniaturisés sur lesquels elle travaille au moment où le chapitre s'attarde sur la pièce où elle travaillait avant de mourir. Il y aura peu d'autres mentions à ce personnage et à sa manière de concevoir son métier. Dans le deuxième chapitre centré sur Winckler, Perec revient néanmoins sur le puzzle d'essai proposé à Bartlebooth, qui recèle d'emblée les qualités propres à ses puzzles suivants. Alors que la gouache représente un bateau pris dans les glaces et la sortie du brouillard d'un groupe d'Esquimaux en chiens de traîneaux, Bartlebooth pense qu'il « consist[e] seulement en variations sur le blanc » (VME, p. 252). Cela tient-il aux talents de découpe de Winckler dont le roman porte des traces ou les talents de peintre de Marguerite sont-ils seuls responsables de ce « trompe-l'oeil »[6] qui séduit le milliardaire mais causera aussi sa perte, jusqu'à cet ultime

6 Cécile de Bary démontre combien le puzzle comme métaphore du livre est un trompe-l'œil qui « entre en cohérence avec une pratique du leurre et de la déception, une écriture de la trace et de l'absence ». Voir Cécile de Bary, « Il faut encore une fois partir de l'image du puz-

puzzle où la pièce qu'il tient en main a la forme d'un W alors que le vide au sein du puzzle « dessine la silhouette presque parfaite d'un X » (VME, p. 600) ? Au-delà des nuances de blanc, quatre cartouches représentent diverses étapes fondamentales de cette expédition, semblant contredire l'épure, affichée diégétiquement, du puzzle. Le motif choisi allie à l'aventure - bien loin des préoccupations du couple Winckler mais corroborant le parcours d'un certain nombre de personnages de *La Vie mode d'emploi* –, la thématique de l'échec voire de la mort, qui traverse le parcours de Bartlebooth le milliardaire. Si mari et femme sont deux artisans dont le technique est minutieuse, le texte insiste pour faire de la première une copiste de talent, qui serait attachée à la miniature, tandis que le puzzle serait du côté de la création et de l'invention, l'une s'emploie à réduire une entité en lui conservant son intégrité quand le second passe toujours d'une unité, celle de l'aquarelle, à un éclatement, celui des petites pièces de puzzles. Ainsi, puzzle et miniature semblent obéir à une logique complètement différente, même si elles émanent du même couple.

L'omniprésence narrative de la miniature

On peut observer aussi que la miniaturisation peut devenir une thématique qui se diffuse à l'intérieur de certains chapitres structurés autour de cette idée de réduction voire saturés par des miniaturisations. On peut assez facilement en montrer le fonctionnement à partir du chapitre 79 centré sur Olivia Rorschash née Norvell qui a connu le succès alors qu'elle était une enfant en reprenant au théâtre le rôle tenu au cinéma par Shirley Temple. Celle-ci est la première des enfants stars à la carrière internationale et continue à être par excellence, dans l'inconscient collectif, l'actrice miniature, caractéristique qui est reprise ici par Olivia Rorschash. Réitérant le parcours de Shirley Temple, Olivia Norwell épouse, comme elle, avant ses dix-sept ans, son premier mari. De même, le succès des deux enfants actrices produit du *merchandising*, reproduisant à petite échelle, en miniature donc, l'image de la fillette, d'ailleurs nommée « petite poupée vivante » (470). Par un effet de mise en abyme plus littéraire que référentielle est convoquée la figure d'Alice, pour un rôle qu'endosserait la jeune actrice, qui interroge également les histoires d'échelle, de la réduction au gigantisme avec l'instabilité de la taille de l'héroïne de Carroll. En mentionnant au détour d'un rôle le prénom d'Alice, Perec laisse au lecteur la possibilité de voir la sur-représentation du modèle réduit, dont on pourrait dé-

---

zle », Jean-Luc Joly (dir.), *L'Œuvre de Georges Perec. Réception et mythisation*, Université Mohammed-V [« Colloques et séminaires », n°101], 2002, p. 92.

cliner d'autres motifs également, comme les petites souris blanches qui s'assemblent pour former, en grand, le prénom d'Olivia.

Le jeu sur micro et macro se retrouve dans une certaine mesure également à propos du tour du monde programmé par l'épouse Rorschash. Dans une forme d'exagération qui caractérise particulièrement ce chapitre, Olivia Rorschash part pour un tour du monde déjà maintes fois exécuté. Néanmoins, avant qu'elle se lance dans ces explorations récurrentes et géographiques, son premier logement synthétisait le monde par l'intermédiaire des cadeaux offerts aux époux. Moyennant finances, le public pouvait déambuler dans l'appartement du couple vedette voire dans la chambre des jeunes mariés, comme à travers le monde dans la mesure où tous les continents étaient représentés métonymiquement par ces objets. Ce motif va particulièrement irriguer tout le roman, à la fois dans un jeu de contraste entre les explorateurs et ceux qui ne bougent jamais de l'immeuble, mais aussi avec ces oscillations entre des motifs narratifs appréhendables à l'échelle humaine et des entreprises plus ambitieuses.

Construire le roman-monde

Sur le plan narratif le projet de Bartlebooth est présenté comme une façon à la fois de structurer sa propre vie et de régir celle d'un certain nombre de personnages de *La Vie mode d'emploi*. Winckler, comme tous ceux qui participent de près au projet, est tenu d'habiter rue Simon-Crubellier à partir du moment où il est embauché par Bartlebooth. Il s'agit par le biais de cinq cents aquarelles de condenser le monde en un ensemble fini. L'aquarelle synthétise finalement la conception vitale de Bartlebooth puisque pendant cinquante ans, elle occupe l'entièreté de sa vie et de son emploi du temps. Il semble faire sienne l'affirmation de Bachelard selon laquelle « c'est comme miniature que le Monde peut rester composé sans tomber en morceaux. »[7] En effet, les cinq cents miniatures qu'il se promet de créer deviennent un support à l'intégrité de son existence, néanmoins le milliardaire jette d'emblée le trouble sur cette volonté, puisqu'il crée des objets qu'il demande à d'autres de pulvériser, avant de reconstruire une unité qui reviendra à sa blancheur première. Dans un geste démiurgique, Bartlebooth crée un univers qu'il choisit d'effacer, oscillant entre miniaturisation et fragmentation jusqu'à la destruction. Le milliardaire modélise sa propre

7 Gaston Bachelard, « Le monde comme caprice et miniature » [1933-1934], *Études*, Paris, Vrin, « Bibliothèque des textes philosophiques », 1970, p. 24.

existence, et projetant une vision de l'existence, idéalisée pour les uns, sans affect pour les autres, il annonce d'emblée l'échec qui corrobore le projet :

> Imaginons un homme dont la fortune n'aurait d'égale que l'indifférence à ce que la fortune permet généralement et dont le désir serait, beaucoup plus orgueilleusement, de saisir, de décrire, d'épuiser, non la totalité du monde - projet que seul son énoncé suffit à ruiner - mais un fragment constitué de celui-ci : face à l'inextricable incohérence du monde, il s'agira alors d'accomplir jusqu'au bout un programme, restreint sans doute, mais entier, intact, irréductible.
>
> Ainsi s'organisa concrètement un programme que l'on peut énoncer succinctement ainsi :
>
> Pendant dix ans, de 1925 à 1935, Bartlebooth s'initierait à l'art de l'aquarelle.
>
> Pendant vingt ans, de 1935 à 1955, il parcourrait le monde, peignant, à raison d'une aquarelle tous les quinze jours, cinq cents marines de même format (65 × 50, ou raisin) représentant des ports de mer. Chaque fois qu'une de ces marines serait achevée, elle serait envoyée à un artisan spécialisé (Gaspard Winckler) qui la collerait sur une mince plaque de bois et la découperait en un puzzle de sept cent cinquante pièces.
>
> Pendant vingt ans, de 1955 à 1975, Bartlebooth, revenu en France, reconstituerait, dans l'ordre, les puzzles ainsi préparés, à raison, de nouveau, d'un puzzle tous les quinze jours. À mesure que les puzzles seraient réassemblés, les marines seraient « retexturées » de manière à ce qu'on puisse les décoller de leur support, transportées à l'endroit même où – vingt ans auparavant – elles avaient été peintes, et plongées dans une solution détersive d'où ne ressortirait qu'une feuille de papier Whatman, intacte et vierge.
>
> Aucune trace, ainsi, ne resterait de cette opération qui aurait, pendant cinquante ans, entièrement mobilisé son auteur. (VME, p. 156-157)

C'est ici la gratuité de l'entreprise qui domine. En s'imposant un tel programme de vie, Bartlebooth semble trouver un dérivatif à une mélancolie propre à sa famille, évoquée par ailleurs dans d'autres contextes. Au-delà de l'inachèvement du programme par les retards, d'abord accumulés dans le projet, puis par la mort du protagoniste, Bartlebooth échoue dans sa forme d'embrassement du monde, qu'autorise d'ordinaire le changement d'échelle et donc de point de vue sur l'objet : contrairement à son domestique qui a rapporté des objets en souvenir de leurs voyages, qui a constitué des collections pour divers habitants (timbres, étiquettes) et qui est capable d'évoquer les pays traversés, Bartlebooth ne voit plus le monde qu'à travers ses aquarelles, elles ont pleinement occupé sa vie, comme elles le devaient, mais au détriment de tout le reste... Ainsi chaque nouveau puzzle qui lui arrive fait monter en lui une série d'images, « non pas le souvenir lui-même - car il était trop évident que ces souvenirs n'avaient existé que pour être aquarelles d'abord, et puzzles plus tard et de nouveau plus rien - mais souvenir d'images, de traits de crayon, coups de gommes, touches de pinceaux ». (VME, p. 416) S'il revient à Winckler la tâche de transformer toutes ces aquarelles en puzzles, il ne les examine pas comme des entités séparées mais conçoit son chef-d'œuvre comme un ensemble, chaque puzzle étant une pièce d'un édifice plus conséquent lui-même composé de cinq cents petites pièces. Ainsi, de prélèvements du monde, Winckler arrive à faire une œuvre totale, construite progressivement et inscrite dans une temporalité tandis que Bartlebooth échoue à achever la miniaturisation de son parcours vital en quelques feuilles blanches, n'obtenant que des fragments sans signification, dont il est devenu l'esclave alors qu'il était censé régner en maître sur son programme. Les qualités qui ont mené au recrutement de Winckler causent aussi la perte de Bartlebooth, qui ne voit plus chaque pièce en lien avec les autres[8] mais pour elle-même : « Tandis qu'il continuait à voir dans telle ou telle pièce un oiseau, un bonhomme, un blason, un casque à pointe, un chien voix-de-son-maître ou un Winston Churchill, il lui était impossible de découvrir comment cette même pièce se rattachait aux autres ». (VME, p. 415) L'effacement visé n'est pas atteint non plus : certaines aquarelles ont retrouvé leur blancheur originelle, mais plusieurs puzzles attendent leur reconstitution et certains sont remis dans leur boîte et incinérés quand il s'avère qu'il devient dangereux pour les correspondants locaux de Bartlebooth d'accomplir la phase ultime du projet suite aux agissements de Beyssandre qui cherche, au contraire, à conserver ces aquarelles.

Ayant partie liée à la peinture, que Bartlebooth ne pratique pourtant pas comme un artiste, tant il ne manifeste ni talent ni appétence particulière pour cette activité, le fragment du monde dont se saisit Bartlebooth grâce à la peinture et qu'il transforme en une miniature par son inscription sur la toile, est réinterprété comme une forme d'essentialisation du monde, en particulier du

8 Voir Bernard Magné, « Le puzzle mode d'emploi. Petite propédeutique à une lecture métatextuelle de *La Vie mode d'emploi* de Georges Perec », *Perecollages*, Presses universitaires du Mirail, 1989, p. 43 : « Lire efficacement les pièces du puzzle (du texte), c'est donc, dépassant leur valeur référentielle, ne plus les considérer comme les fragments d'un univers reproduit, mais retenant leur valeur fonctionnelle, les analyser comme les éléments d'un système produit. Au piège de cette mimésis globale s'ajoute la séduction d'une mimésis locale qui transforme chaque pièce non plus en un fragment d'un ensemble figuratif - le paysage reproduit par l'aquarelle - mais en micro-référent autonome. »

monde de l'art, par d'autres que lui, dont les promoteurs des Marvel Houses qui y voient la quintessence de l'art. Pour comprendre les enjeux de l'affrontement entre Bartlebooth, qui s'oppose à la conservation de ses aquarelles, et Beyssandre, le critique d'art mandaté par les promoteurs, il est nécessaire de s'arrêter sur le projet des Marvel Houses. Les promoteurs ont pour ambition de proposer à leurs riches clients un univers clos sur lui-même qui représente et synthétise le monde à partir de ses merveilles. Est mis à disposition des clients l'accès illimité à un univers restreint qui serait la quintessence du monde, à la manière des cinq cents lieux qu'il faudrait avoir vus avant de mourir. Loger dans ces hôtels, c'est pouvoir voir les pyramides puis, quelques heures ou jours après, goûter aux délices d'un autre territoire, tout en restant dans ces luxueux hôtels, vus non comme autant d'espaces différents mais comme un microcosme. Ayant eu vent de l'entreprise de Bartlebooth, les promoteurs interprètent l'activité de peinture du milliardaire comme un écho au système qu'ils ont construit. Alors que le projet est d'abord de réunir des chefs-d'œuvre uniques de la peinture, le critique d'art Beyssandre, chargé de les rassembler, s'intéresse à la démarche du milliardaire plus encore qu'à sa production : « ce serait ces œuvres mêmes que leur auteur souhaitait faire absolument disparaître qui constitueraient le joyau le plus précieux de la collection la plus rare du monde » (VME, p. 528). Les aquarelles de médiocre facture ne sont plus intéressantes comme objets culturels mais comme dispositifs de lecture du monde Marvel. Plutôt que de prélever dans l'histoire de l'art des tableaux des plus grands noms, Beyssandre voit dans le projet de Bartlebooth une unité qu'il entend conserver. Les soixante-deux puzzles restant d'un peintre qui n'a rien d'un artiste sont aussi l'occasion d'une dénonciation par Perec de l'art contemporain et de certains de ses engouements.

La miniature comme modèle

Dans *La Vie mode d'emploi*, la miniaturisation concerne essentiellement la peinture, mais par le jeu des mises en abyme, la peinture, comme d'autres images littéraires, évoque la conception du livre de l'auteur. Le nombre de peintres est d'ailleurs particulièrement important dans ce roman, comme des doubles de l'écrivain. Ainsi, Valène qui accompagne le parcours de Barlebooth est aussi le personnage qui s'impose comme une sorte de narrateur du livre et celui qu'on tiendrait responsable de l'organisation de la diégèse, au-delà de son statut de plus ancien locataire.

En effet, Perec a choisi de décrire son immeuble découpé en cent cases, comme autant de chapitres moins un manquant, qui composent les quatre-vingt-dix-neuf chapitres de *La Vie mode d'emploi.* Dans ses brouillons, afin d'organiser son propos, Perec a travaillé sur plusieurs modélisations : un carré de dix cases sur dix, pour organiser les déplacements de sa narration afin de pouvoir passer par toutes les cases sans jamais repasser par la même case, une forme de *dispositio*. *Le Cahier des charges* est aussi une étape de travail, une modélisation en apparence des chapitres mais qui ne dit rien de ce que sera la narration, suggérant seulement ses prémices. La narration permet de passer des deux dimensions des croquis aux trois dimensions des images mentales du lecteur (parfois concrétisées par des artistes[9]).

Le roman se clôt sur la mort de Valène, après la mort des autres personnages principaux. Sa petite chambre est occupée par une immense toile représentant l'immeuble en miniature, qui a été le projet de sa vie également, « la toile était pratiquement vierge : quelques traits au fusain, soigneusement tracés la divisaient en carrés réguliers, esquisse d'un plan en coupe d'un immeuble qu'aucune figure, désormais, ne viendrait habiter » (VME, p. 602). En pendant, sur la page de droite, le roman reproduit non pas la toile mais un plan de l'immeuble qui ne fait pas ressortir ces petites cases, leur préférant une ébauche de disposition des logements laissant apparaître certains noms de locataires actuels ou anciens. La disposition ne permet néanmoins plus d'identifier la localisation des diverses pièces décrites dans le roman. Un chapitre en particulier est intéressant à propos de Valène mais aussi pour tout le roman : il s'agit du chapitre LI consacré à la chambre du peintre et à son projet de tableau :

> Il serait debout à côté de son tableau presque achevé, et il serait précisément en train de se peindre lui-même, esquissant du bout de son pinceau la silhouette minuscule d'un peintre en longue blouse grise avec une écharpe violette, sa palette à la main, en train de peindre la figurine infime d'un peintre en train de peindre, encore une fois une de ces images en abyme qu'il aurait voulu continuer à l'infini comme si le pouvoir de ses yeux et de sa main ne connaissait plus de limites. (VME, p. 290)

Ce procédé de mise en abyme, procédé littéraire du changement d'échelle cher à Perec, insistant sur la miniaturisation de la peinture trouve son équivalent narratif dans ce même chapitre où cent soixante-dix-neuf phrases comportant

---

9 Voir par exemple le site de Brecht Evens qui propose une version dessinée de *La Vie mode d'emploi* <http://brechtnieuws.blogspot.fr/2015/08/perec.html>. Voir aussi la comparaison entre *La Vie mode d'emploi* et *Buildings Stories*, livre de Chris Ware, composé de quatorze livrets ou livres-objets sur un immeuble de Chicago, <http://www.central-comics.com/2012/08/larchitecture-de-christian-marchandise.html> (dernière consultation en mars 2017).

le même nombre de caractères typographiques décrivent un des épisodes de *La Vie mode d'emploi*, déjà mentionné ou à venir, justifiant parfaitement ce que Chassay décrivait comme un double mouvement du roman de Perec, « entre une fragmentation de plus en plus poussée conduisant à l'épuisement du réel et une volonté de retotalisation de celui-ci »[10]. La dernière phrase du *compendium* résume l'ambition de Valène clairement affichée dans ce chapitre : « le vieux peintre faisant tenir toute la maison dans sa toile » (VME, p. 298). L'auteur de *La Disparition* a volontiers mis en scène des peintres, y compris des faussaires de talent, du *Condottière* au *Cabinet d'amateur*. L'épilogue de *La Vie mode d'emploi* se consacre au peintre Valène dont le projet pharaonique tend à représenter sur sa toile la vie d'un immeuble parisien, comme vient de le faire Perec dans son « romans ». Là où Valène échoue dans son projet pictural, Perec fait preuve de *maestria*, en concevant ce roman aux contraintes plus ou moins lourdes, achevant le projet descriptif ambitionné par le peintre. Finalement à travers ce personnage, Perec oscille entre une volonté de totalité, comme a pu le montrer Jean-Luc Joly[11], et une aspiration au vide et au blanc de l'absence telle qu'elle est décrite par Claude Burgelin[12]. Malgré la litanie des histoires qui doivent tenir dans le tableau et que le roman a déclinées ne reste qu'une grande toile ne suffisant pas à englober le monde. Elle tend vers le blanc, qui ne peut qu'esquisser un univers trop gigantesque pour la contenir dont seule la trame demeure. Ainsi, la miniaturisation de l'immeuble qu'autorisent les mots n'est vraisemblablement pas accessible picturalement Le roman, certes épais, est écrit, le tableau n'est qu'un cadre, une esquisse de miniaturisation, à jamais fantasmée.

---

10 Jean-François Chassay, *Le Jeu des coïncidences dans* La Vie mode d'emploi *de Georges Perec*, Le Castor Astral, 1992, p. 56.

11 Jean-Luc Joly, *Connaissement du monde : multiplicité, exhaustivité, totalité dans l'œuvre de Perec, op. cit*, p. 204-205 : « Le figement est ici une condition de la totalisation, tout comme la suspension temporelle qui seule permet la description exhaustive, ou la réification listique.[…] Enfin un dernier élément d'appréciation de cette importance du concept de miniature pour rendre compte de l'écriture de *La Vie mode d'emploi* peut être représenté par le fait que ce " romans" se comporte un peu comme la miniature de toute l'œuvre connue au moment de sa rédaction : nous l'indique cette contrainte d'inclure dans le roman des allusions à ses autres œuvres (écrites, même inédites ou simplement projetées) que Perec n'a révélée qu'au cours d'une conférence sur son livre donné au cercle Polivanov ».

12 Claude Burgelin, *Georges Perec*, Seuil, coll. « Les contemporains », 1988, p. 192 : « Tout ce que ces bonshommes et ces croix viennent inscrire dans ce rectangle du puzzle est programmé pour disparaître, et n'être plus que rectangle vide, page blanche, tombe sans inscription »

Ces effets de reprise et de variation sont aussi manifestes lorsque Perec s'arrête sur le motif du puzzle. L'ouverture du roman tente de définir l'art du puzzle en lien avec la structure. La critique perecquienne s'est largement fait l'écho de la métaphore de l'auteur en faiseur de puzzles mais ce qui m'intéresse ici, c'est la reprise, comme une forme de miniature, de ce préambule dans le corps du roman au chapitre XLIV consacré à Winckler. Reprises à l'identique en apparence, les reproductions plastiques de pièces de puzzle sont en réalité légèrement différentes par leur nombre ou leurs formes. Ainsi, chez Perec la miniaturisation du monde repose sur des variations ultimes, dont il se fera d'ailleurs des spécialités dans d'autres ouvrages comme dans *Le Cabinet d'amateur* qui met en scène justement des tableaux ou scènes déjà évoqués dans *La Vie mode d'emploi*. Le chapitre peut se lire comme une miniature du roman avec une histoire bouclée ainsi que le rappelle Isabelle Dangy[13] mais aussi comme un objet miniature qui s'offre selon divers points de vue, avec des chapitres qui reviennent sur le même personnage et complètent ou précisent ce qui en a été dit à mesure que son logement est décrit. Ainsi, le chapitre XLIV nous présente Winckler et le lien qu'il a établi avec Bartlebooth, mais au détour d'une phrase, on apprend que Marguerite a fait la gouache qui a ensuite servi au découpage du puzzle. Le chapitre LIII revient sur cette information du point de vue de Valène qui se remémore la pièce où Marguerite se tenait et le peintre évoque le fait qu'elle soit miniaturiste et qu'elle ait fait le puzzle. Les redites de ce genre sont suffisamment rares pour être notées. Marguerite est aussi figée dans le *compendium* en train de contempler une miniature à restaurer.

Bartlebooth ou les Rorschash ont respectivement six et cinq chapitres car ils ont les plus grands appartements et de fait s'imposent comme des personnages centraux de l'intrigue. Néanmoins, Gaspard Winckler qui n'a que trois chapitres réapparaît par l'entremise d'autres locataires et notamment dans ceux consacrés à Bartlebooth.

D'autres fois, les chapitres bouclent complètement les récits, comme ce chapitre où des lettres sont enchâssées pour expliquer l'assassinat de la fille de Madame de Beaumont, très longuement détaillé par l'assassin lui-même qui cite de manière exhaustive les deux lettres qu'il a lui-même reçues de sa victime. Le chapitre clôt l'histoire d'Élisabeth Breidel mais est aussi l'occasion d'en dire beaucoup, en peu de mots, sur le parcours tragique et l'insensibilité de Madame de Beaumont. Avec ces chapitres, Perec tend à montrer qu'il est capable de se conformer à son ambition, écrire tout ce qu'il est possible à un

---

13 Isabelle Dangy, « Esthétique du chapitre dans l'œuvre de Georges Perec », Christelle Reggiani (dir.), *Relire Perec*, Presses Universitaires de Rennes, coll. « La Licorne », 2016.

homme d'écrire, de la comptine enfantine au récit policier, au conte, au récit de science-fiction. Cet éclatement générique est néanmoins réintégré au mode romanesque dominant. La tentation de totalisation se lit dans ces nombreux chapitres qui sont autant d'échos aux genres et sous-genres littéraires, pourtant au service d'un fil narratif. Ainsi, *La Vie mode d'emploi* est un roman gigantesque, qui accueille en son sein des récits miniatures, se lisant pour eux-mêmes mais participant aussi, par ricochet, à la diégèse plus large, en peignant des personnages échouant dans leurs entreprises, des morts violentes, qui font écho au personnage central de l'intrigue, Bartlebooth, dont on s'aperçoit que tout le roman, malgré ses allers et retours entre passé et présent, est censé se passer à l'instant du décès du milliardaire.

Plusieurs images émaillent le roman, non pas celles des tableaux vivants que le lecteur peut imaginer, mais souvent de documents écrits faussement issus du monde réel et reproduits à échelle réduite[14]. Elles reproduisent à des échelles plus ou moins réduites des prélèvements de réel. Alors qu'elles pourraient participer de ce figement qui caractérise l'entreprise de description de l'immeuble le 23 juin 1975, un peu avant 20h00, elles construisent aussi, par leur diversité, une liste variée d'objets qui inscrivent au contraire à la fois une spatialité et une temporalité dans le roman. En effet, nous avons évoqué déjà la reproduction des pièces de puzzle qui ne sont pas les mêmes dans les deux occurrences plastiques du roman, c'est également le cas de la grille de mots croisés qui, présente dans deux appartements de l'immeuble, se donne à lire dans un état d'avancement différent. Perec s'en sert aussi avec une forme d'ironie qui peut caractériser son écriture sous l'apparence d'une grande neutralité descriptive. Le chapitre du hall d'entrée avec la pancarte « arrêt momentané de l'ascenseur » fige encore l'immeuble alors que toute la narration s'emploie à retracer les parcours, les déplacements, les errements et les relations mouvantes entre les personnages. Ces fragments pseudo-réalistes participent aussi d'une entreprise de tromperie, ou de trompe-l'œil qui caractérise une partie de l'œuvre perecquienne. Ainsi le bulletin de l'institut de linguistique de Louvain est une création pure où Georges Perec fait entrer son ami Marcel Bénabou, en sa qualité d'historien, mais aussi d'autres noms déformés comme ceux de Marthe Robert ou Borges, faisant de ce document une invention de réel, une miniature de création plastique au service de sa narration, réinvestissant un

14 Dans *La Vie mode d'emploi*, la stratégie liée aux échelles est investie de manière à nous fasciner pour nous faire hésiter, selon une logique du fragment, et mieux observer le texte et le monde. Autrement dit, une beauté particulière est liée, dans ce livre, aux suggestions multiples - et à l'énigmaticité même - du détail et de cadres de lectures variables, là où il pourrait paraître inabordable et monstrueux. » (Steen Bille Jørgensen, *op. cit.*, p. 208-209.)

certain nombre de contraintes, tout en se donnant à lire comme réel. Plus exactement, en jouant sans cesse entre réel et fiction, Perec nous rappelle que le réel en littérature ne se trouve pas dans une forme de reproduction réaliste mais bien dans l'éclatement et le morcellement de la fiction plus à même de rendre compte de la complexité de la vie.

Contrairement au motif du puzzle qui dit l'éclatement, la miniature est une reproduction à échelle réduite certes mais complète d'un objet. Mais bien plus que « les choses » auxquels Perec s'est consacré dans son premier roman, c'est la littérature qui sert de dénominateur commun à tous ses chapitres par le biais des contraintes, dans une pratique déjà présente au tout début de son œuvre et qui ne va faire que s'amplifier, avec la liste non exhaustive mais bien présente des auteurs qui l'ont inspiré. La miniature est intéressante pour Perec car elle permet d'embrasser une totalité par ailleurs inatteignable. Elle est aussi affaire de regard, dont on sait l'importance dans *La Vie mode d'emploi*. C'est le cas d'ailleurs de ses personnages qui vont appréhender les aquarelles en particulier comme des miniatures pour l'un, comme des fragments, bien malgré lui, pour l'autre. Une miniature par ses proportions peut être regardée sous toutes les coutures ce que ne permet pas nécessairement un objet du monde réel. Ainsi, en multipliant les miniatures et leur description, Perec invite son lecteur à prendre possession, parfois illusoirement, des diverses dimensions d'un objet, il programme le regard attentif dont le lecteur aura besoin pour ne pas se laisser seulement prendre à la fiction comme Bartlebooth qui se laisse piéger par les traces de colle des pièces de Winckler, laissées visibles pendant des mois pour tromper le poseur de puzzle quand de fausses traces de colle s'imposent comme de vrais pièges. Perec oscille donc entre deux postures, se cacher, être découvert, séduire son lecteur par une fiction brillante, gargantuesque, où le lecteur se promènerait tel un Gulliver mais aussi lui montrer les fondements de son livre. Finalement, la miniature a une fonction d'enrôlement du lecteur, mais dans une fiction possiblement déceptive puisque plusieurs des questions posées par le roman ne trouvent pas de réponse, en particulier celle des raisons de la vengeance du faiseur de puzzle contre Bartlebooth, fiction qui invite à relire... ce que l'*incipit* nous disait déjà dans une reprise de Jules Verne cher à Perec, « regarde de tous tes yeux, regarde ». Complexe, inattendue, contrastée, la vie dont un mode d'emploi serait donné au lecteur n'est-elle pas ce conglomérat de sentiments, de références, de détails qui émaillent le roman et décrit par le romancier comme autant de miniatures que le lecteur doit assembler telles des pièces de puzzle pour leur donner du sens ?

CHAPITRE 7

Lire « La Vue » de Raymond Roussel, et au-delà

Matthieu Jung

pour les Tisserands

∵

L'en-vers de la prose

Alain Robbe-Grillet estimait que Raymond Roussel « n'a rien à nous dire et [qu'] il le dit mal »[1]. Peut-être est-ce vrai, dans une très large mesure. Mais il convient surtout de remarquer que le style de Roussel, son *ethos* même, relève d'une arrière-garde forcenée qui participe de ce qu'on a pu qualifier, le concernant, d'« académisme démesuré »[2]. Roussel est à cet égard un écrivain « pompier ». Mais Roussel n'est pas *pompier* au sens des beaux-arts ; son pompiérisme relève bien plutôt de la vocation. Comme le remarque Pierre Macherey, « jouant à l'écrivain comme un enfant peut jouer à être aviateur ou pompier, Roussel s'est trouvé approcher quelque chose qui pourrait être l'essence même de la littérature... »[3].

La poésie de Roussel, qui *montre* incontestablement *plus qu'elle ne dit* ou qu'elle ne nous parle vraiment, est comme l'en-vers d'une prose paradoxalement dégagée de tout souci poétique. Jean Ferry, le premier grand exégète de Roussel, a pu dire que les poèmes de ce dernier se lisent « avec ennui, certes, mais sans difficulté, et [qu'ils] coulent avec la tiède aisance des diarrhées de François Coppée »[4]. Il s'avère que Roussel a produit, tout au long de sa vie grandiose et pathétique, quelques dizaines de milliers de vers. Pour tout dire,

1 Alain Robbe-Grillet, « Énigmes et transparence chez Raymond Roussel » (1963), *Pour un nouveau roman*, Paris, Minuit, coll. « critique », 2006, p. 71.

2 Cf. Jean Ricardou, « Raymond Roussel ? Un académisme démesuré », *Raymond Roussel. Perversion classique ou invention moderne ?*, sous la direction de Pierre Bazantay et Patrick Besnier (actes du Colloque de Cerisy, 1991), Presses Universitaires de Rennes, 1993, p. 121-154.

3 Pierre Macherey, « Avec Foucault avec Roussel », Paris, *Cahier de l'Herne* n° 95, p. 178.

4 Jean Ferry, *Une étude sur Raymond Roussel*, Paris, Arcanes, 1953, p. 40.

 | DOI 10.1163/9789004366206_008

le lecteur est aussi embarrassé de cette poésie qu'une poule peut l'être d'un couteau.

Nulle image saisissante, nulle effusion, nul rythme véritable, nul souffle poétique. Michel Foucault le notait avec justesse, les mots de Roussel sont posés à « plat sur les choses » [5], selon une atonie inquiétante et froide. Les poèmes du triptyque de « La Vue » (1904)[6] ne sont pas l'œuvre d'un visionnaire, ou de ce que l'on pourrait appeler un *vates* ou un poète inspiré. Bien au contraire. Aucune subjectivité ne semble présider à ces vers, dont le poète est comme congédié. Alors quoi ? Tout, rien. La poésie de Roussel se définit à l'image de Dieu dans une théologie négative, *selon ce qu'elle n'est pas*. Et l'on a pu dire de Roussel qu'il adoptait précisément le point de vue de Dieu : « seul un dieu, écrivent Marcel Jean et Arpad Mezei, peut posséder un sens visuel aussi exceptionnel. La vue est l'attribut essentiel de Dieu : l'œil de Dieu voit tout, et sous ce rapport « La Vue » de Roussel est impeccable. »[7]

C'est le regardeur qui fait le poème

Chez Roussel, le lisible et le visible entrent dans un rapport de réciprocité. Mais, à travers la monstration de l'infinitésimal qui fait le cœur des poèmes de « La Vue », pas d'image poétique, mais du visible à perte de vue. Il s'agit pour Robert de Montesquiou de « l'obstinée et grossissante observation de l'œil myope »[8]. Le goût roussellien pour la description de petits objets, et pour leur très minutieuse *ekphrasis* a souvent raison du lecteur. Ainsi, exemplairement, les alexandrins du poème *La Vue*. Marcel Duchamp, qui fut grandement influencé par l'œuvre de Roussel (une représentation d'*Impressions d'Afrique* fut pour lui une révélation), disait que ce sont les « regardeurs qui font les tableaux »[9]. Et, de fait, l'œil de Roussel est celui d'un *regardeur* obstiné, à l'énonciation plate et froide.

---

5 « Pourquoi réédite-t-on l'œuvre de Raymond Roussel ? » (1964), Michel Foucault, *Dits et Écrits* I, Paris, Gallimard, 2005, coll. « quarto », p. 449.

6 Raymond Roussel, *La Vue*, Paris, Alphonse Lemerre, Éditeur, 1904.

7 Marcel Jean et Arpad Mezei, *Genèse de la pensée moderne* (1950), cités Par Patrick Besnier dans « Transparence et carnaval », présentation de Raymond Roussel, *Œuvres*, IV, Paris, Pauvert, 1998, p. 14.

8 Robert de Montesquiou, *Raymond Roussel, un auteur difficile* (1921), Fontfroide, Fata Morgana, 1999, p. 34.

9 « Ce sont les REGARDEURS qui font les tableaux. » (formule de Duchamp datée de 1957, reprise dans *Duchamp du signe*, Michel Sanouillet éd., Paris, Flammarion, coll. « Champs », 1994, p. 247). Voir aussi le propos suivant de Duchamp au sujet de Roussel : « C'est Roussel

L'œuvre de Roussel réoriente, ou en tout cas *désoriente*, le regard poétique. En effet, si les romans de Roussel, *Impressions d'Afrique* (1910) et *Locus Solus* (1914), sont éminemment poétiques, la poésie de Roussel a souvent été considérée comme prosaïque[10]. Au fond, entre prose et poésie, l'espace roussellien n'est autre que la mise en scène d'un vaste spectacle, d'une représentation lisse et monotone, anodine en apparence, qui se voudrait décrochée du réel, où le vrai n'est jamais qu'un moment du faux. Au prétexte fallacieux d'une esthétique qui confine, il faut bien le dire, au délire. Comme Roussel l'aurait expliqué un jour à Pierre Janet qui tâchait de le soigner, l'œuvre d'art pour lui ne devait rien contenir de réel, au risque de devenir laide[11]. Toute-puissance, en effet, chez Roussel, de l'artifice, du simulacre[12]. À commencer par la minutieuse description d'une photographie enclose dans une lentille de verre, elle-même enchâssée au sommet d'un porte-plume.

Les trois poèmes qui constituent *La Vue*, ouvrage publié à compte d'auteur chez Alphonse Lemerre en 1904, à savoir: le poème éponyme « La Vue » qui s'étend sur 2 056 vers, « Le Concert » qui n'en fait que 1 068 et « La Source » qui comprend tout de même 1 012 alexandrins – ces trois poèmes proposent des descriptions obstinées d'objets insignifiants, de vétilles, de mondes minuscules. « La Vue » n'est autre que la description minutieuse d'un panorama balnéaire – une vue – enchâssée au sommet d'un porte-plume ; « Le Concert » trouve son minime prétexte en la description de l'en-tête d'une feuille de papier à lettre ; l'objet du troisième poème, intitulé « La Source », est non moins dérisoire, puisqu'il s'agit d'une étiquette de bouteille d'eau minérale. Photographie

---

qui, fondamentalement, fut responsable de mon Verre, *La Mariée mise à nue par ses célibataires, même.* Ce furent ses *Impressions d'Afrique* qui m'indiquèrent dans ses grandes lignes la démarche à adopter. » (*Duchamp du signe, op. cit.*, p. 173).

10 Voir à ce sujet les querelles, quelquefois byzantines, autour du vers, prosaïque ou non, de Roussel, telles qu'en témoignent les articles suivants: Jean Wirtz, « Roue cèle à seize hures », *Semen* n° 19, Université de Franche-Comté, 2005. Consultable en ligne : <http://semen.revues.org/2153> ; Jean-François Jeandillou, « Contredire le vers, l'alexandrin de Roussel en Seine », Paris, *L'Information grammaticale* n° 121, mars 2009, p. 53-58.

11 « Martial [ie. Raymond Roussel] a une conception très intéressante de la beauté littéraire, il faut que l'œuvre ne contienne rien de réel, aucune observation du monde ou des esprits, rien que des combinaisons tout à fait imaginaires: ce sont déjà des idées d'un monde extra-humain. » (Pierre Janet, *De L'Angoisse à l'extase* (1926), cité dans Raymond Roussel, *Comment j'ai écrit certains de mes livres* (1935), Paris, Gallimard, coll. « l'imaginaire », 2005, p. 132).

12 Pour une mise au point quant au simulacre roussellien, voir par exemple l'article d'Ilias Yokaris, « *Impressions d'Afrique*, un monde de simulacres », *Roussel: hier, aujourd'hui*, Actes du Colloque de Cerisy du 9 juin au 16 juin 2012, Presses Universitaires de Rennes, 2013, p. 107-128.

désuète enclose dans une minuscule bille de verre, scène dessinée sur l'en-tête d'un papier à lettre, étiquette d'une bouteille d'eau minérale : ces trois longs, trop longs poèmes sont donc consacrés à des objets artificiels ; ils sont des représentations de représentations.

Le dernier ouvrage anthume de Roussel, *Nouvelles Impressions d'Afrique* (1932), reprendra le principe de *La Vue*, puisqu'il s'agira cette fois-ci de décrire de plus minuscules spectacles encore, compris dans ce que Roussel nomme une « lorgnette-pendeloque » :

> Les *Nouvelles Impressions d'Afrique* devaient contenir une partie descriptive. Il s'agissait d'une minuscule lorgnette-pendeloque, dont chaque tube, large de deux millimètres et fait pour se coller contre l'œil, renfermait une photographie sur verre, l'un celle des bazars du Caire, l'autre celle d'un quai de Louqsor.
>
> Je fis la description en vers de ces deux photographies. (C'était, en somme, un recommencement exact de mon poème *La Vue*.)[13]

Chez Roussel, le minuscule, voire l'infinitésimal, est souvent le point de départ de l'écriture et le prétexte au déploiement de l'imaginaire. Ainsi, par exemple, au chapitre VII des *Impressions d'Afrique*, des histoires sont contenues dans des grains de raisin, où de « minuscules personnages » sont tenus « prisonniers au centre des globes diaphanes »[14]. L'œuvre de Roussel illustre bien la formule de Bachelard, pour qui « le grand sort du petit »[15]. À mieux dire encore, c'est l'infini qui se déploie et se réticule dans le minuscule. Il est chez Roussel, comme le notait Robert de Montesquiou, une véritable « nostalgie de Lilliput »[16]. Et c'est à travers le chas de cette nostalgie que Roussel va faire filer son poème. Mais « La Vue », pour ne parler que de l'étendue plate et exaspérante de ces 2 056 vers, fonctionne à l'inverse, par exemple, d'un sonnet de Stéphane Mallarmé, tout en concision et en condensation.

13 Raymond Roussel, *Comment j'ai écrit certains de mes livres*, Paris, Alphonse Lemerre, Éditeur, 1935, p. 34.

14 *Impressions d'Afrique* (1910), présenté par Tiphaine Samoyault, Paris, GF Flammarion, 2005, p. 133.

15 « Le grand sort du petit, non pas par la loi logique d'une dialectique des contraires, mais grâce à la libération de toutes les obligations des dimensions » (Gaston Bachelard, *La Poétique de l'espace* [1957], Paris, PUF, 1961, p. 145).

16 « Maintenant, je me demande ceci : de quelles pyramides égyptiennes ou de quelles montagnes indiennes mon auteur a-t-il dû être voisin ou captif dans une existence antérieure, pour avoir accumulé en soi une telle frénésie de l'accessoire-nain, une semblable nostalgie de Lilliput ? » (Robert de Montesquiou, *op. cit.*, p. 40).

L'art de Roussel consiste à déplier le visible. L'esthétique du dépliage a été remarquée chez Roussel, notamment par Montesquiou, lui encore, qui notait : « Ce genre me rappelle encore un jeu japonais, lequel consiste à faire s'ouvrir, dans de l'eau chaude, de menus copeaux informes que le liquide fait s'épanouir en fleurs, en oiseaux, en insectes, colorés et sinueux. »[17] Mais il semble que l'image *origamique* d'un monde qui se déplie participât d'un lieu commun à l'époque de Roussel et de Montesquiou. Ces petits papiers japonais apparaissent également chez Proust, puisqu'il sert à comparer l'exhalaison immense du tilleul fameux de tante Léonie :

> Et comme dans ce jeu où les Japonais s'amusent à tremper dans un bol de porcelaine rempli d'eau, de petits morceaux de papier jusque-là indistincts qui, à peine y sont-ils plongés s'étirent, se contournent, se colorent, se différencient, deviennent des fleurs, des maisons, des personnages consistants et reconnaissables, de même maintenant toutes les fleurs de notre jardin et celles du parc de M. Swann et les nymphéas de la Vivonne, et les bonnes gens du village et leurs petits logis et l'église et tout Combray et ses environs, tout cela qui prend forme et solidité, est sorti, ville et jardins, de ma tasse de thé[18].

Curieusement, le poète, à la fin de « La Vue », détache son œil de la lentille, pour faire une sorte d'expérience proustienne.

> ... car c'est l'exhalaison
> Des sentiments vécus de toute une saison
> Qui pour moi sort avec puissance de la vue,
> Grâce à l'intensité subitement accrue
> Du souvenir vivace et latent d'un été
> Déjà mort, déjà loin de moi, vite emporté.
> (v. 2051-2056).

La tasse de thé ainsi que la vue enclose dans la lentille du porte-plume font jaillir la réminiscence, sous la forme d'une « exhalaison » chez Roussel, du goût et de la saveur chez Proust. Il est à remarquer que la vue enchâssée dans le porte-plume est également proustienne, puisqu'elle apparaît là encore dans la *Recherche* : « Dans le nom de Balbec, comme dans le verre grossissant de ces

17 Robert de Montesquiou, *Raymond Roussel, un auteur difficile*, *op. cit.*, p. 32.

18 Marcel Proust, *À la Recherche du temps perdu*, Jean-Yves Tadié éd., Paris, Gallimard, coll. « bibliothèque de la pléiade », vol. 1, 2003, p. 47.

porte-plume qu'on achète aux bains de mer, j'apercevais des vagues soulevées autour d'une église de style persan. »[19]

Il est quelque chose de très reposant au spectacle que propose « La Vue », qui nous apparaît comme un monde calme et désuet. On pensera peut-être, là encore, au Balbec de Proust. Roussel le misonéiste, ainsi le caractérisait Pierre Janet[20], n'est jamais « las de ce monde ancien »[21], et c'est, là encore, ce qui le distingue de toutes les avant-gardes. Cependant, le regard poétique se concentre sur l'infinitésimal et la technique spéculaire de « La Vue » offre une image d'écriture d'une grande netteté, tout juste entachée par l'encre couleur de sang.

> La vue est mise dans une boule de verre
> Petite et cependant visible qui s'enserre
> Dans le haut, presque au bout du porte-plume blanc
> Où l'encre rouge a fait des taches comme en sang.
>
> (v. 5-8).

Il s'en faudrait de peu pour que cette écriture hautement intransitive se referme sur elle-même[22]. Mais, défaisant la langue de tout apprêt métaphorique, le poète de « La Vue » étend le lisible jusqu'au vertige littéral et minutieux d'un hyperréalisme qui confine à l'obsession. Le spectacle offert par cette vue, de même que celui des figures du Carnaval de Nice dans *La Doublure* (1897) est éminemment artificiel, puisqu'il s'agit dans ce poème de la description d'une

---

19 *Ibid.*, p. 382.

20 « Le misonéisme plus ou moins reconnu est au fond de la plupart des troubles de Martial [i.e. Roussel] : "Tout ce qui est nouveau me gêne" et il étend ce caractère gênant non seulement à ses propres actions, mais à celles des autres et à tous les événements. Il veut que rien ne change dans le monde, il est furieux de voir que les modes changent, que la couleur locale se modifie. Pendant longtemps, il refusait de faire une action, si elle lui paraissait nouvelle par quelque côté, car il voulait pour tout un acte précédent bien établi : une pièce de théâtre qu'il avait vue dans une baignoire, il ne pouvait la revoir dans une avant-scène. Ce sont là des observations qui se greffent sur ce misonéisme, disposition fondamentale de l'inactif réfugié dans l'habitude et dans la routine » (Pierre Janet, *De l'Angoisse à l'Extase*, tome 2, Paris, Librairie Alcan, 1927, p. 230).

21 « À la fin tu es las de ce monde ancien », premier vers du poème « Zone » (Guillaume Apollinaire, *Alcools* [1913]), Gallimard, coll. « poésie », 1986, p. 7).

22 Sur ce point, voir les importantes remarques de Gilbert Lascault : « Regarder la vue s'est [...] s'interdire d'écrire, au moins pendant que l'on voit. L'écrivain est ici le contraire du peintre et surtout du photographe, dont les regards se continuent immédiatement en enregistrements. L'écrivain doit attendre pour écrire. » (« Sept petites vues sur *La Vue* », *L'Arc* n° 68, Paris, 1977, p. 35).

« très fine photographie » (v. 9). Mais l'artifice est d'une pureté incomparable. Exemplaire à cet égard, l'étoffe de telles culottes :

> On peut presque y trouver l'assurance, la preuve
> Que l'étoffe n'est pas lavée et qu'elle est neuve.
> (v. 397-398).

L'adverbe « presque » est ici garant de vraisemblance, en cela qu'il assigne quelque limite au simulacre descriptif du poème. Il arrive que l'illusion soit rendue excessive, comme en témoigne le ruban qui orne le chapeau de paille d'un personnage hâbleur et très bien vêtu :

> Le ruban large qui le garnit est foncé
> Avec, dans le fini de son nœud, quelque chose
> D'anormal.
> (v. 108-110).

Le « fini » du nœud semble signaler le point-limite minimal de la représentation. Ce « quelque chose d'anormal » récuse en somme la vraisemblance de l'illusion. Il s'agit d'un « effet de réel », pour reprendre l'expression de Roland Barthes[23], et sans doute que cet effet rend plus aiguë encore la percée du regard roussellien, laquelle ne semble pas connaître de limites.

Bien sûr, il est des mises en abyme où la vue contenue dans le porte-plume comprend des motifs plus petits encore, comme cette image que l'on voit imprimée sur le seau d'un enfant qui fait des pâtés de sable (v. 770) ; ou encore peut-on apercevoir un dessin ornant une partition (v. 1867), qui nous fera peut-être penser au poème « Le Concert ». Aux vers 1834-1838, une carte que lit ou observe un personnage, permet de « déployer » le visible au fond de cette minuscule vue :

> À leur gauche, un homme consulte
> Un volumineux guide ouvert sur ses genoux ;
> Il pince dans ses doigts, loin, par deux de ses bouts
> Une carte étendue à plat, tenant au livre,
> Défaite et déployée en entier ;
> (v. 1834-1838).

23 Roland Barthes, « L'effet de réel » (1968), *Essais critiques IV. Le Bruissement de la langue*, 1984, p. 167-174.

Et il s'agit alors d'aller plus profond dans la vue, littéralement d'« approfondir » (voir et savoir le lieu), de plonger dans la représentation du territoire ainsi déplié :

> ... il se livre
> Complaisamment à des recherches sur les lieux
> Voulant approfondir des points, en curieux ;
> (v. 1838-1840).

Quelquefois, des lettres s'offrent au regard (v. 1396), notamment sur le jersey d'un marin, mais ces lettres sont illisibles ; elles sont de pures manifestations graphiques. Ailleurs, un personnage trace le nom de son aimée dans le sable (v. 950). Mais là encore, le poète n'est pas un lecteur, il est un simple « regardeur » qui ne parvient pas à déchiffrer. Le signe graphique au fond de la vue devient une chose comme les autres, sans âme ; une simple manifestation visible. On est en droit de se demander quel est le motif le plus ténu décrit dans « La Vue ». S'agirait-t-il, au fond de cette lentille enchâssée au sommet d'un porte-plume, de ce dé à coudre qui brille au doigt d'une nourrice ? (v. 796) Ou bien, je le pense, de l'ombre projetée de cette aiguille sur l'ouvrage de la couturière (v. 702) ? Et quel spectacle fragile !

> L'aiguille qu'elle tient en même temps, dessine
> Sur l'ouvrage, son ombre appréciable et fine
> Dont les côtés sont flous et débordants ; le fil
> Très court, ne pouvant plus durer, est en péril
> De séparation soudaine ; pour qu'il sorte
> De l'aiguille, la moindre impulsion trop forte
> Suffirait bien ;
> (v. 701-707).

Le regard perce la lentille pour saisir des micro-événements, des gestes en puissance, des actes en gestation, selon une infatigable monstration. Les « Il y a » d'un Rimbaud ou d'un Apollinaire donnent efficacement à voir. Mais ces poètes qui suscitent la vision nous parlent de l'invisible. Or, chez Roussel, ce n'est pas la stupéfiante « cathédrale qui descend et le lac qui monte » des *Illuminations*, ni « cet art de l'invisibilité » signalé dans l'*Il y a* d'Apollinaire[24]; la description que propose Roussel, qualitativement plus plate et quantitati-

24 Voir Arthur Rimbaud, *Œuvres*, Suzanne Bernard éd., Classiques Garnier, 1969, p. 256 ; Guillaume Apollinaire, *Calligrammes*, Gallimard, coll. « Poésie », 2001, p. 149.

vement plus étendue, se refuse à signifier autre chose que la plane littéralité du visible. Ce faisant elle s'étend, obstinée, de proche en proche, à mesure que le regard découvre les motifs enclos dans la « boule de verre / et cependant visible ». Quelques pages plus loin, on évoque justement un personnage dont il est dit qu'« Il faut que l'évidence apparaisse et lui crève / Les yeux » (v. 157-158). Crever, percer. Le regard « pénètre » la lentille (v. 22), et, dans la vue ainsi proposée, on nous donne à voir un autre regard. Celui-ci étend le paysage au « lointain », plus loin peut-être que les limites assignées par cette lentille enchâssée dans le porte-plume que l'on tient entre ses doigts.

> il enfonce
> Son regard qu'il rend plus pénétrant, plus perçant
> Et qu'il dirige vers le lointain, l'exerçant
> Avec ardeur, avec une puissance énorme.
> (v. 214-217).

Ce regard aperçu dans la vue enclose dans la lentille de verre contribue à faire de « La Vue » un poème ouvertement spéculaire, dont le sujet ne peut être perçu qu'à la faveur d'une exclusivité contemplative :

> Mon œil gauche fermé complètement m'empêche
> De me préoccuper ailleurs, d'être distrait
> Par un autre spectacle ou par un autre attrait
> Survenant au dehors et vus par la fenêtre
> Entr'ouverte devant moi.
> (v. 18-22).

« La Vue » est l'histoire d'un regard, mais ce n'est pas une « histoire de l'œil », ou alors seulement de cet œil ouvert sur le spectacle de cette plage, de la mer et de la brume. Curieusement, on n'aperçoit pas les yeux des nombreux personnages qui grouillent sous l'épaisseur de verre. Leur regard est fuyant, ou quelquefois absorbé dans le lointain, hors représentation. Ainsi, au vers 1 492, on « lit » dans le regard d'un désespéré quelque rêverie « mélancolique » et « fade ». « La Vue » de Roussel ne donne pas davantage accès à la psychologie des personnages enfermés dans cette lentille de verre. L'œil du poète est ouvert, le regard circule de la plage à la mer, mais l'accès à la fenêtre de l'âme est bel et bien barré, un peu comme les volets de Roussel composant ses poèmes. Mais, à y mieux regarder, on aperçoit tout de même un œil dans « La Vue », et cet œil n'est autre qu'un phare (v. 1470). Les « verres » de ce phare sont une réduplication de la lentille à travers laquelle le regardeur promène son regard tout en dirigeant celui du lecteur.

Paroles et silence, gestes sans mouvement

Dans le monde lisse de Roussel, dans cette fixité sans âme, on est en droit de rêver à quelque mouvement. C'est ce que signale Foucault :

> Roussel, qui a fait le tour du monde (tous rideaux fermés, il est vrai, car il n'aimait pas regarder, et son œuvre ne lui en laissait pas le loisir), a voulu réduire le temps et l'espace au globule d'une monade; et peut-être que, comme Leibniz, a-t-il vu des lacs trembler dans des parcelles de marbre[25].

Mais il faut croire que les dérives salubres de la rêverie sont rendues plus difficiles dans le monde silencieux des choses et des monades rousselliennes. Et pourtant, que de paroles en suspens au fond de la vue ! Des êtres parlent (le regardeur roussellien leur prête la parole en tout cas) ; d'autres écoutent :

> Ne trouvant pas un seul mot à dire
> Sur un sujet qui lui demeure indifférent ;
> Elle laisse flotter son esprit, préférant
> Ne pas donner d'avis et s'en tenir au rôle
> D'écouteuse, acceptant d'avance sans contrôle
> Ce que peut raconter de mauvais ou de bon
> Le grand mince, qui, lui, possède fort le don
> Des discours.
>
> (v. 134-141).

Bien qu'il s'agisse là des bavardages muets de coteries minuscules, dont les voix ne nous parviennent pas, l'œil insiste. Au point qu'il est question de la « volubilité » (v. 1108) d'un des figurants décrits par le regardeur :

> On le suit d'une oreille attentive ; il provoque
> De la bonne humeur, grâce aux scènes qu'il évoque ;
> Des fous rires secouent les épaules, les dos

---

25 Michel Foucault, « Pourquoi réédite-t-on l'œuvre de Raymond Roussel ? » (1964), *op. cit.*, p. 451.

À la succession fantasque de ses mots ;
Car c'est autour de son austère redingote
Que l'entrain trouve son élément et pivote ;
Il parle lestement, avec facilité,
Pratiquant sans effort la volubilité
Et sans que son travail de mémoire lui coûte.
(v. 1101-1109).

Le regardeur veut en appeler à l'oreille ; son œil qui nous donne tant à voir n'en est pas moins à l'écoute du minuscule, quitte à ce que le poète de « La Vue » ne nous donne à voir en définitive que le silence, le spectacle dérisoire et muet d'une parole indéfiniment mise en scène. Du bien mauvais théâtre, très roussellien en somme, qui parle comme pour ne rien dire.

L'œil du regardeur écoute, mais au fond de la vue enchâssée dans ce porte-plume, Roussel en appelle à une autre synesthésie, plus improbable encore, puisque du fond de la lentille monte l'odeur de la boutonnière d'un de ces personnages fats et muets qui peuplent « La Vue » :

C'est un de ces cerveaux inoffensifs et piètres
Occupés de sujets mesquins ; il a des guêtres
Éclatantes par leur impeccable blancheur
Et dont la coupe est un pur modèle ; une fleur
Orne, en la parfumant aussi, sa boutonnière ;
(v. 861-865).

Il est donc des sensations au fond de la vue, mais nulle émotion, et le mouvement n'est jamais qu'amorcé, ou simulé au sein de cette minuscule représentation. Au fond de la lentille où circule le regard du poète, la mer semble de plomb, et telle barque de pêcheur dans le roulis est éternellement maintenue dans un équilibre instable :

En l'air l'unique mât du bateau n'est pas droit,
Il s'incline beaucoup vers la gauche et se penche,
Entraînant avec lui la grosse voile blanche
Qui s'abandonne molle et flasque; la raison
De cette obliquité franche est l'inclinaison
Que la vague puissante et maîtresse qui passe
Donne inconsciemment au bateau, quoique basse;
À l'arrière, émergeant à peine, un gouvernail
Reste dans un complet abandon, sans travail.
(v. 68-76).

Ou bien c'est un geste en attente, celui, par exemple, d'une pelletée de sable qu'on va jeter « avec force » dans l'océan.

> L'enfant tient une pelle en bois, de même forme
> Que celle du petit, mais longue, lourde, énorme ;
> Par ses proportions elle ressemble un peu
> À quelque bêche dont elle doit tenir lieu ;
> L'enfant a ramassé toute une pelletée
> Qu'en ce moment il n'a pas encore jetée ;
> Mais il est sur le point de prendre son élan
> Pour la lancer avec force dans l'océan ;
> (v. 789-796).

« La Vue » ne présente que des élans minuscules, des promesses de mouvement, et son caractère littoral – où va se perdre le littéral – permet une ouverture vers le topos combien éculé du vieil océan. Mais le poème de Roussel manque décidément de souffle (bien que le vent et les parfums, nous l'avons vu, n'en soient pas absents). « La Vue » propose une puissance davantage qu'une force. L'un de ces gestes triviaux et sans mouvement les plus notoires est sans conteste le jet d'un bâton à un chien. Ce geste est contenu, en puissance, dans ce bâton, qui fait du mouvement sa *propriété* (« Le bâton possède un mouvement giratoire » v. 465). Ce mouvement contenu dans le bâton est maintenu tout au long du poème, dont il constituerait presque l'argument véritable. Ce bâton est un avatar du porte-plume justement, ce porte plume taché de sang, au sommet duquel est collé l'œil du regardeur. Le bâton est marqué d'une tache noire (alors que tout ou presque dans « La Vue » est limpide et impeccable) :

> Le bâton possède un mouvement giratoire
> Qui met en évidence une tache très noire,
> Éclaboussure ronde et forte d'un vernis ;
> (v. 465-467).

Au fond de la vue, nulle force, nulle émotion, nul mouvement véritable. Simplement, de l'espace et des puissances silencieuses à perte de vue. Et une tache aveugle peut-être, une tache très noire qu'on n'aurait pas vue. Appelons cela le mystère de Roussel.

Étoiles, puces, poussière, naufrage

C'est un écrin transparent de verre et d'argent, en forme d'étoile à cinq branches, de six centimètres à peine, sur quinze millimètres d'épaisseur. Un minuscule cadenas – on en a perdu la clé – surmonte cet objet singulier. L'étoile translucide enserre un biscuit, aux contours duquel elle est idéalement ajustée. Le petit gâteau, depuis le temps, s'est émietté, brisé. Le mystère de cette étoile scellée a fasciné Georges Bataille, ou encore André Breton[26]. Comme devant la lentille du porte-plume de « La Vue », on ne peut que rêver à partir de cette étoile en miettes. On pense à une poussière d'étoile, cette « poussière de soleils » dont parle Roussel dans une de ses pièces de théâtre :

> … un immense nuage de poussière, composé de millions de grains dont chacun serait un soleil servant de centre à un tourbillonnant système de mondes !… De ces millions de soleils, beaucoup sont, follement plus que le nôtre, gros, ardents, brûlants, lumineux, puissants !… Et de ces millions de soleils chacun est le pivot de quelque univers !… Et de ces millions de soleils nous voyons d'ici l'ensemble sous la forme d'un nuage de poussière !… Eh, bien, comme fascinant but de nos regards prolongés, ne s'impose-t-elle pas, cette poussière de soleils, plutôt que telle étoile, que telle constellation, à quiconque, par une nuit, s'attarde à rêver ?…[27]

Chez Roussel, soleil et poussière, le grand et le petit se rejoignent, se confondent, s'identifient dans le mot. Exemplairement, dans les *Nouvelles Impressions d'Afrique* (1932), Roussel remarque que le mot « noyau » signifie à la fois le très haut et le très bas, le minuscule noyau de cerise ou la comète[28]. Roussel savait que les mots permettent de passer instantanément du trivial au sublime, du biscuit en forme d'étoile au cosmos. Le langage est cet incomparable outil qui permet au poète de fouiller l'univers, d'en prendre l'exacte mesure, et de s'y perdre. Bataille le disait avec justesse, au sujet de l'étoile de Roussel :

---

26 Sur ce point, on peut consulter la notule de François Piron dans le dossier « Nouvelles impressions de Raymond Roussel / *New Impressions of Raymond Roussel* », *Palais* n° 17, revue du Palais de Tokyo, Paris, printemps 2013, p. 108.

27 Raymond Roussel, *Œuvres X. Œuvres théâtrales*, Annie Le Brun, Patrick Besnier éd., Paris, Pauvert, 2013, p. 804-805.

28 « *Noyau*/ Ici sert pour "comète" et sert là pour "cerise" » (*Nouvelles Impressions d'Afrique* (1935), Paris, Pauvert, 1963, p. 79.)

> s'il n'est pas possible d'accommoder un astre à la petitesse humaine, il est loisible à l'homme de s'en servir pour briser ses misérables limites. Celui qui se représente mangeant une étoile, alors même qu'il l'imaginerait gaiement de la grandeur d'un petit gâteau, ne peut pas avoir l'intention de la rabaisser à la mesure de ce qu'il tient dans la main sans encombre : il doit avoir l'intention de se grandir jusqu'à se perdre dans la profondeur éblouissante des cieux[29].

Roussel aimait à lire les ouvrages de Camille Flammarion et avait tenu à conserver ce biscuit en forme d'étoile, en mémoire d'un déjeuner qu'il fit en présence de l'astronome. Et une étiquette de carton complète l'étoile cosmique de Roussel :

> Étoile provenant d'un déjeuner que j'ai fait le Dimanche 29 Juillet 1923 à l'Observatoire de Juvisy chez Camille Flammarion qui présidait.
>
> RAYMOND ROUSSEL[30].

Le gâteau sous sa vitre (avatar de la vue enclose dans la lentille du porte-plume), astéroïde en voie de pulvérisation, est devenu une étoile filante. On l'a exposé à Madrid, à Paris, à Porto, à New York et l'astre n'a pas fini sa course.

L'aventure de cette étoile mystérieuse débute aux puces, avec sa redécouverte par Georges Bataille, qui en fit don à Dora Maar. On le sait bien, depuis *Le Secret de La Licorne* (1946), c'est aux puces que l'on dégotte les miniatures qui mettent le feu à l'imaginaire. Aux trois premières pages de l'album d'Hergé, Milou se gratte. *Il est aux puces et il a attrapé des puces*. Cet humour au pied de la lettre, cette littéralisation qui fait qu'un adorable cabot blanc doué de pensée soit pris de démangeaisons, est tout à fait roussellien[31]. Je n'évoquerai pas ici le trop fameux « procédé » que Roussel dévoile dans *Comment j'ai écrit certains de mes livres*, lequel consiste à bâtir sa fiction à partir du seul langage, du jeu de mots.

Au Vieux Marché où Tintin vient de rencontrer les Dupondt, on croise des êtres étranges. Le pick-pocket barbichu compulsif et méthodique apparaît dans le coin supérieur droit de la sixième case, dès la première page. Il y a

---

29 Georges Bataille, « Les mangeurs d'étoiles » (1940), *Œuvres complètes*, t. I, Paris, Gallimard, 1970, p. 567.

30 Voir François Caradec, *Raymond Roussel* (1972), Paris, Fayard, 1997, p. 262.

31 On aime beaucoup les chiens dans la famille Roussel. Marguerite Roussel était adepte des chiens de manchon, de même que Roussel. Voir, par exemple, le cahier de photographies dans le *Raymond Roussel* de François Caradec.

aussi Ivan Ivanovitch Sakharine, le collectionneur, puis très vite, à la même page trois, le grand bonhomme à moustache. Tous sont déjà pris dans une intrigue mettant en jeu une miniature de navire, bien que ce brave Tintin n'en sache à vrai dire encore rien.

Une « caramelle », dit le vendeur. *Caramelle, caravelle* – une lettre change, l'homophonie, le lapsus drolatique traversent la fiction bordée de non-sens ou d'un sens effondré (cf. le procédé de Roussel, mais aussi l'oreille de Tournesol). Le monde est toujours au bord du renversement ou du naufrage, comme, bientôt, la maquette de *La Licorne* que Milou flanquera par terre. Tout comme chez Roussel, le langage est plié, enroulé sur sa littéralité, laquelle fait sa saveur et son mystère. Milou se gratte aux puces, et il y a – on ne le sait pas encore – un message enroulé dans le mât central d'une des trois miniatures de caravelle réalisées par le capitaine François de Hadoque, ancêtre du fameux capitaine aux jurons infinis dont les perroquets d'une nouvelle Île au trésor gardent l'ancestrale mémoire (cf. *Le Trésor de Rackham le Rouge* (1945)).

On le sait, l'Afrique fantôme de Roussel n'est accessible que par voie de naufrage. L'œuvre d'Hergé est foncièrement roussellienne ; la langue y fourche, les mots se dédoublent. Tryphon Tournesol invente un sous-marin. Dans son parapluie, est enroulé une sorte de cryptogramme ... Roussel, lui, fait construire une roulotte automobile et dispose d'un laboratoire au fond de sa propriété – celui de Tournesol se trouve aux confins du domaine de Moulinsart – où il développe un brevet sur l'utilisation du vide. Et, pareillement, le cryptogramme dans le mât de la maquette de *La Licorne* et le gâteau enfermé dans son étoile sont des concentrés d'aventure et de rêve, alors que les êtres silencieux de « La Vue » ne nous parlaient définitivement que d'un monde où il n'y avait peut-être déjà plus rien à voir. À la fin, on est las de ce monde ancien.

PARTIE 4

Paysages en miniature

CHAPITRE 8

Entretien avec Didier Massard

Isabelle Roussel-Gillet et Évelyne Thoizet

Il y a environ une vingtaine d'années je pratiquais la photographie de paysage, de façon traditionnelle, en extérieur. Je rêvais de voyages et de mille lieux sur terre à découvrir et à photographier, mais je savais aussi, pour autant de raisons, qu'ils seraient irrémédiablement différents dans la réalité des images idéales et merveilleuses qui m'habitaient.

Cette désillusion m'amena à reconstituer ces utopies en intérieur. En construisant des dioramas et en les photographiant dans mon atelier je pouvais atteindre ces destinations chimériques.

Au fil des années j'ai développé et perfectionné mon théâtre miniature, immobile et secret, toujours au même endroit, dans un même espace.

Les lieux que je photographie ne peuvent pas être pointés sur une carte, pourtant il est essentiel pour moi qu'ils existent, que ces fictions soient réelles en quelque sorte, de croire et de faire croire que je suis allé « là-bas », à la frontière du vrai et de l'imaginaire, entre réalité et songe.

DIDIER MASSARD*

Isabelle Roussel-Gillet et Évelyne Thoizet : *Vos photographies à l'argentique de décors de théâtre miniatures explorent non pas un site géographique mais les conceptions du paysage, ou plutôt ce qui fait paysage. Dans ce travail de*

* Didier Massard, artiste photographe né en 1953, fut d'abord assistant d'Henri Langlois à la Cinémathèque Française, puis photographe professionnel (*Vogue*, *Elle*, Traveler, L'Oréal, Air France, Chanel, Christofle, Thompson, Hermès, Cartier). Depuis 1987, il développe des prises de vues de décors miniatures entièrement conçus et photographiés en studio (<http://www.didiermassard.net/backstage>). Parmi ses plus récentes expositions collectives, tant en France qu'à l'étranger, figurent *Otherworldly. Optical delusions and small realities*, Museum of Arts and Design, New York, 2011 (présenté ensuite au MUba, Tourcoing, France, 2012-213) ; *Beauty and the Beast*, MOPA San Diego, 2016 ; *L'eau et les Rêves*, Abbaye de Jumièges, 2013. Deux expositions personnelles ont eu lieu récemment aux États-Unis : *L'Atlas Imaginaire*, à la Julie Saul Gallery de New York en 2013 et *Territories*, à la Paul Kopeikin Gallery de Los Angeles, en 2014.

 | DOI 10.1163/9789004366206_009

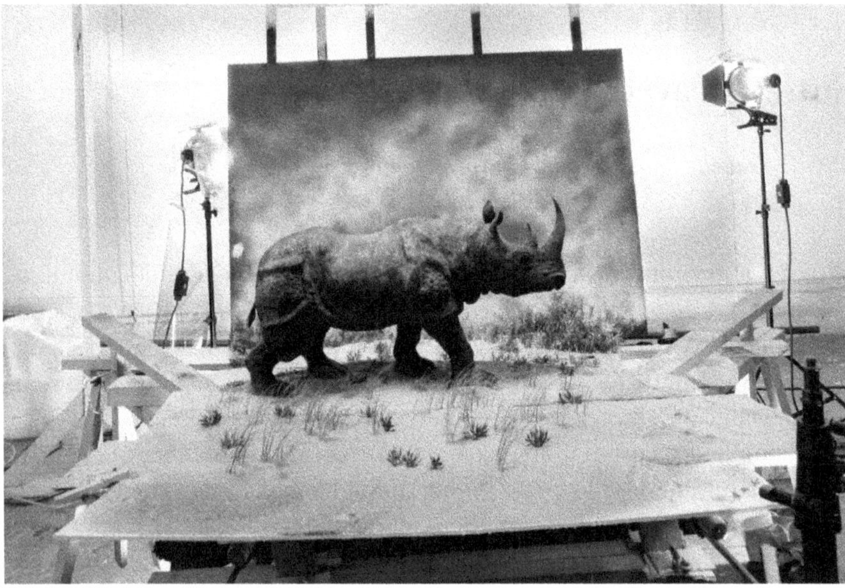

FIGURE 8.1 Didier Massard, *Le Rhinocéros*, 2004.

construction, l'artificialité est assumée et cependant vous n'avez recours à aucun logiciel. Vous nous avez dit que Le Rhinocéros *était votre photographie à succès. Une des raisons en est peut-être que le choix d'un animal active le souvenir des dioramas fauniques du muséum de la collection. Le spécimen fidèle au comportement habituel semble disposé dans un espace intemporel, diffus, non situable finalement. D'autres situent* a mimina *des saisons, selon l'indication d'un de vos titres, tel* Arbre en hiver (2000). *Pour vous, comment s'explique le succès de cette photographie ?*

Didier Massard : L'iconographie représente habituellement le rhinocéros de façon statique (Dürer, Longhi, Oudry…). Je pense *a posteriori* que le fait qu'il soit représenté en mouvement accentue le symbole de puissance qui lui est fréquemment associé. Le traité monochrome de l'image, ainsi que l'opposition entre les brumes évanescentes du paysage sur lesquelles se découpe la silhouette sombre, nette et imposante de l'animal dans le cadrage, renforcent cette impression.

Alors que vous composez un décor miniature, votre photographie donne l'impression d'une immensité qui écrase par exemple le moulin dans Les Moulins. *Des références au paysage romantique allemand contribuent-elles à ce sentiment du paysage ? Que dire des rapports d'échelle entre les éléments représentés ?*

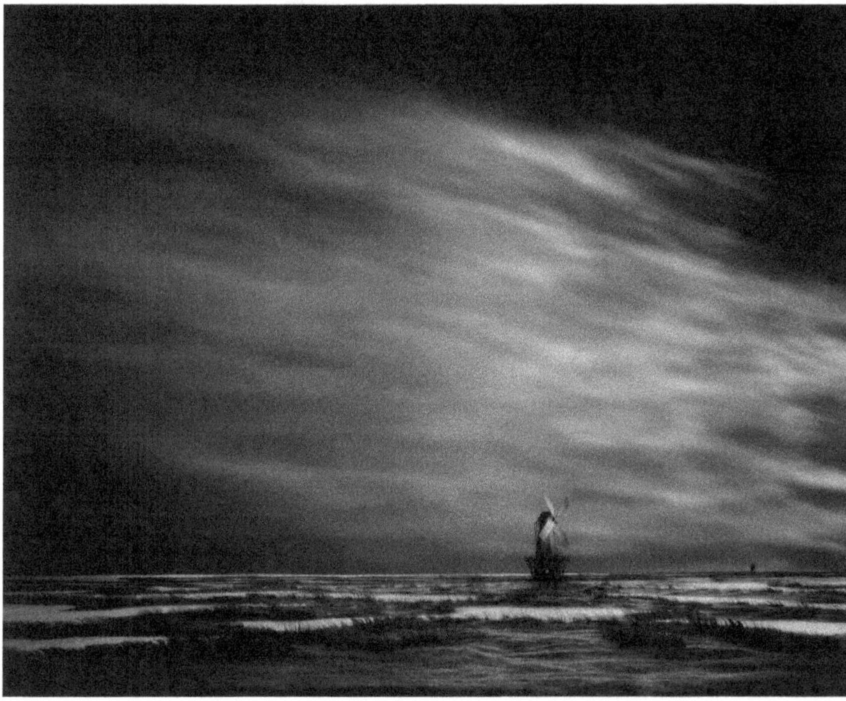

FIGURE 8.2 Didier Massard, *Les Moulins*, 1994.

Didier Massard : Si la référence au romantisme allemand est présente dans mon travail, c'est avant tout aux paysages de la peinture hollandaise auxquels j'ai songé en réalisant *Les Moulins*. L'importance du ciel dans la composition, son rapport particulier avec la terre, l'articulation de la ligne d'horizon ainsi que l'éclairage par zones alternées de lumière et d'ombre sont autant d'éléments qui s'y réfèrent, auxquels s'ajoute l'évocation du vent suggérée par le mouvement des nuages et des joncs, et par la présence même des moulins.

Il y a aussi dans certaines de vos photographies, d'une part, des références à un aquarium (ou au hublot pour voir un paysage sous-marin) et, d'autre part, des références à des dioramas. Par exemple La Cathédrale engloutie *nous fait penser à Daguerre dont les premiers dioramas fort appréciés étaient ceux de décors d'architecture gothique avec ruines. Que pensez-vous de ces références possibles ?*

Didier Massard : Mon inspiration ne se limite pas aux seuls arts visuels. Le titre, *La Cathédrale Engloutie*, cite très directement Debussy et d'une manière générale la musique. Dans cette photographie il y a aussi Jules Verne, son Nautilus,

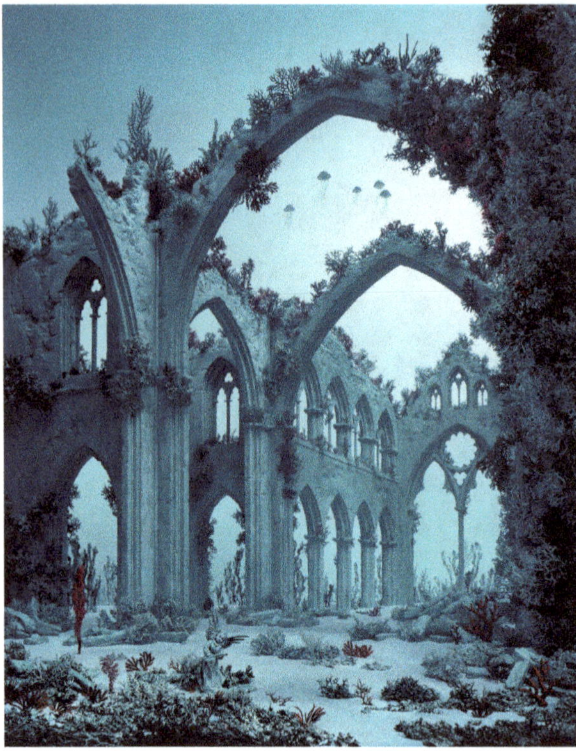

FIGURE 8.3
Didier Massard, *La Cathédrale engloutie*, 2012.

et le monde sous-marin. Ce monde onirique par excellence, qui a inspiré musiciens, écrivains et cinéastes et qui est riche de tant de formes et de couleurs, est étonnamment très peu représenté dans la peinture. Par ailleurs, je me suis nourri des arts du pré-cinéma et de tous les pionniers du merveilleux qu'ont été les inventeurs de dioramas, de lanternes magiques, de théâtres optiques, de féeries, et autres machines à rêve en tous genres. D'autres maîtres aussi m'accompagnent : Georges Méliès, Lotte Reiniger, Karel Zeman, Alexandre Alexeieff, ou Norman Mac Laren.

Pour La Grille/The Gate, *d'une part le « motif » est centré, comme le château d'eau, le phare ou le soleil dans vos autres œuvres, et d'autre part vous adoptez une longue prise de vue unique. Pouvez-vous nous expliquer votre dispositif ?*

Didier Massard : Le fait de placer le sujet au centre de la composition ne correspond pas à un dispositif particulier de prise de vue. C'est un choix graphique que j'ai adopté à plusieurs reprises, non seulement pour les images que vous citez mais aussi pour *Le Sphinx* et plus récemment pour *La Tour de Babel*. Le

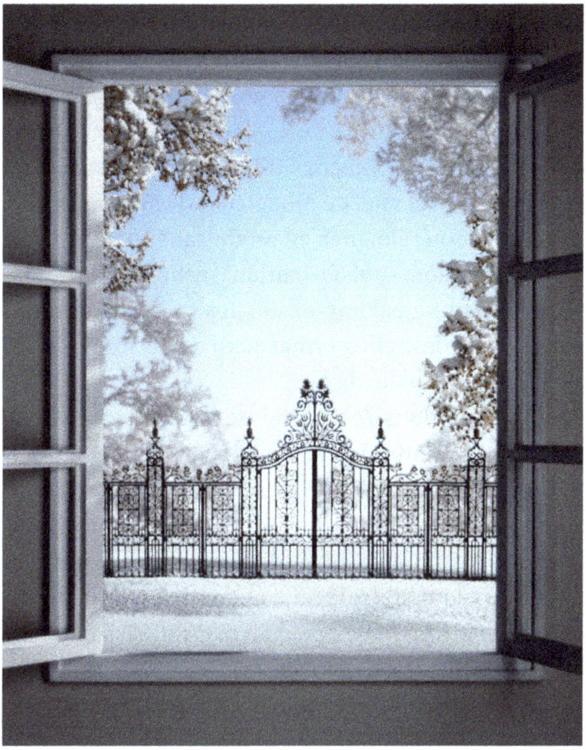

FIGURE 8.4
Didier Massard, *La Grille*, 1997.

dispositif est rigoureusement identique quelle que soit l'image sur laquelle je travaille. Le décor est systématiquement construit devant l'appareil photographique, toujours dans le même espace. Je pars d'un vide que je comble progressivement. Cela ressemble à une page blanche à remplir ou plutôt à la scène d'un théâtre miniature sur laquelle je me projette et qui serait vue à travers l'œil cyclopéen de l'objectif de l'appareil.

Mes images se construisent par expositions multiples sur un même film. Le principe, qui date des tout premiers temps de la photographie et du cinéma, est de garder « en réserve » des zones de film non exposées et de les réutiliser. Je procède à l'aide soit de caches devant l'objectif, soit de caches de velours noir à l'intérieur même du décor.

Vous travaillez en trois formats : peut-on penser que le plus petit est la miniature du second et le plus grand, spectaculaire, (180 sur 120) son agrandissement ? Certains détails se voient-ils mieux ou disparaissent-ils sur un des trois formats ?

Didier Massard : Si la photographie se définit avant tout comme écriture avec la lumière, c'est aussi un merveilleux jeu optique au service de l'œil humain. Son vocabulaire en témoigne : profondeur de champ, révélateur, plongée, gros plan, contrejour, panoramique, agrandisseur…

Grâce à l'agencement des lentilles de « l'objectif » – terme riche d'ambigüité – la photographie permet, dès la prise de vue, de modeler et de s'approprier le sujet photographié, de le rapprocher ou l'éloigner, en produisant un négatif qui tient dans la main et qui est une première transformation d'échelle. Elle donne à voir l'infiniment petit, le microscopique, l'immensité des montagnes et des mers tout comme les planètes lointaines ; elle permet aussi de décomposer un mouvement ou de figer la course d'une balle de fusil.

Ce dispositif optique se prolonge dans l'obscurité du laboratoire – de la « chambre noire » – par l'agrandissement du négatif obtenu. Cette opération permet de modifier de nouveau et à volonté l'échelle du sujet original. Aussi un même visage peut-il être réduit à taille miniature d'une photographie d'identité ou bien agrandi à la surface surdimensionnée d'un écran de cinéma ou d'une affiche publicitaire. Il est aussi possible de faire apparaître les détails invisibles d'un paysage comme dans le film *Blow Up* ou au contraire les faire disparaître en réduisant l'image à la taille d'une carte postale.

Ce processus ludique et propre à la photographie fait partie intégrante de ma démarche. Les formats des éditions sont indépendants et ne se définissent pas les uns par rapport aux autres, ce sont des propositions différentes. Le grand format restitue le décor tel qu'il existe dans mon atelier et il permet au spectateur de s'y immerger, le petit format au contraire correspond à une perception plus confidentielle, à un murmure, le spectateur restant alors « à l'extérieur » du décor.

À la manière d'un artisan, vous avez recours à des matériaux (papier d'aluminium) et à des techniques variées (la gravure chimique). Comme un magicien illusionniste, vous avez des trucs, pouvez-vous nous expliquer ceux du Jardin obscur *? Et pouvez-vous préciser quelle est la part du « bricolage » dans votre travail ?*

Didier Massard : Je m'inscris volontiers dans la tradition du « fait main ». Toutefois, à la différence de l'artisan qui sait précisément à l'avance ce qu'il va faire et le répète, je découvre progressivement mon projet en le réalisant. Dans cette démarche, qui ressemble à un voyage, l'imagination, l'instinct, l'intuition sont mes outils autant que ma main. Il s'agit d'un travail d'aventurier, de « bricoleur » aussi, tel qu'il est défini par Claude Lévi-Strauss – comme celui « dont la

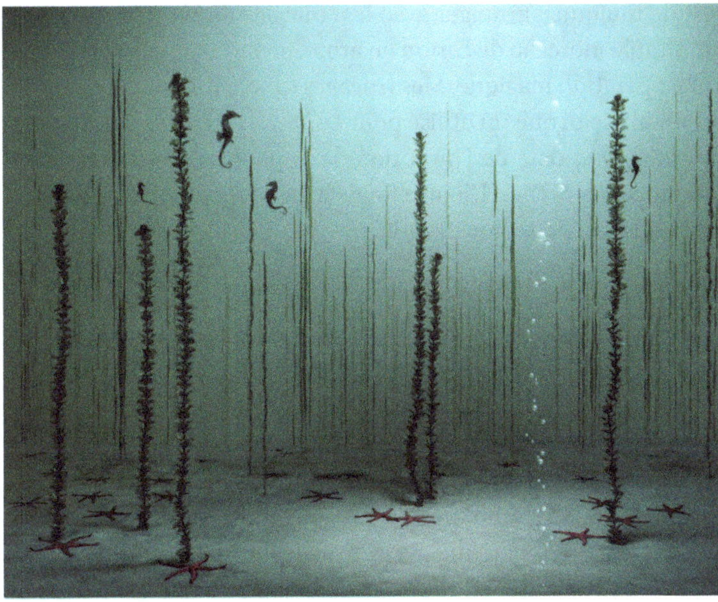

FIGURE 8.5 Didier Massard, *Jardin obscur*, 2005.

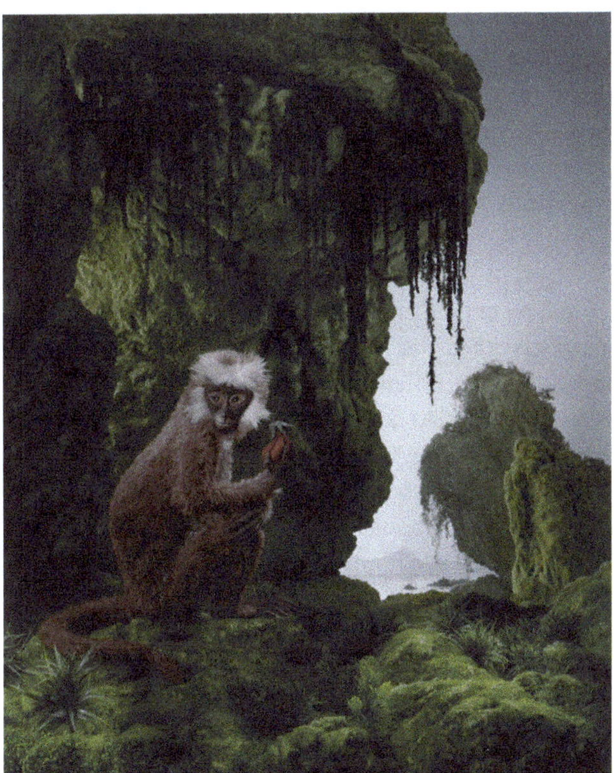

FIGURE 8.6 Didier Massard, *Le Singe*, 2011.

règle du jeu est de toujours s'arranger avec les "moyens du bord" »[1]. La métamorphose d'un simple morceau de carton en arbre, en montagne ou en animal est pour moi une opération magique. Mes trucages sont le fruit d'une nécessité et de l'improvisation. Celui que j'ai utilisé pour *Le Jardin Obscur* n'a rien d'original : la double exposition date de l'invention de la photographie et était fréquemment pratiquée par Méliès. L'image finale a été obtenue à partir de deux décors photographiés sur un même négatif.

Pour Le Singe, *vous avez expliqué travailler à partir d'un repère de taille, la tête de l'animal inspiré de Durër. Outre cette étape du « croquis » qu'est-ce qui détermine les rapports d'échelle ?*

Didier Massard : La construction d'un objet dépend de la place et du rendu qu'il occupera dans l'image finale. Il s'agit en premier lieu de déterminer la taille exacte à laquelle il sera crédible, et à laquelle sa construction est possible. Pour *Le Singe* le défi était le rendu du pelage. Après plusieurs essais j'ai obtenu l'apparence de poil satisfaisante en utilisant de la laine et une technique de tapisserie adaptée à la maquette.

L'exposition au MAD de New York reprise au MUba de Tourcoing (sept 2012-janvier 2013) Otherwordly des mondes irréels, illusions d'optiques et réalités miniatures *présentait votre travail parmi celui de nombreux Américains. Dans la version du MAD, on pouvait voir à la fois la photographie* Le Singe *et l'installation du décor : quelle différence avez-vous observé chez le visiteur face à ces deux dispositifs ?*

Didier Massard : Le diorama reste pour moi une étape intermédiaire. L'éclairage et les manipulations diverses à la prise de vue qui s'y rajoutent me permettent de sublimer la scénographie et d'obtenir une image idéale qui est l'œuvre finale. J'ai été amené à plusieurs reprises à exposer l'installation du décor accompagnée de la photographie obtenue. Cette option est à manier avec prudence car si le décor est présenté au public en tant que mise en scène aboutie, il a alors tendance à éclipser la photographie, par son caractère tridimensionnel et par le vertige particulier qu'offre la miniature.

---

1 Claude Lévi-Strauss, *La Pensée sauvage,* ch. I, La science du concret, [Paris, Plon, 1962], Pocket, 1990, p. 31.

CHAPITRE 9

L'aquascape : un paysage dans l'aquarium

Quentin Montagne

Passage. Un « simple » aquarium d'eau douce de quelque cent vingt centimètres de longueur où, parmi des roches recouvertes de verdure, quelques formes bleues apparaissent furtivement.

Cette composition de Grégoire Wolinski s'est vu décerner en 2014 le Grand Prix de l'International Aquatic Plants Layout Contest, sans aucun doute la plus prestigieuse des compétitions aquariophiles actuelles[1]. Succédant au Russe Pavel Bautin primé quatre ans avant lui, un Européen reçoit, pour la seconde fois seulement, une telle distinction dans un concours largement dominé par les amateurs asiatiques. Comme pour la majorité des manifestations de ce genre, les participants ne soumettent pas directement leurs productions. Ils en témoignent exclusivement par un nombre limité de photographies numériques ou numérisées. D'abord outil de communication, ce médium intervient désormais tout au long du processus de création jusqu'à devenir une véritable aune pour l'appréhension des paysages aquatiques. Malgré des informations extrêmement précises quant au contenu ou aux dimensions de la cuve, l'objet photographié devient très rapidement ambigu.

La mousse prend l'aspect de bosquets et de prairies lorsque les pierres forment de hautes falaises creusées de nombreuses cavités. L'eau environnante semble disparaître. Sur l'image, le banc de poissons s'apparente à une petite colonie d'oiseaux. Les crevettes demeurent invisibles, dissimulées au milieu des rochers. Sur un fond étrangement azuré, le milieu aquatique est transfiguré en paysage de montagne tenant à la fois de la peinture traditionnelle chinoise

1 Les meilleures réalisations des seize dernières années sont visibles sur le site internet officiel du concours (http://en.iaplc.com/about/gp_works.html). Parmi les nombreuses compétitions aquariophiles nationales et internationales, l'on peut rapidement citer le Championnat de France d'Aquariophilie, l'AGA Aquascaping Contest (http://showcase.aquatic-gardeners.org), l'Acuavida Aquascaping Contest (http://aac.acuavida.com), l'Aquascaping World Competition (http://www.aquascapingworld.com/competition/?page=gallery), l'Aquatic Scapers Europe (http://www.aquaticscapers.com), le Concours AquAgora de Paysages Aquatiques (http://www.aquagora.fr/-Concours-AquAgora-de-Paysages-) ou encore Aquarama (http://www.aquarama.com.cn/en/), une gigantesque foire annuelle internationale au sein de laquelle plusieurs compétitions sont organisées.

 | DOI 10.1163/9789004366206_010

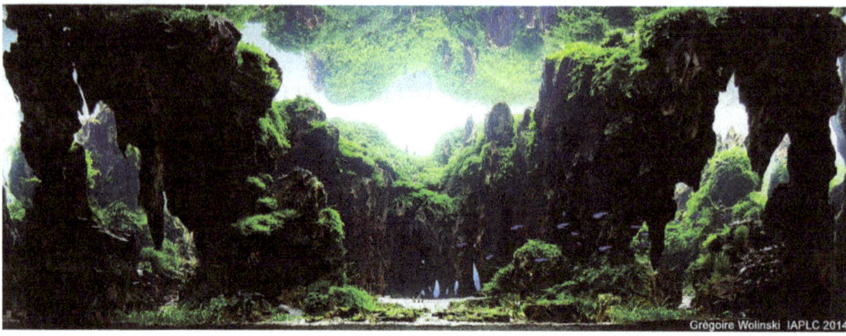

FIGURE 9.1 Grégoire Wolinski, *Passage*, 2014.
Aquarium 310 Litres, 120 × 55 × 47 cm. Easy Life Paradiso 6 × 24 watts. Filtration : Fluvial G3. CO 2 : injection Reactor 24 h/24 h 1/2 sec. Sol : Amazonia new soil, sable blanc. Fertilisation : DIY. Ohko stones. Paramètres de l'eau : pH 6,8. Plantes : Eleocharis acicularis 'Mini', Marsilea hirsuta, Vesicularia ferriei, Fissidens fontanus, Hemianthus callitrichoides 'Cuba', Riccardia chamedryfolia, Taxiphyllum sp, Bucephalandra sp. 'Kedagang'. Population : Paracheirodon simulans, Otocinclus sp., Neocaridina davidi.

et de l'esthétique pittoresque. Une large perspective centrale structure le panorama. Un subtil jeu d'ombres et de lumière favorise l'effet de profondeur par l'apparition d'une succession de plans lointains. Tel un mirage céleste, seul un reflet révèle la surface de l'eau. Aucun élément n'indique en revanche les limites de la cuve à l'intérieur de laquelle se développe pourtant ce microcosme. On en vient presque à oublier le volume de l'aquarium tandis que l'agencement du décor confère à la scène l'illusion d'une nature sauvage.

Un nouveau jardin aquatique

La pratique de Grégoire Wolinski est exemplaire de l'*aquascaping* ou, en français, l'arrangement de paysages aquatiques. Anciennement utilisé pour tout type de mises en scène en aquarium[2], le terme désigne aujourd'hui une discipline plus spécifique, propre aux aquariophiles amateurs. Les responsables de l'*European Aquascaping Journal* en viennent même à qualifier ce hobby de forme d'art : celui d'« aménager de manière esthétique un aquarium avec des

2 Graig Phillips l'utilise notamment à propos de l'aménagement des cuves du Seaquarium de Miami. Graig Phillips, *The Captive Sea*, Londres, Frederick Muller Limited, 1965, p. 15.

plantes, des roches et/ou des racines »[3]. Loin des Atlantides antiquisantes et du scaphandrier figé dans sa résine, l'aquascaping exclut tout décor irréaliste ou relevant de l'imaginaire. Son seul et unique modèle est la nature, non seulement son apparence, mais également ses mécanismes.

Ce principe est au cœur du travail du Japonais Takashi Amano, dont l'œuvre guide depuis une trentaine d'années le monde de l'aquariophilie. Très tôt, il prend conscience de la nécessaire interaction entre les ordres végétal et animal en milieu aquatique. Dans sa première monographie, il se remémore notamment un épisode de son enfance. Chaque jour après l'école, il se rendait à un lac voisin pour y pêcher. Bien qu'il laissât les spécimens dans un récipient plein d'eau, aucun animal ne résistait au trajet jusqu'à sa maison. Ce n'est que lorsqu'il y ajouta quelques brins de plantes aquatiques que les spécimens survécurent parfaitement[4]. Le jeune Amano ne faisait que reproduire l'expérience menée plus de cent ans auparavant par Robert Warrington sur la photosynthèse aquatique dont est issu l'aquarium : un réservoir permettant de maintenir « une communauté stable d'organismes aquatiques, que l'on peut regarder non pas du dessus, à travers des eaux agitées en surface par des rides et, de ce fait, opaques, mais nez-à-nez, et de côté, à travers une paroi de verre transparente et de l'eau claire »[5].

La constitution d'une biocénose complète au sein d'un aquarium est en effet le meilleur moyen de conserver un équilibre tant au niveau des plantes que des animaux, poissons et mollusques confondus. L'aquascaping, baptisé par Takashi Amano « Aquarium naturel », repose sur ce système. Les nombreux manuels d'aquariophilie publiés tout au long du XIXe et jusqu'au milieu du XXe siècle témoignent déjà parfaitement de cette condition préalable au bon développement de l'aquarium. Au contraire de ses prédécesseurs historiques, l'aquascape bénéficie cependant de meilleures connaissances scientifiques et, surtout, d'innovations techniques conséquentes. Bien que le médium pho-

---

3 Jörg Buhlmann, Olivier Thébaud, « What is aquascaping », *European Aquascaping Journal*, n°1, sept-déc. 2015.

4 Takashi Amano, *L'Aquarium naturel : œuvres complètes 1985-2009*, Auray, LR, 2011.

5 Stephen Jay Gould, « Se voir face à face, clairement, à travers un verre », *Les Coquillages de Léonard*, Paris, Éditions du Seuil, 2001, p. 66-83. Bien que sa paternité soit encore discutée, l'invention officielle de l'aquarium est attribuée au Docteur Robert Warrington. Les résultats de ses expériences sur la photosynthèse et les échanges de gaz entre faune et flore aquatiques, présentés devant la Société de Chimie de Londres le 4 juin 1850, aboutissent à la commercialisation d'un nouvel équipement domestique : « le coffret Warrington » ou « Coffret pour Plantes Aquatiques, ou Aquarium de Salon ». Le terme d'« aquarium », tel qu'il est aujourd'hui utilisé, ne sera cependant défini qu'en 1854 par Philip Henry Gosse dans son ouvrage *The Aquarium : an Unveiling of the Wonders of the Deep Sea*.

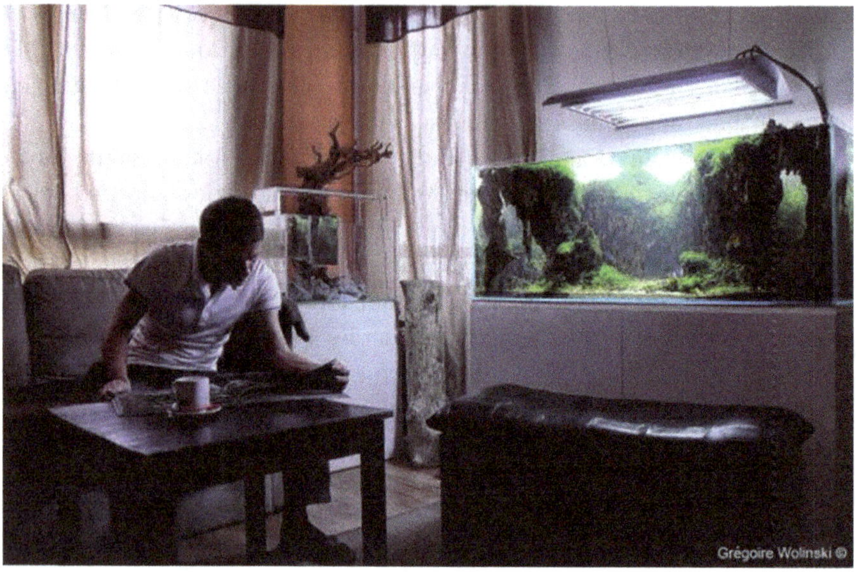

FIGURE 9.2 Grégoire Wolinski devant son aquascape *Passage*.

tographique en perturbe la perception, l'aquarium effectif est suffisamment élaboré pour devenir ce gîte de la grandeur évoqué par Gaston Bachelard[6]. Le verre « extra-blanc », sans reflet ni coloration, proposé par la société ADA de Takashi Amano, permet par exemple de minimiser la présence de la cuve lorsque d'autres équipements nécessaires au maintien de l'aquarium, parfois encombrants et d'aspect sommaire, sont désormais camouflés. La fabrication récente de filtres en verre complètement transparents ou encore la miniaturisation intense de systèmes de chauffage abolissent définitivement la matérialité du réservoir pour permettre, selon les mots de Louis Marin, « la condition de la visibilité du monde représenté »[7].

Véritable jardin miniature, l'aquarium accueille une nature entretenue et sélectionnée produisant, à travers un écran invisible, une image de paysage. Si la photographie en fixe le mouvement, la cuve forme déjà un dispositif de cadrage. Cette représentation de la nature s'inscrit ainsi toujours nécessairement dans un environnement culturel donné. La dimension picturale semble dans un premier temps évidente. À l'instar d'un tableau de la Renaissance, la composition se développe selon le fameux œil unique du spectateur – souvent

6 Gaston Bachelard, « la Miniature », *La Poétique de l'espace*, Paris, PUF, 1998, p. 146.

7 Louis Marin, « Représentation et simulacre », *De la Représentation*, Paris, Gallimard, 1994, p. 305.

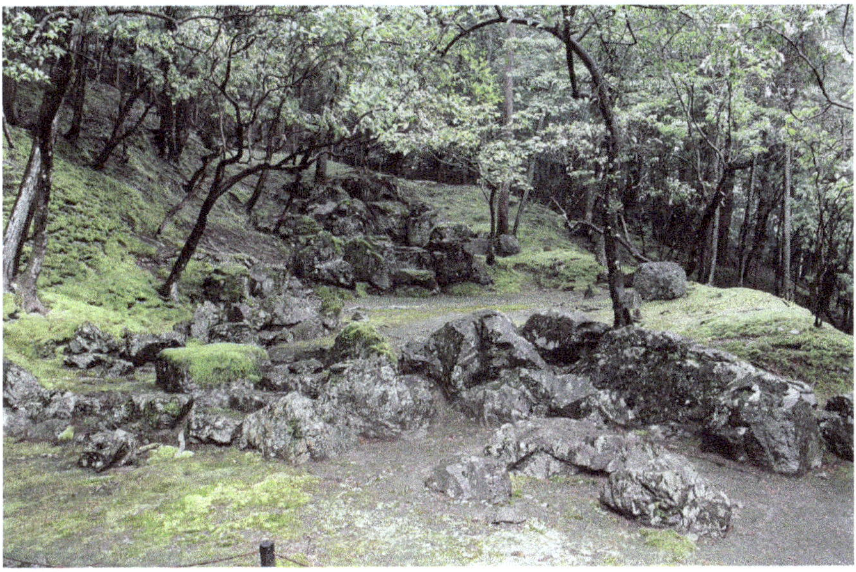

FIGURE 9.3 Musô Kokushi, *composition de pierres*, XIVe siècle, Saihô-ji, Japon.

remplacé par l'objectif de l'appareil photographique en aquariophilie – lorsque, comme l'explique Anne Cauquelin au sujet de l'invention du paysage au Quattrocento, le *prospect* s'incarne dans le *perspect*[8]. Au sein de l'aquascape, le lointain se trouve exprimé par des détails et des fragments minuscules que l'aquariophile, sorte de peintre-jardinier, dispose derrière la paroi translucide. Fondée au Japon, cette discipline dénote toutefois un rapport particulier à la nature, propre aux régions d'Extrême-Orient.

Contrairement à la pensée occidentale, la civilisation japonaise ne conçoit pas le couple nature/culture sur le mode d'une stricte opposition. Les deux se voient inextricablement mêlés. Dans son ouvrage *Le Sauvage et l'artifice*, Augustin Berque cite un grand nombre d'échanges entre l'écoumène et l'érème japonais. Le plus emblématique d'entre eux reste le développement du jardin où, très tôt, apparaissent des imitations plus ou moins stylisées de sites naturels remarquables[9]. Bien que Takashi Amano s'en défende, ses réalisations re-

8 Anne Cauquelin, *L'Invention du paysage*, Paris, PUF, 2000.

9 Augustin Berque, *Le Sauvage et l'artifice, les Japonais devant la nature*, Paris, Gallimard, 1986, p. 67 et p. 75-76. L'écoumène désigne pour l'auteur le domaine de la culture, les territoires habités, quand l'érème (ou anécoumène) comprend les espaces sauvages, peu ou pas visités par l'homme. Dans le cas de la civilisation japonaise, ces espaces correspondent à la mer et à la montagne.

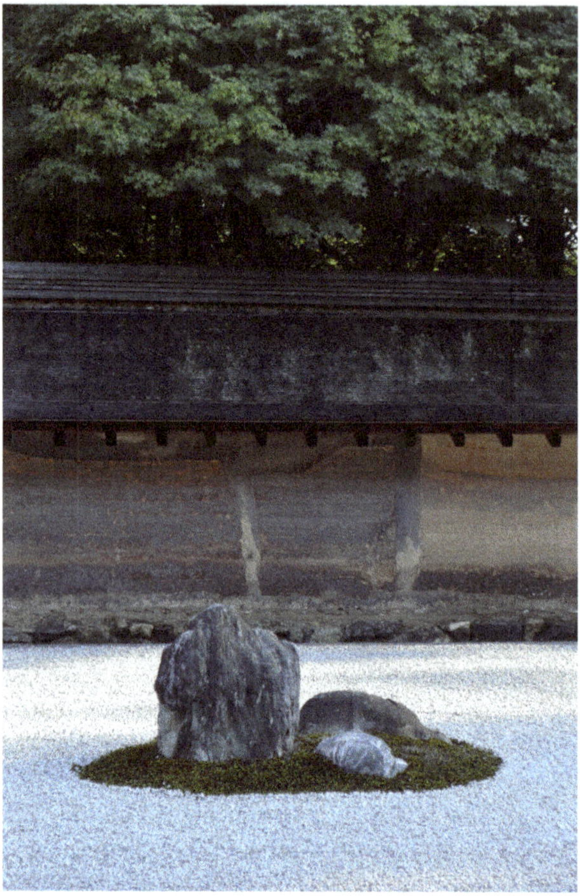

FIGURE 9.4
Jardin sec ou Karesansui, 1499-1507, Ryoan-ji, Kyoto.

lèvent incontestablement de cet espace traditionnel. Ses représentations sous-lacustres ou de fond de rivière offrent une vision idéalisée de la nature. Épurées, elles possèdent ce pouvoir d'évocation particulier que le *Sakutei-ki*, premier manuel nippon sur l'art des jardins rédigé au XIe siècle, désigne sous le nom de *fuzei*[10]. Une création du célèbre Musô Kokushi illustre particulièrement cette notion. Lorsque ce moine zen compose au *Saihô-ji* ce que les historiens considèrent comme la première cascade sèche de l'Histoire, il ne voit pas le lit accidenté d'un torrent. Par une abstraction formelle de l'élément liquide, c'est le mouvement tourbillonnant de l'eau qui se trouve convoqué.

10 Pierre et Susanne Rambach, *Sakutei-ki ou le livre secret des jardins japonais*, Genève, Skira, 1973.

entre traditions d'Extrême-Orient…

L'œuvre de Takashi Amano est extrêmement marquée par l'esthétique des jardins zen. Les arrangements de pierres ou *iwagumi* qu'il présente dès 1991 sont directement issus des *karesansui* où, comme au *Ryōan-ji*, l'image de la nature est réduite à l'essentiel. Dans ce temple, seules des mousses et des plantes vivaces entourent les quelques rochers disposés sur une petite surface rectangulaire. Les mouvements d'une mer ou d'un lac sont indiqués par de discrètes rides uniformes tracées au râteau. Entièrement clôturé, ce jardin ne doit pas être pénétré. On ne l'observe que de l'extérieur, depuis la véranda ouverte du temple et selon une position déterminée par le concepteur. De la même manière que ces créations traditionnelles, les paysages aquatiques d'Amano représentent un support de contemplation et de méditation. Et, tout comme elles, ils répondent à des codes rigoureux.

Depuis une vingtaine d'années, l'*iwagumi* a connu plusieurs variations. Rassemblant d'abord des blocs de bois fossilisés sur un tapis exclusivement planté d'*Echinodorus Tenellus*, on en distingue aujourd'hui cinq styles, chacun défini par l'utilisation plus ou moins libre de plantes, de bois et de sables en complément des roches[11]. Le plus répandu reste l'*iwagumi Sanzon*, littéralement « les trois piliers ». Il se caractérise par une pierre centrale, *Oyaishi*, inclinée dans le sens du courant et dont la taille doit atteindre les deux tiers de la hauteur de la cuve. Viennent ensuite le roc secondaire, *Fukuishi*, un peu moins imposant mais de même texture que le précédent, puis le troisième, *Soeishi*, plus petit et adossé contre la pierre principale pour en souligner la beauté. Plusieurs *Suteishi* ou « pierres sacrificielles » sont enfin disposées autour des trois premières pour combler les vides et mettre en valeur la composition. Afin d'éviter toute symétrie et dans un souci d'effet de réel, ces éléments doivent par ailleurs toujours apparaître en nombre impair.

Ce culte des pierres dont témoigne Amano s'inscrit par ailleurs dans un autre registre de paysage miniature contemporain des jardins secs : le *suiseki*, une « pierre travaillée par l'eau » évoquant formellement un animal ou un paysage et présentée sur un socle ouvragé de bois, ou encore l'une de ses variantes, le *bonseki*, une « pierre en pot », c'est-à-dire disposée au milieu d'un bol ou d'un bassin. Venu de Chine, cet attrait pour les pierres figurantes n'est donc pas exclusif à l'archipel nippon. Bien que les Japonais privilégient des roches lisses, polies, cette pétrophilie s'observe dans l'ensemble des pays d'Extrême-Orient et ce, au moins depuis la dynastie des Xia (2100-1600 avant J.C.). Elle-même

11 Dossier « l'Art de l'iwagumi ». Site de Floraquatic [consulté le 10 mars 2017]. Disponible sur : <http://aquascaping.floraquatic.com/2013/05/dossier-lart-de-liwagumi/ mai 2013>.

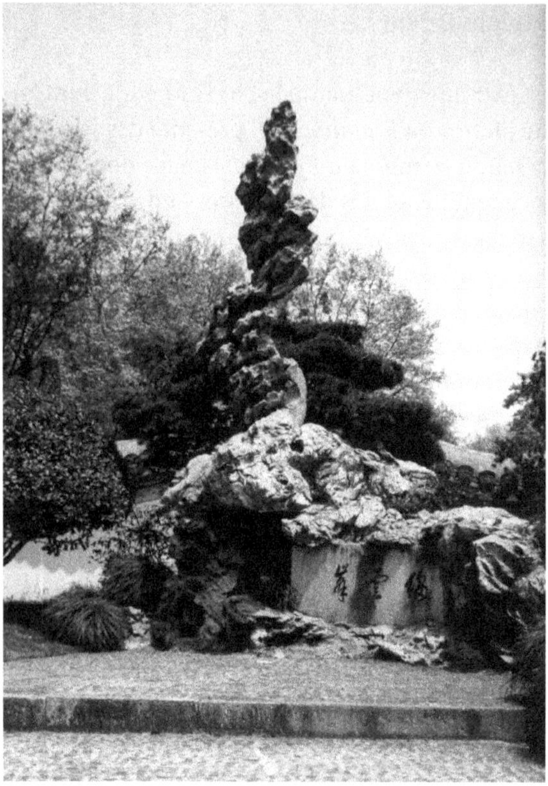

FIGURE 9.5
Crête de nuage ridée (*Zhouyun feng*), pierre Ying, Jardin des pierres célèbres de Jiangnan, Hangzhou, Chine. © Kemin Hu 2002.

collectionneuse, l'historienne Kemin Hu distingue les quatre genres les plus recherchés : les pierres *Kunshan*, des agglomérats de quartz ou de silice extraits du Mont Ma An près de Suzhou, les pierres *Lingbi*, dont les formes plus aérées proviennent du lent travail des eaux souterraines de la région de Anhui, les pierres *Taihu*, directement puisées dans le lac Tai de la province de Jiangsu et, enfin, les pierres *Ying* issues des torrents des provinces de Yingde et Zhejiang[12]. Ces pierres insolites, façonnées par le travail de la nature sans autre intervention humaine qu'une signature et parfois un poème gravé, exposées dans les jardins et les studios, deviennent des *gonshi* ou « rochers de lettrés », du nom des érudits chinois qui les affectionnent.

Tout comme ces minéraux, les roches prisées par les aquariophiles se distinguent généralement par un relief accidenté. Prélevées dans des montagnes, le plus souvent au Japon, elles ne sont ni sculptées ni modelées par l'homme. Une vaste gamme est désormais disponible dans le commerce, depuis les pierres

12 Hu, Kemin, *Scholar's Rocks in Ancient China*, Trumbull, Weatherhill, 2002, p. 32-47.

Hakkaiseki, d'aspect sombre et rongé, particulièrement utilisées pour les arrangements d'*iwagumi*, jusqu'aux roches *Seiryu*, plus claires et de formes pointues, ou les *Dragon Stone*, pourvues de nombreuses cavités. Cette dernière particularité rappelle étonnamment les *gonshi* dans lesquels les taoïstes voyaient en réduction des sites naturels célèbres, principalement des montagnes et des lacs en altitude, considérés alors comme des séjours d'immortels. De même que ces espaces appartiennent à l'érème japonais, la tradition chinoise représente les montagnes comme des lieux réservés aux sages, aux magiciens et aux divinités. Selon la symbolique du centre et du pilier étudiée par Mircea Éliade, la montagne s'apparente effectivement à une passerelle, un lien entre la sphère des hommes et celle des dieux[13]. Dans leur tentative d'en dresser une cartographie précise, Tao Hongjing au Ve siècle, puis Du Gungting au Xe siècle dénombrent une centaine de ces séjours d'immortels[14]. Si les plus nombreux sont qualifiées de *fou-ti*, littéralement « Terres bienheureuses », Rolf Alfred Stein les comprend tous comme des *tong-t'ien*, des « Univers formés par une Grotte ». Le sinologue cite entre autres l'exemple d'un site situé près de la pagode *Chân-linh tu*, dans l'actuel Vietnam :

> L'entrée de la grotte est si étroite qu'elle ne permet le passage que d'un canot. Elle s'élargit ensuite graduellement [...] on y pénètre, torches allumées, en longeant le cours de l'eau, et l'on entend alors le son de dix mille flûtes soufflées par le vent... au bout de plus de cent *li* se trouve un trou à poissons. C'est alors un univers illuminé, éclairé par soleil et lune. Herbes calmes, nuages harmonieux : on n'y trouve rien de vulgaire. Les oiseaux répondent à l'appel des hommes, des fleurs accueillent les propos des visiteurs. C'est un monde complet à part. Sur un grand plateau de pierre on trouve un échiquier et des pions. Tout autour, la chambre de pierre (la caverne) semble être taillée à dessein... Même les splendeurs du site de la Source des Pêchers ne pourraient rien y ajouter...[15]

À l'intérieur d'une cavité, à l'entrée étroite et cachée, se déploie un monde paradisiaque qu'un système complexe de réseaux souterrains relie à l'ensemble des séjours d'immortels. Cette forme particulière associe la grotte à la calebasse et autres vases clos qui, selon les légendes chinoises, recueillent des univers entiers. Seul un immortel, ayant le pouvoir de changer de forme, peut y

13 Mircea Éliade, « Symbolisme du « Centre » », *Images et Symboles*, Paris, Gallimard, 1980, p. 37-78.

14 Catherine Delacour, *Rochers de lettrés. Itinéraires de l'art en Chine*, Paris, RMN, 2012, p. 33.

15 Rolf A. Stein, *Le Monde en petit*, Paris, Flammarion, p. 62.

pénétrer. Les jardins d'Extrême-Orient et les *gonshi* sont conçus sur le modèle de ces retraites mythiques : dans un espace limité, « grand comme un grain de moutarde »[16], un monde complet peut être arpenté. L'acte de miniaturisation ne se résume pas à une visée esthétique. Il apparaît d'abord comme un geste magique. Par la copie et la réduction, le propriétaire s'approprie l'objet représenté. Les gonshis tireraient ainsi leur origine de la recherche intense des trois plus célèbres *tong-t'ien*, des îles montagneuses *a priori* situées en pleine mer, à l'est de la péninsule de Shandong : Penghai, Yinhgzhou et Fangzhang. Les premiers rochers en bassins auraient été conçus pour répondre à l'échec des expéditions en quête de l'archipel. Ne pouvant atteindre leur but, les empereurs chinois auraient alors pris le parti d'attirer directement les immortels chez eux par le biais d'îles en réduction. Plus qu'un simple leurre, ces rochers sont des équivalents symboliques des terres bienheureuses. En même temps qu'elles peuvent abriter des magiciens[17], leur propriétaire peut se projeter dans le paysage réduit pour le parcourir au long de randonnées mystiques.

… et modernité occidentale

Influencé par l'œuvre de Takashi Amano, l'assemblage de roches *Okho* mis en œuvre par Grégoire Wolinski évoque certainement cette tradition asiatique. Outre une forte analogie formelle avec le célèbre gonshi *Crête de nuage ridée* (*Zhouyun feng*), aujourd'hui visible à Hangzhou[18], la rocaille de l'aquascape *Passage* est directement inspirée des grottes de Batu, un site naturel calcaire de Malaisie particulièrement impressionnant et abritant plusieurs temples hindous. C'est à partir de photographies de ce lieu, trouvées sur internet, que le projet de cet aquascape a été élaboré. Cette réalisation, produite par un Européen, ne suit pourtant pas à la lettre la voie de l'aquariophilie telle que l'envisage Amano. L'*aquascaping* japonais est nécessairement adapté en même temps qu'il est adopté par les amateurs occidentaux. Quand bien même Grégoire Wolinski s'inspire des idées venues du Japon, son travail est visiblement

16 *Ibid.* p. 41. Li Yu (1611-ca 1679), lettré chinois et auteur d'un ouvrage sur les montagnes artificielles, baptisa son propre jardin « (grand comme un) grain de Moutarde » du fait de sa petite taille. Cette dernière est relative car son terrain occupe tout un monticule.

17 *Ibid.* p. 60. L'auteur cite en particulier la légende du taoïste Hian Kiai qui, sur une remarque de l'empereur, rapetisse pour visiter la représentation en miniature de l'île de Penghai et ne plus jamais reparaître dans le monde des hommes.

18 Hu, Kemin, *op. cit*, p. 45.

marqué par l'esthétique pittoresque, un héritage culturel typiquement européen.

En même temps qu'il rappelle les peintures de Shen Zhou, l'aquascape *Passage* répond par exemple parfaitement aux préceptes que donne le Marquis de Girardin. On y décèle bien cet « effet de pittoresque » tant défendu par le seigneur d'Ermenonville à travers « le choix des formes les plus agréables, [...] l'élégance des contours, [...] la dégradation de la perspective, [...] un contraste bien ménagé d'ombre et de lumière, de la saillie, du relief à tous les objets, [et, enfin] cette heureuse négligence qui est le caractère distinctif de la nature »[19]. À l'instar de nombre d'aquariums contemporains, le paysage aquatique imaginé par Wolinski semble en effet prolonger ce courant esthétique né en Angleterre à la fin du XVIIIe siècle, privilégiant la courbe, l'asymétrie, un aspect « sauvage » et une grande variété de textures. Lorsqu'il cherche à théoriser cette forme particulière de beauté, William Gilpin relève notamment les qualités des formes rudes et rugueuses[20]. Les roches et les ruines séduisent particulièrement l'artiste théoricien, un attrait que partagent avec lui les aquariophiles qui, comme en témoigne encore *Passage*, vont parfois jusqu'à mêler indistinctement ces éléments *a priori* opposés, respectivement relatifs à la nature et à la culture.

Introduit en Europe vers la fin des années 1980, l'*aquascaping* attire toujours plus d'adeptes quand les grands aquariums publics mettent désormais en scène des cuves agencées selon ses codes. En 2015 est ainsi inaugurée la plus grande réalisation de Takashi Amano à l'Oceanário de Lisbonne, un bac de quarante mètres de longueur pour seulement un mètre et demi de hauteur, offrant au visiteur un véritable panorama sur différents biotopes. Cette vogue répond sans doute à plusieurs facteurs. Les cultures extrême-orientales suscitent depuis le XIXe siècle un fort engouement chez les Européens, un attrait que les dernières décennies, avec la pensée *New Age*, n'ont vu que décupler. Les projets d'Amano, en particulier le système de l'« Aquarium Naturel », entrent également en résonance avec les nouvelles sensibilités écologiques. L'analogie formelle entre l'aquascape et le goût pittoresque moderne reste cependant frappante.

La récurrence d'arbres en réduction dans les nouveaux paysages aquatiques est éloquente. Nombre d'aquariophiles s'inspirent en effet directement de l'art japonais du bonsaï, une technique de nanification des végétaux elle-même héritée, comme les *suiseki*, de la civilisation chinoise. Rolf A. Stein en observe les

19 René Louis de Girardin, *De la Composition des paysages ou des moyens d'embellir la nature autour des habitations, en joignant l'agréable et l'utile*, Seyssel, Champ Vallon, 1992, p. 21.

20 William Gilpin, *Trois essais sur le beau pittoresque*, Paris, Éditions du Moniteur, 1982.

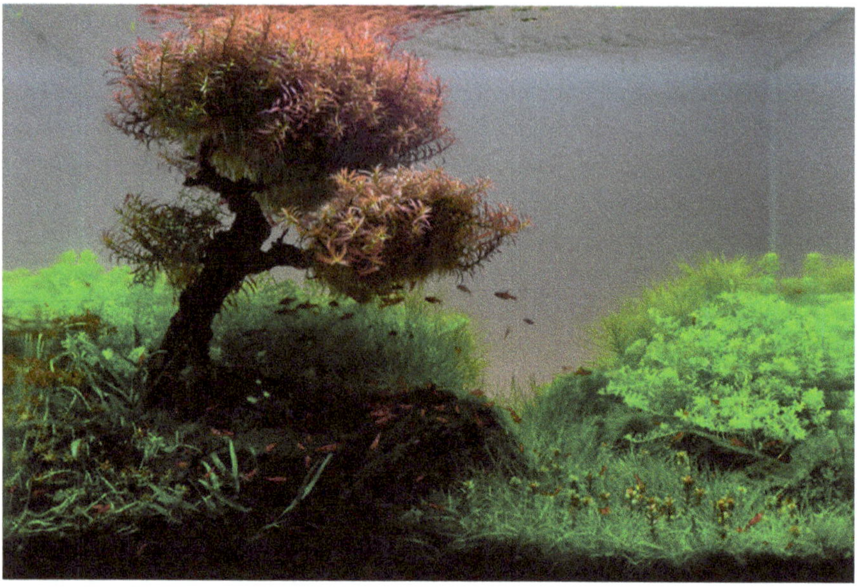

FIGURE 9.6 Georg Werner Just, *Whispering Winds*, 2012.
Aquarium 118 litres, 60 × 45 × 44 cm. Filtration Eheim 2224. Roches basaltiques et bois. Plantes : Ludwigia brevipes, Rotala indica, Eleocharis parvula, Micrantheum micranthemoides, Rotala mexicana 'goias', Cryptocoryne parva, Pogestemon erectus, Fissidens fontanus. Population : Boraras maculata, crevettes Crystal Red, crevettes Amano. © Georg Werner Just 2012.

premières traces sous la dynastie des Song (960-1276) mais cite en exemple un ouvrage plus tardif des Ming (1368-1644), le *K'ao-pan yu-che* de T'ou Long.

> Parmi les (arbres) les plus vieux et élégants sont par exemple les pins de T'ien-Mou dont la hauteur atteint (tout juste) un pied, dont le tronc est gros comme un avant-bras, les aiguilles courtes comme des pointes de flèches et qui se nouent dans un mouvement (qu'on dirait emprunté) à Ma Yuan, incliné et tortueux. [...] Parlons encore des pruniers des roches [...] du Foukien qui sont une essence naturelle extraordinaire. Les branches partent de la racine prise dans la roche, ou la racine elle-même émerge tordue ; courbée en haut, inclinée en arrière, elle a de l'allure ; plein de fleurs, épanouissant son feuillage, (cet arbre) dure plusieurs générations sans périr ; vert et frais, la peau crevassée comme des écailles de poissons, il est plein de fleurs. Sur son corps la mousse pend comme une barbe, longue parfois de plusieurs pouces[21].

21 Rolf A. Stein, *op. cit.* p. 38-39.

L'aspect noueux et vieilli des arbres nains souligne leur grand âge et les pouvoirs magiques que leur prête la tradition chinoise, tout comme il répond au goût pittoresque de William Gilpin. De tels arbres sont caractéristiques des séjours d'immortels, naturels ou figurés dans les jardins, lorsque certains sont l'objet de vénération intense. La torsion artificielle de la nanification n'a d'autre but que de ralentir la circulation de la sève, l'énergie vitale, afin de prolonger la vie du végétal. Si certains aquariophiles conçoivent des paludariums[22] intégrant des bonsaïs, les arbres nains des paysages immergés ne sont que des simulacres. La plupart du temps, il s'agit tout simplement de bois nu enrobé de mousses. Rappelant la légende de la déesse Thiên-y A-na associée à l'essence du bois d'aigle[23], la rugosité des troncs se retrouve par contre dans l'utilisation de bois flotté, généralement des racines ou des souches d'arbres demeurées longtemps dans l'eau.

Jardins miniatures hétéroclites, entre traditions orientale et occidentale, les nouveaux aquascapes ne s'éloignent que très peu de leurs prédécesseurs du XIXe siècle. Tout comme les aquariophiles d'aujourd'hui, les premiers amateurs d'aquarium rejetaient tout décor irréaliste dans une ambition à la fois naturaliste et esthétique. Les gravures de l'époque montrent des compositions centrées sur des rochers agrémentés d'une végétation luxuriante. Par un souci avant tout technique, ne serait-ce que pour le nettoyage interne des vitres et du bac, les pierres étaient déjà disposées au milieu de la cuve. La disposition de ces éléments faisait alors l'objet d'une certaine réflexion, voire, à en juger par les similitudes entre différentes gravures, d'une codification. Philip Henry Gosse, vulgarisateur majeur de l'aquarium, écrit par exemple dans un manuel de 1855 :

> Des masses de roches, de dimensions adaptées à l'aquarium, doivent être installées de manière à fournir des abris et une protection aux animaux de même que de l'obscurité. Pour ce faire, à l'image d'une table ou d'un cromlech, une pierre peut être posée à plat sur deux ou trois blocs verticaux ; deux grands rocs peuvent également être penchés l'un contre l'autre pour former une arche grossière ; – quel que soit l'arrangement choisi, une attention doit être portée à la stabilité de l'assemblage. Le

22 Un paludarium est un aquarium constitué d'une zone aquatique et d'une zone palustre. Prolongeant le décor au-delà de la surface de l'eau, ce type de dispositif est agrémenté d'une végétation aérienne plongeant ses racines dans le substrat aqueux. Un aquaterrarium se distingue par une zone supplémentaire terrestre où évoluent généralement des reptiles ou des amphibiens.

23 Rolf A. Stein, *op. cit.* p. 89-92.

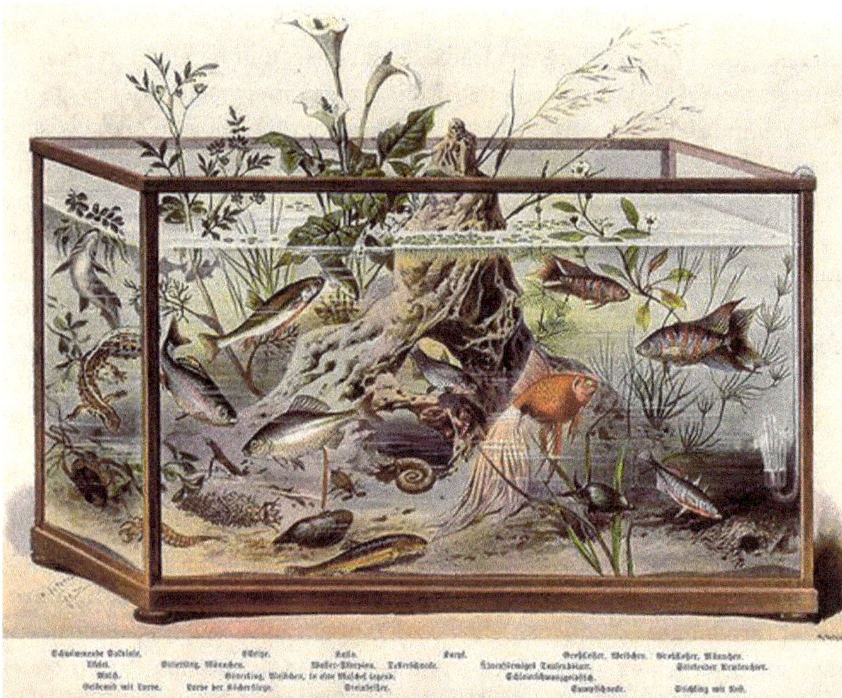

FIGURE 9.7 Exemple d'aquarium de salon, Arnold Friedrich, *Der Jugend Heimgarten*, Verl. Jugendhort, Berlin, 1899.

> type de roche importe peu, – calcaire, grès, granit ou conglomérat – mais plus les blocs seront rugueux, plus ils présenteront d'aspérités et de cavités et plus beau sera l'effet produit[24].

Si le choix des pierres est à présent plus strict, les roches calcaires étant généralement déconseillées car trop acidifiantes, l'apparence pittoresque des bacs du XIXe siècle ne diffère pas des paysages aquatiques récents. Alors que la nature était jugée selon les normes du tableau, la photographie ne fait que remplacer la peinture. Les premiers aquariums de Takashi Amano résultent ainsi de sa pratique de photographe animalier quand l'aménagement de ses cuves est constamment pensé selon un appareil de prise de vue. Cette proximité entre aquariums modernes et contemporains n'est pas exclusivement visuelle.

24 Philip Henry Gosse, *A handbook to the marine aquarium : containing practical instructions for constructing, stocking and maintaining a tank, and for collecting plants and animals*, Londres, Van Voorst, 1855, p. 12-13.

En tant que dispositif d'exposition de spécimens animaux et végétaux, le statut même de l'aquarium à l'égard de la nature semble persister.

Lorsque Robert Warrington met au point son invention, la plongée est réservée à un petit nombre de professionnels. Sauf exception, telle l'incursion en scaphandre du biologiste Henri Milne Edwards près des côtes de Sicile en 1844, les savants se cantonnent essentiellement jusqu'à la moitié du XXe siècle à la pêche et à la drague pour appréhender le monde aquatique[25]. Philip Henry Gosse lui-même se moque ouvertement d'Edwards, proclamant que l'aquarium produit une vision parfaitement identique à celle que permet la plongée, mais avec le grand avantage du confort domestique[26]. Précédant l'observation directe du milieu naturel, l'aquarium du XIXe siècle est une modélisation, une hypothèse scientifique née de la découverte de la photosynthèse.

Devant les progrès de l'exploration subaquatique, les aquariums contemporains devraient témoigner d'une évolution ou, du moins, mettre en œuvre des processus observés dans la nature. Or, paradoxalement, les milieux naturels d'eau douce restent assez méconnus. Depuis le XIXe siècle, les scientifiques se sont en effet avant tout concentrés sur les mers et océans, si bien que l'étude des lacs et rivières semble devenir l'apanage de quelques chercheurs ou amateurs chevronnés, le plus souvent eux-mêmes aquariophiles. Comme Emily Voigt en fait l'expérience dans son enquête sur l'arowana, accompagnant un aventurier allemand du nom de Heiko Bleher, les expéditions menées par ces passionnés ne répondent pas aux protocoles scientifiques[27]. Le plus souvent rapides car menés sans subvention, ces voyages ne permettent pas d'acquérir une connaissance satisfaisante des écosystèmes visités. Lorsqu'ils découvrent une nouvelle espèce, ces amateurs ne prennent pas le temps d'analyser son environnement naturel. Peu de personnes connaissent ainsi l'existence du petit ruisseau hongkongais dont provient pourtant la crevette abeille, pourtant si populaire en aquascaping, si bien que son biotope est inconnu[28]. L'incertitude est également de mise à l'égard de certaines plantes dont l'origine est ignorée. Ce n'est par exemple qu'après avoir réalisé un bac planté d'une certaine espèce d'anubia que Takashi Amano part en Afrique de l'Ouest pour l'observer dans son environnement lacustre. Ce voyage n'a d'autre but que celui de vérifier l'hypothèse émise dans son aquarium.

La présence de plantes n'est pas exigée pour la maintenance d'une communauté d'organismes aquatiques. Comme l'explique l'aquariologue Graig

25 Armand de Quatrefages, *Souvenirs d'un naturaliste*, Paris, Victor Masson, 1854.

26 Bernd Brunner, *The Ocean at Home*, Londres, Reaktion Books, 2011, p. 41.

27 Emily Voigt, *The Dragon Behind the Glass*, New York, Scribner, 2016.

28 Kai Alexander Quante, *Nano-aquariums*, Paris, Ulmer, 2012, p. 65.

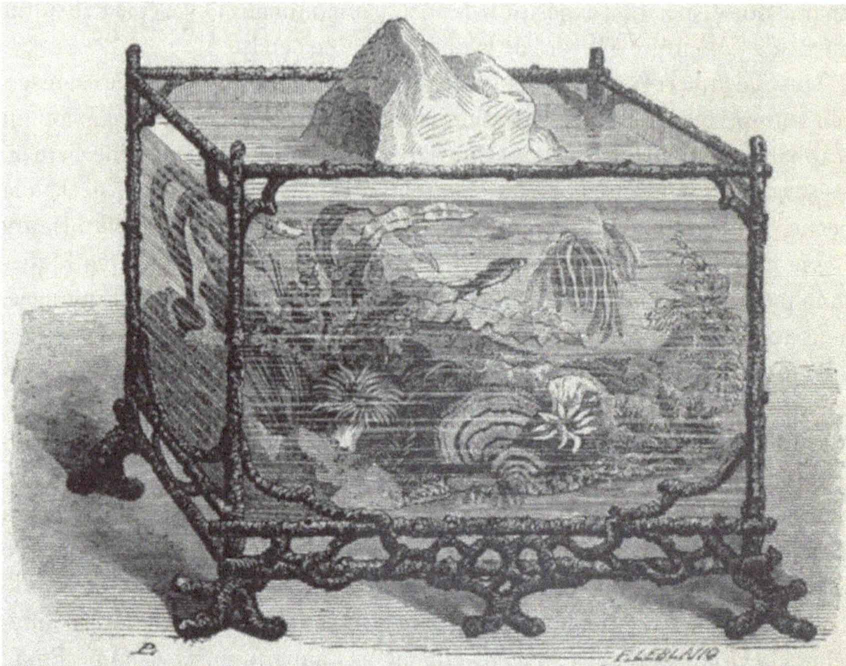

FIGURE 9.8 Aquarium de salon. Charles-Auguste Millet, *Le grand aquarium*, Paris, 21 boulevard Montmartre, 1866.

Phillips, en charge des collections vivantes du Seaquarium de Miami, le succès de l'aquarium au XIXe siècle ne repose pas sur la découverte de la photosynthèse, mais sur les progrès techniques de l'industrie du verre et la construction de cuves aux surfaces plus importantes[29]. L'oxygénation de l'eau s'opère naturellement par un brassage continu, ne serait-ce que produit par la nage du poisson, permettant un échange de gaz entre les milieux aériens et aqueux. Les plantes servent en revanche de filtres biologiques. Elles absorbent les déchets organiques émis par les animaux tout en leur prodiguant de la nourriture et des cachettes. Un changement d'eau régulier reste nécessaire. L'aquarium n'est jamais autonome.

Le système mis au point par Takashi Amano, et dont se réclament la plupart des aquascapers actuels, n'a de naturel que le nom. La croissance des plantes est accélérée par une diffusion importante de dioxyde de carbone et d'engrais mélangés au substrat. S'ils participent à l'équilibre du décor en se nourrissant d'algues et d'autres résidus indésirables, les quelques animaux, principalement

29 Graig Phillips, *op. cit.*, p. 32.

des crevettes et de petits poissons herbivores, ne sont que des figurants. Souvent élevés en captivité, ils présentent des couleurs plus vives et des comportements plus calmes que les spécimens sauvages. Comme dans un jardin japonais ou, à un moindre niveau, un jardin pittoresque, l'effet de naturel est le résultat d'un artifice extrêmement élaboré nécessitant un entretien intense de la part du propriétaire. L'aquascape n'est pas une imitation de la nature subaquatique. Il demeure un modèle de naturalité artificiel. À ce titre, il s'inscrit dans le registre de l'art et constitue, pour la recherche, un nouveau territoire à explorer.

CHAPITRE 10

Le végétal en miniature dans l'*Encyclopédie poétique et raisonnée des herbes* de Denise Le Dantec

Rachel Bouvet

Poète, romancière, philosophe et peintre, Denise Le Dantec s'est d'abord spécialisée dans l'histoire des jardins[1] avant de joindre science et poésie dans des ouvrages inclassables, comme le *Journal des roses*[2], *L'Homme et les herbes*[3], et celui qui nous intéresse ici, l'*Encyclopédie poétique et raisonnée des herbes*[4]. De quelle manière s'effectue la miniaturisation du végétal ? Sur le plan visuel, l'examen des dessins et photographies montre que la plante se soumet à l'échelle du livre. Alors que l'herbier scientifique, en conservant la plante séchée, respecte ses dimensions originales, les schématisations et reproductions picturales jouent avec les échelles ; les images s'inscrivent dans la tradition du « livre des simples », dans lequel la plante est réduite aux dimensions de la page. L'encyclopédie de Le Dantec intègre les données scientifiques tout en les faisant dialoguer avec la littérature et les arts. La division du livre obéit à des critères rigoureux (1. formations herbacées; 2. statut scientifique, 3. herbes alimentaires). Les exposés botaniques sont suivis de poèmes ou de citations provenant de récits et de romans ou encore de souvenirs, de découvertes faites par l'auteure lors de ses pérégrinations à travers les herbes. Le végétal en miniature, autrement dit, « ouvre un monde »[5], comme l'écrit Bachelard, dans la mesure où la connaissance pointue des caractéristiques propres à chaque plante joue un rôle déterminant dans le regard porté sur le monde. Les processus d'écriture et de lecture reposent sur la sensibilité à l'infiniment petit et tentent de saisir au plus près ce qui fait la beauté et la singularité de chaque plante

1 Denise et Jean-Pierre Le Dantec, *Le Roman des jardins de France*, Paris, Bartillat, 1998.

2 Denise Le Dantec, *Le Journal des roses*, Paris, Bartillat, 2002.

3 Denise Le Dantec, *L'Homme et les herbes*, Rennes, Éditions Apogée, 2010.

4 Denise Le Dantec, *Encyclopédie poétique et raisonnée des herbes*, Paris, Bartillat, 2000. Désormais, afin d'alléger le texte, les références à cet ouvrage seront indiquées à l'aide de l'abréviation *E* entre parenthèses suivie du folio.

5 Gaston Bachelard, *La Poétique de l'espace*, Paris, PUF, 1957, p. 146.

 | DOI 10.1163/9789004366206_011

observée, ce qui inscrit d'emblée la réflexion au croisement de la géopoétique et de l'écocritique.

Taille, nombre, échelle

À la manière d'Olivier Rey, qui considère que « les questions de taille, d'échelle, sont devenues une tache aveugle de la réflexion philosophique moderne et contemporaine »[6], rappelons pour commencer la taille de l'objet qui nous intéresse, à savoir l'herbe. Celle-ci est une plante de petite taille, qui se distingue des arbustes, arbres et arbrisseaux. Selon l'écologie, la première strate est la strate muscinée, regroupant les mousses, lichens, champignons, algues, protozaires, etc.; elle ne dépasse pas 20 cm; la seconde, la strate herbacée, peut atteindre jusqu'à un mètre, mais certains biologistes considèrent que les bourgeons des plantes herbacées se situent généralement à moins de 25 cm du sol en général (sauf exceptions).

Si l'on veut observer la relation entre l'être humain et l'herbe, il importe donc de souligner la différence de taille : les petits de l'homme ne tardent pas à dépasser les herbes qui les environnent, surtout à partir du moment où ils adoptent la posture verticale qui sera la leur durant toute leur vie, où ils découvrent le plaisir de marcher dans l'herbe. Généralement vu de manière surplombante, à partir d'une hauteur de plus d'un mètre, l'objet n'est pas perçu de manière détaillée, mais de façon assez grossière ; la distance fait en sorte de rendre les propriétés de la plante difficiles à discerner. Certes, les expériences de l'enfance – comme se rouler dans l'herbe, chercher un trèfle à quatre feuilles ou effeuiller des marguerites – donnent l'occasion de la voir de près, mais en vieillissant la tendance générale est de prendre de la distance, d'oublier cette proximité avec le végétal, à moins de développer une passion pour les plantes, en tant que botaniste, biologiste, jardinier ou simple amateur. C'est aussi pour des questions de taille que l'on ne saurait confondre l'imaginaire de l'herbe et celui de l'arbre, qui se caractérise à l'inverse par sa grandeur. Comme le souligne Rey, la taille est toujours relative :

> Dans un cosmos, les dimensions d'un objet font partie de son être et participent à son ajointement au tout. Certes, les mesures auxquelles on procède sont toujours, nécessairement, relatives : on compare la taille d'un objet à celle d'un autre, éventuellement pris comme référence ou unité de mesure. Il n'en demeure pas moins que la taille de chaque entité,

---

6 Olivier Rey, *Une question de taille*, Paris, Stock, 2014, p. 170.

> indépendamment de l'unité dans laquelle on l'évalue, possède également, de par l'insertion de cette entité dans le cosmos, un sens absolu.[7]

La taille naturelle absolue de l'herbe se situe entre 25 cm et 1 m. Quant au nombre, il importe en premier lieu de remarquer, ainsi que le fait Denise Le Dantec dès le début de son ouvrage, avant même l'introduction, que

> ***L'herbe est innombrable*** :
> nul ne saurait la dénombrer.
> Voyez cette parcelle ensauvagée dans les jardins gouvernés par les hommes. Et même dans ces jardins, distinguez les herbes qui y croissent… Impossible. La vue est aveuglée par un tel aléatoire.
> L'imaginaire y supplée avec difficulté.
> Bientôt ce sera l'aveuglement complet.
> L'herbe est innombrable :
> elle se déploie seule et pour elle-même. (*E*, « Reconnaissances aux herbes », s. p., l'auteure souligne)

Ce qualificatif, *innombrable*, mérite d'être signalé, car il a tendance à s'évanouir dès que l'exercice d'identification entre en jeu, voulant que chacune des espèces soit définie et illustrée au moyen de dessins, de photos ou d'une herbe que l'on aura fait sécher au préalable. La première tâche du botaniste consiste à isoler une plante dans un ensemble, à faire intervenir du nombre là où l'innombrable est loi. Les herbiers ne contiennent que quelques spécimens bien choisis, les livres quant à eux limitent les illustrations à un seul dessin ou une seule photographie par plante.

Justement, observons les images utilisées dans ce livre, leur taille et leur échelle. Question de taille : le livre mesure 19 cm × 13 cm environ, son épaisseur est de 3, 5 cm ; il compte 821 pages, d'un papier assez épais, il est donc assez lourd. L'éditeur mentionne que la recherche iconographique a été faite par Jeanne-Françoise Roche et la conception graphique par Laurence Maillet. Très riche sur le plan visuel, l'ouvrage multiplie les échelles, nous fait « voir » les plantes sous tous les angles. Pour les besoins de l'analyse, je propose de classer les images en cinq grandes catégories :

1. Peintures et gravures : l'œuvre de l'artiste allemand Christopher Switzer orne le frontispice de *Paradisi in sole*, l'ouvrage du botaniste John Parkinson publié en 1629. Ce qui est intéressant dans cette image, c'est que les

7 *Ibid.*, p. 154.

plantes sont dans l'ensemble plus grandes qu'Adam et Ève ; les fleurs notamment dépassent la taille des êtres humains. Doit-on en conclure qu'au paradis, la plante est à la mesure de l'homme ? ou l'homme à la mesure de la plante ? C'est la seule image ancienne. Les peintures reproduites dans l'ouvrage proviennent de Paul Klee, de Claude Monet, d'Albrecht Dürer, de Judith Wolfe, de Jean Dubuffet, de Gaston Chaissac, d'Hubert Robert, de Corot, il y aussi une eau forte d'Anne Walker, etc. Si l'on examine par exemple le célèbre *Bassin des nymphéas* de Monet, qui donne lieu à une description poétique, on constate que chaque nymphéa n'occupe que quelques millimètres alors que sur la toile cette grandeur est multipliée par 10 ; en réalité, les pétales de nymphéa font une dizaine de centimètres.

2. Photographies : ou bien l'échelle est à peu près celle de la plante, ou alors il s'agit de vues d'ensemble, où les herbes sont « innombrables » comme dans le cas des oyats, des herbes du littoral.
3. Planches d'herbier : c'est une planche provenant de l'herbier de Jean-Jacques Rousseau qui ouvre la section consacrée aux herbiers et qui présente en détail plusieurs herbiers et herboristes, ainsi que les méthodes associées à cette pratique. L'herbier a ceci de particulier que la taille de la plante est conservée ; pas de miniaturisation dans ce cas, c'est le format du support qui doit s'adapter à la taille des plantes ; les jardins botaniques ou les muséums d'histoire naturelle contiennent de gigantesques herbiers, où les spécimens séchés sont classés dans des tiroirs aux tailles les plus diverses[8] ; cela dit, une fois que l'on reproduit une planche d'herbier pour un livre, une réduction s'opère, dans laquelle la taille est au moins divisée par 10 (aucune échelle n'est donnée dans le livre).
4. Planches botaniques : même si le terme d'herbier peut désigner une collection de dessins, il est préférable d'utiliser le terme de « planche botanique » pour différencier la plante séchée, qui conserve sa taille une fois fixée sur papier, et la plante dessinée, où s'opère soit une miniaturisation soit un agrandissement, selon la taille originelle de la plante. Plusieurs reproductions de dessins ou de peintures sont issues de livres de botanique, des « livres de simples », comme on avait coutume de les nommer.
5. Dessins, graphisme floral : la plante se mêle aux mots, elle devient ornement ; stylisée, elle participe à la confection du livre. Parfois le dessin sert à séparer des sections, des chapitres ; d'autres fois, le dessin stylisé

8 Voir à ce sujet le livre de Lucile Allorge *La fabuleuse odyssée des plantes : les botanistes voyageurs, les jardins des plantes, les herbiers*, Paris, J.-C. Lattès, 2003.

accompagne le texte, comme dans le cas des herbes ménagères, où une ancienne recette, la « fricassée latine » montre l'importance des herbes depuis le Moyen Âge ; une page du *Livre des simples*, conservé à la BNF, accompagne la recette ; le dessin peut aussi dans certains cas servir de dispositif cognitif, dans la mesure où il permet d'identifier visuellement une plante. Généralement, les vignettes sont minuscules, elles mesurent 4-5 cm tout au plus.

Le constat qui résulte de ce bref tour d'horizon est que les échelles sont très diversifiées. C'est le format du livre, et non pas la mesure humaine, qui impose sa taille. Comme le rappelle Olivier Rey en citant D'Arcy Thompson,

> l'effet de l'échelle ne dépend pas d'un objet en lui-même, mais de sa relation avec tout l'environnement, le milieu ; cet effet est conforme à la place de l'objet dans la nature, à son champ d'action et de réaction dans l'Univers. Tout le fonctionnement de la nature est parfaitement ajusté, et la taille de chaque objet est précisément adaptée à ce fonctionnement[9].

Pour le cas qui nous intéresse, l'empan n'est pas très large, il mesure entre 4 et 19 cm. La pratique la plus courante est de diminuer la taille puisque l'on cherche le plus souvent à donner l'image complète de la plante, pas un fragment, sauf exceptions. Du reste, le lecteur est habitué à de telles distorsions, il accommode spontanément son œil à la disposition du végétal sur le papier et applique les correctifs nécessaires. Il met en œuvre autrement dit ses facultés d'agrandissement et sa prédisposition à rêver à partir du minuscule.

La tension entre le minuscule et l'immense

Après avoir au cours des quinze dernières années étudié successivement l'imaginaire du désert, puis celui de la mer pour en arriver à celui de la forêt, après avoir traqué mes paysages de prédilection à travers la littérature, j'ai fini par élaborer une géopoétique de l'immensité. *La Poétique de l'espace* de Bachelard a été une grande source d'inspiration, mais c'est la notion d'immensité intime qui a été privilégiée ; au sujet des espaces restreints, me restaient surtout en mémoire les observations bachelardiennes concernant la figure de la maison, les petits objets trouvant place dans les tiroirs et les armoires, les maisons de substitution se retrouvant dans la figure du nid ou de la coquille, etc. ;

9 D'Arcy Thompson, *Forme et croissance*, p. 45 ; cité dans O. Rey, *op. cit.*, p. 169.

autrement dit, l'espace réduit se trouvait associé à l'espace clos de la maison. Ce n'est qu'en relisant le chapitre sur la miniature que j'ai réalisé l'oubli de cet autre versant de sa réflexion sur l'espace concernant la tension entre l'immensément petit et l'immensément grand : « le minuscule et l'immense sont consonants. Le poète est toujours prêt à lire le grand dans le petit. »[10] Peut-être parce que le contraire ne se vérifie pas, parce que l'écrivain ne lit pas le petit dans le grand, parce que l'immense échappe par définition à toute tentative de réduction ? Il se trouve qu'après avoir examiné le sable et les roches désertiques – le minéral, en somme – puis le registre aquatique avec l'imaginaire de l'océan, c'est la composante végétale du rapport à la terre qui a retenu mon attention. Quelle n'a pas été ma surprise en réalisant que l'un des exemples de Bachelard dans son chapitre sur « La miniature » est la rêverie d'un botaniste au sujet de la fleur du stachys d'Allemagne ! Il relève aussi l'adresse au lecteur dans l'article « Pervenche » du *Dictionnaire de botanique chrétienne* : « Lecteur, étudiez la Pervenche en détail, vous verrez combien le détail grandit les objets »[11]. Il est parfois nécessaire de se doter d'une loupe pour mieux voir la plante ; l'effet physique du grossissement est d'agrandir l'objet, mais il s'accompagne d'un autre effet, dans la mesure où il nous donne l'illusion du rapprochement avec l'objet ; cette vision amplifiée nous permet de saisir au plus près les frémissements de la vie : « par l'adhésion aux forces miniaturisées, le monde végétal est grand dans le petit, vif dans la douceur, tout vivant dans son acte vert »[12]. C'est la perception de la plante qui se trouve ici rappelée, et non sa miniaturisation dans les livres des simples. Comme l'écrit le philosophe,

> L'homme à la loupe barre – bien simplement – le monde familier. Il est regard frais devant objet neuf. La loupe du botaniste, c'est l'enfance retrouvée. Elle redonne au botaniste le regard agrandissant de l'enfant. [...] Ainsi le minuscule, porte étroite s'il en est, ouvre un monde. [...] La miniature est un des gîtes de la grandeur.[13]

Si l'homme à la loupe peut « barrer » d'un geste le monde de l'habitude, c'est parce que son regard fait advenir une perception plus fine de la plante, dont l'étrangeté se manifeste avec vigueur. La rêverie du minuscule prend appui sur cette perception décalée, faisant intervenir un autre angle de découverte des choses, qui transforme artificiellement la taille des objets. Cela dit, la loupe

10 Bachelard, *La Poétique de l'espace, op. cit.*, p. 159.

11 Cité par Bachelard, p. 145.

12 *Ibid.*, p. 152.

13 *Ibid.*, p. 146.

n'est pas toujours nécessaire, ce qui l'est, c'est l'attention accrue – du botaniste ou du lecteur : « L'attention à elle seule est un verre grossissant. »[14] Ainsi que l'explique Bachelard dans « Le monde comme caprice et miniature »[15], il est nécessaire d'étudier l'accommodation de l'œil lorsqu'il est confronté à un objet de petite taille, la manière dont l'attention transforme la perception visuelle. Doit-on en conclure pour autant que la vision est le seul sens sollicité dans cette expérience du réel ? Il faudrait sans doute évoquer le sens du toucher : si l'on n'est pas dans un laboratoire avec les feuilles étalées sur une table mais en pleine nature, ne se baisse-t-on pas pour se mettre au niveau de la plante, pour cueillir une fleur, ramasser une feuille et l'approcher des yeux? Ne se met-on pas à genoux, parfois, prenant contact avec le sol pour observer l'herbe de plus près ? Ces mouvements, en plus des odeurs recueillies lors du glanage, et du goût que peut avoir un brin d'herbe quand on le mordille, donnent plus d'ampleur encore à l'expérience sensorielle. Ces différentes approches de la plante se trouvent sollicitées à partir du moment où l'on cherche à « écrire » au lieu de représenter seulement de manière visuelle la miniature, à partir du moment où la femme à la loupe est aussi munie d'un crayon. L'œil de la botaniste décèle les plus infimes détails de l'herbe, sa main transcrit les synesthésies pour traduire l'expérience du réel, source renouvelée d'étonnement et de fascination, pour créer des *paysages* et conduire le lecteur à travers des promenades « éclairées »:

> En même temps donc que cette description générale naturaliste, nous avons inscrit des textes littéraires écrits par divers auteurs, y compris par nous, afin qu'à la rhétorique scientifique se mêle un peu de rhétorique fabuleuse.
>
> Donner ces descriptions est une façon de « donner à voir » et aussi à sentir et à odorer cette part du monde trop souvent réduite à un fond vert indifférencié sur lequel évoluent hommes et animaux.
>
> La botanique est occasion de se mouvoir dans le monde, yeux et esprit ouverts, formatrice de *paysages* autant que promenade « éclairée ». (*E*, p. 59, l'auteure souligne)

L'écriture a ceci d'intéressant qu'en elle peuvent se côtoyer différents types de textes : le même medium permet d'inscrire le savoir scientifique, le poème, l'*ekphrasis* – ou description d'œuvres d'art –, etc. Une même configuration se

---

14 *Ibid.*, p. 148.

15 Gaston Bachelard, « Le monde comme caprice et miniature », *Études*, Paris, Librairie philosophie J. Vrin, 1970, p. 25-44.

répète d'un chapitre à l'autre : après des pages consacrées aux caractéristiques physiques de telle ou telle formation herbacée, des citations sont données, qui proviennent de divers auteurs. Par exemple, à la fin du chapitre sur les herbes du littoral, on peut lire une citation extraite de *Fort-Cigogne*, de Jean-Pierre Abraham, une autre du *Rivage des Syrtes*, de Julien Gracq, et un ensemble de fragments, signés D.L.D, écrits au je, présentés en italique et relatant des séances d'herborisation, dont l'une à l'Île Grande, dans les Côtes d'Armor :

> **Pors Mabo, Trébeurden, 28 août 16h**
> *Je constate que la colonisation opérée par la Spartina anglica se développe jusque sur l'estran rocheux.*
> *Découvert en 1970, je connais bien ce lieu depuis l'été 1976. J'y ai séjourné à plusieurs reprises, en particulier au mois d'avril 1978.*
> *Il faisait très beau. Un rouge-gorge descendu de la falaise champêtre avait pris l'habitude de faire quelques pas sur la plage, comme s'il nous suivait.*
> *En remontant, je photographie une glycine abandonnée sur la claustra d'une ancienne buvette dont un panneau annonce la démolition.*
> *Glycine, claustra, dallage, vue sur la mer : cela évoque un paysage japonais prêt à disparaître.* (E, p. 80, l'auteure souligne)

Ici, la date est précisée, comme dans une entrée de journal, mais ce n'est pas toujours le cas, à l'inverse du lieu, toujours mentionné quant à lui, parce que beaucoup plus déterminant. D'une grande précision sur le plan botanique, contenant parfois de longues listes de noms de plantes, ces extraits de carnets de la botaniste laissent aussi place à la sensibilité, à l'émotion, à la réflexion. Comme le mentionne Erwan Rougé suite à une entrevue avec l'auteure, « [l]e petit, l'ordinaire, sont pour elle aussi importants que la rose qui s'élève. »[16] Ici, la prolifération d'une espèce révèle le passage du temps et la manière dont le paysage s'est transformé. Déclenchée par l'observation des plantes sur l'estran rocheux, l'écriture remonte le temps, éveille des souvenirs, comme celui du rouge-gorge, l'œil capte la présence d'une glycine ayant pris possession des ruines d'une ancienne buvette, et le filtre esthétique s'interpose pour créer un parallèle avec la tradition japonaise du paysage ; à l'aide de ces quelques touches, une image du littoral surgit pour s'effacer presque aussitôt, suscitant dans l'esprit du lecteur de furtives impressions végétales. À mi-chemin entre le journal et le récit de flânerie, dans lequel les infimes découvertes du quotidien

16 Erwan Rougé, « Rencontre. La joie de la poète, peintre et écrivain Denise Le Dantec », *Ar Men*, nº 206, mai-juin 2015, p. 42.

sous-tendent l'écriture, les fragments font voyager le lecteur d'une région à une autre, comme le montrent bien les titres donnés aux sections : « Herborisation à Île à Canton », « Herborisation à Île Grande, à Île Losket – Côtes d'Armor », « Voyage dans le Zuyderzee » (Hollande), « À propos d'un bouquet d'herbes littorales ». Pour clore cette section, un texte adossé à une photographie de Georges Dussaud intitulée « Meelaragh, Coldonegal (Irlande, 1992) » nous fait voir l'image d'une manière singulière, on pourrait même dire qu'elle nous fait « sentir » le paysage : « On sent l'odeur du sel – des herbes. » est-il écrit à la page 84.

C'est dans le deuxième chapitre, consacré au statut scientifique, qu'intervient la mémoire des herborisations en compagnie de ses parents :

> *Ici c'était la feuille sessile de la bourrache, là la feuille à oreillettes du laiteron, la feuille sagittée de l'oseille sauvage, la feuille stipulée de la dernière violette trouvée dans une broussaille de fougères que le soleil avait déjà séchée…*
>
> *Je lisais* La Petite Flore Bonnier *comme d'autres lisent la Bible.*
>
> *Parfois passant la main sur l'herbe, j'en sentais les poils villeux, tomenteux, hispides, laineux…*
>
> […] *Déjà, ma mère avait disposé sur la feuille du papier le calice, la corolle, les étamines et pistillode du Compagnon blanc, écrivant de sa belle écriture d'institutrice les symboles graphiques de la formule florale :* ***S****, sépales,* ***P****, pétales,* ***E****, étamines,* ***C****, carpelles.*
>
> […] *La nuit, allongée dans mon lit, avant de m'endormir, je rêvais d'autres herbes, d'autres feuilles, d'autres fleurs à découvrir.* […] *Je m'aventurais au plus obscur par les essarts nocturnes où, rêveuse obstinée du réel,* il y a des idées qui rêvent. (*E*, p. 350-351, l'auteure souligne).

Cet extrait montre bien comment la science s'allie à la poésie, comment la découverte passionnée des plantes occasionne des rêveries, et l'on comprend mieux le choix de la forme encyclopédique par celle qui est restée une « rêveuse obstinée du réel ».

Un rapport sensible et intelligent

Dans son « Avis au lecteur », Denise Le Dantec explique sa démarche :

> […] toutes les herbes, que je désigne par herbe innombrable, me sont herbes de rêve.

> Et pourtant, la science... Il y a longtemps que, m'accordant à ce qu'écrit Lévi-Strauss, j'ai adossé ma bibliothèque à un jardin, ce jardin à une campagne, et cette campagne à un jardin de sciences. Jamais la science ne m'est apparue discordante d'avec la poésie. (*E*, « Avis au lecteur », s. p.)

La science, avec ses catégories, ses concepts, ses méthodes systématiques, ses instruments grossissants, augmente les possibilités, multiplie les dimensions du réel. Lévi-Strauss, qui fait ici office de guide, note en effet dans *La Pensée sauvage* que « la prolifération conceptuelle correspond à une attention plus soutenue envers les propriétés du réel, à un intérêt mieux en éveil pour les distinctions qu'on peut y introduire. »[17] En même temps, ces distinctions conceptuelles n'empêchent pas la sensibilité de se manifester. De cette façon, l'auteure évite de « perdre l'univers sensible », ce qui peut se produire de deux façons selon Bachelard :

> Il y a donc deux manières de perdre l'univers sensible : ou bien ma rêverie objective s'évaporera tout entière en me laissant glisser dans le rêve proprement dit ; ou bien ma rêverie objective se condensera en représentations, et l'univers sensible s'éparpillera en une pluralité d'objets en même temps que mon âme se dépensera en une pluralité de caprices.[18]

L'ouvrage de Denise Le Dantec met en place une tension entre la sensibilité et l'intelligibilité dans la mesure où les aspects scientifiques côtoient les herborisations et les rêveries occasionnées par la rencontre avec les plantes. Alliant objectivité et subjectivité, cette démarche s'inspire davantage de la tradition médiévale que des principes actuels gouvernant les disciplines scientifiques :

> Je n'ai pas craint de mêler à des textes scientifiques des textes littéraires poétiques ou encore journalistiques. J'ai procédé en ce sens à la façon des lettrés de la fin du Moyen Âge qui mettaient dans les ouvrages qu'ils faisaient tout ce qu'ils connaissaient de l'objet auquel leur esprit s'appliquait. (*E*, « De la méthode », s. p.)

En effet, comme le rappelle Emanuele Coccia dans son essai sur *La Vie des plantes*, l'université a été fondée au Moyen Âge contre « l'idéal d'une culture globale, multidisciplinaire, encyclopédique (l'*enkyklos paideia* des An-

---

17 Claude Lévi-Strauss, *La Pensée sauvage*, Paris, Plon, 1962, p. 5.

18 Bachelard, « Le monde comme caprice et miniature », *Études*, *op. cit.*, p. 26-27.

ciens) »[19] et s'est peu à peu spécialisée en identifiant des disciplines : « Avec l'université, le sujet du savoir et de la pensée (le moi du cogito) est invité à faire coïncider sa subjectivité cognitive – son être intellectuel, sa *res cogitans* – avec les limites d'une discipline ou d'un objet.[20] »

L'encyclopédie poétique et raisonnée ne fait pas qu'intégrer les connaissances botaniques, elle est également ordonnée selon un modèle scientifique, elle propose une classification basée sur les formations végétales propres à certaines aires, elle répond à des exigences de rigueur[21]. Cela dit, la poésie n'est pas exclue, y compris dans la table des matières, ce que montrent à leur façon l'énumération dans l'intitulé « Herbes folles des bords de chemin, ruines, terrains vagues, prisons, camp, cimetières » ou encore l'image qui surgit de l'expression « Herbes citadines » ; ces titres suffisent à eux seuls pour susciter la rêverie. La classification n'obéit pas à la seule volonté d'ordonner le réel, elle ne vise pas à le soumettre à la raison ; le va-et-vient constant entre l'intelligible et le sensible fait qu'on glisse continuellement du scientifique au poétique, ce qui rend l'expérience de lecture particulièrement enrichissante. Un tel dispositif pourrait être interprété sous l'angle sémiotique, à partir de la théorie de Charles Sanders Peirce, qui, en plus de proposer une réflexion sur les catégories à partir de l'observation des phénomènes (la phanéroscopie), a mis au point une définition dynamique du signe, dans laquelle la notion d'interprétant occupe une place centrale[22]. Que dire en effet de ce dispositif mis au point par Le Dantec, sinon que chaque plante, intégrée dans une catégorie correspondant aux différentes formations herbacées, déclenche une sémiose dans laquelle s'enchaînent les interprétants les plus variés, faisant intervenir tout à tour les registres lexicologique, botanique, littéraire, artistique, médical, culinaire, etc. ? Chaque

19 Emanuele Coccia, *La Vie des plantes*, Paris, Éditions Rivages, 2016, p. 142.

20 *Ibid.*, p. 143.

21 Voici un aperçu de la manière dont le deuxième chapitre est divisé : 2. Statut scientifique : Introduction/ Descriptions/ Formes. Reproductions/ Compétition et symbiose/ Herborisations/ Noms/ Classifications/ Herbiers/ Herbicoles. Quant au troisième chapitre, consacré aux Herbes alimentaires, il s'appuie sur les distinctions suivantes : Herbes céréalières/ Herbes fourragères/ Herbes potagères/ Herbes aromatiques et condimentaires.

22 Charles Sanders Peirce, *Écrits sur le signe*, traduit par Gérard Deledalle, Paris, Seuil, 1978. Le signe peircéen est triadique, il se compose des trois éléments que sont le representamen, l'objet et l'interprétant : « Un signe, ou *representamen*, est quelque chose qui tient lieu pour quelqu'un de quelque chose sous quelque rapport ou à quelque titre. Il s'adresse à quelqu'un, c'est-à-dire crée dans l'esprit de cette personne un signe équivalent ou peut-être un signe plus développé. Ce signe qu'il crée, je l'appelle l'*interprétant* du premier signe. Ce signe tient lieu de quelque chose: de son *objet*. » (*Ibid.*, p. 121, l'auteur souligne.)

facette de la plante réelle est associée à un signe qui renvoie à un autre dans un mouvement incessant, ce qui a pour effet de composer une image complexe et colorée de l'objet tout en laissant ouverte la série, que chaque lecteur est appelé à poursuivre à l'aide de ses propres interprétants ou de ses propres herborisations. Pris dans un cercle interprétatif, le processus de lecture ne s'arrête pour ainsi dire jamais, ce qui n'est pas sans rappeler le principe de la sémiose illimitée.

On pourrait aussi comprendre cette manière de procéder à l'aune de la géopoétique, qui vise à développer le rapport sensible et intelligent à la terre en décloisonnant les disciplines. La contribution de Denise Le Dantec s'inscrit tout à fait dans ce champ qui allie recherche et création dans la mesure où elle offre un regard sensible et averti sur les plantes qui composent le paysage quotidien afin de renouveler le regard que l'on pose sur elles. On pourrait également y voir un enjeu écocritique, non seulement parce que c'est le rapport entre l'humain et le non-humain qui se trouve au cœur du livre, mais aussi parce que la dimension éthique y occupe une place non négligeable, comme on le constate à la lecture de ces lignes :

> La plante a nourri et soigné l'homme. Actuellement non seulement des espèces disparaissent mais la diversité diminue à l'intérieur des espèces.
>
> Écrire ce livre a aussi pour intention de témoigner du partenariat vital de l'Homme et de la plante.
>
> C'est en apprenant à voir en chaque herbe un individu original irremplaçable et porteur de vie que l'homme peut s'apprendre lui-même et comprendre qu'il en va là de la reconnaissance de sa propre vie. (*E*, « Considérations préliminaires », s. p.)

Il va de soi que le souci écologique est aussi présent en géopoétique, d'ailleurs ces deux mouvements possèdent à n'en pas douter de nombreux points communs. C'est peut-être notre rapport au monde que nous devons reconsidérer, ainsi que le suggère Emmanuel Coccia. Celui-ci propose ni plus ni moins de repenser la philosophie en adoptant l'échelle végétale, de se mettre au niveau des plantes, ces êtres de petite taille qui ont rendu la vie possible sur terre, pour réévaluer nos modes de connaissance :

> [...] au lieu de se nourrir toujours et exclusivement des idées et des vérités déjà sanctionnées par telle ou telle discipline dans son histoire (avec inclusion de la philosophie), au lieu de vouloir se construire à partir d'éléments cognitifs déjà structurés, ordonnés, dressés, [la connaissance du monde] devrait transformer en idée n'importe quelle matière, objet ou

événement, exactement comme les plantes sont capables de transformer en vie n'importe quel bout de terre, d'air et de lumière.[23]

---

23 *Ibid.*, p. 147.

PARTIE 5

Questions d'échelle en architecture

CHAPITRE 11

D'une montagne, l'autre. Pensées en forme de saxifrage

Nadja Maillard

> Gaigern [...] était collé contre la façade du Grand Hôtel, entre deux blocs de faux grès. Sa position n'était pas précisément confortable, mais elle lui faisait plaisir – elle le remplissait de la joie échauffée du chasseur, du combattant, de l'alpiniste. [...] Les blocs de faux grès du Grand Hôtel étaient une imitation des bossages du palais Pitti. Cela vous avait un aspect pompeux et, si cela ne s'effritait pas, tout allait bien. [...] [Il] s'élança dans le vide. L'air siffla à ses oreilles – et déjà il était suspendu aux barres du balcon, dont les arêtes vives lui coupaient les doigts. [...] Par les interstices, il mesura la distance et évalua les difficultés du retour. Il avait pris une corde avec lui. Il faudrait, tout à l'heure, s'attacher au balcon et rejoindre l'autre côté, par un balancement de pendule.
>
> VICKI BAUM, *Grand Hôtel*, 1929.

∴

De retraits en saillies

Même si son mode d'exposition doit beaucoup à la *desultoria scientia*, ce genre narratif qu'Apulée dans les *Métamorphoses* dit emprunter à la voltige équestre, c'est-à-dire qu'il procède par sauts, écarts et rebonds, le texte de cet article est aggloméré autour de quelques noyaux thématiques, tous liés aux questions d'échelle avec pour dénominateur commun la pierre, comme matière et comme symbole. Il est des œuvres qui, tels des microscopes, parviennent à faire d'un grain de sable une montagne par leur seul pouvoir d'évocation, tels sont celles, tous types confondus, auxquels je renvoie. Pour introduire ces quelques variations sur la *taille des choses* et la dialectique nature et artifice, je prends comme appui métaphorique le *Libro dell'Arte* (*Traité des arts*), témoignage détaillé des pratiques d'atelier en vigueur à la fin du Trecento, qui opère cet agrandissement de façon littérale. Son auteur, Cennino Cennini, y écrit en effet : « Si tu veux acquérir un bon style pour les montagnes et qu'elles paraissent naturelles, prends de grandes pierres ayant l'aspect de rochers et non

 | DOI 10.1163/9789004366206_012

polies ; et reproduis-les, d'après nature, en mettant des lumières et l'ombre, comme ton système te le permet. »[1] D'une montagne, l'autre.

La scène citée en exergue dans laquelle Vicki Baum décrit la progression de gecko du baron Gaigern le long du mur de l'hôtel où il projette de commettre un vol, serait digne de figurer dans une anthologie de récits d'alpinisme[2]. La façade du palace y est ainsi revisitée selon qu'elle facilite ou non l'avancement du monte-en-l'air ; c'est proprement l'*escalabilité* du bâtiment qui est en jeu : d'abord « les blocs de faux grès [...] imitation des bossages du palais Pitti » offrent une prise idéale, mais la partie en retrait où « la fantaisie de l'architecte s'en était tenue à une surface unie », où nulle tablette, corniche ou saillie ne permet de s'accrocher, exige de dangereuses acrobaties. Dans cet extrait, où le palace hôtelier et le *palazzo* retrouvent leur communauté étymologique, le fait de traiter une façade comme un mur de grimpe et la comparaison avec le palazzo Pitti de Florence comme paradigme du style à bossage (*bugnato* ou *a bozze* en italien), donnent prise à quelques réflexions sur différents modes de *réduction* de la montagne, diminuée en bâtiment ou taillée en portrait.

Durant la Renaissance, Florence connaît un essor constructif sans précédent ; entre 1350 et 1500, la construction est un phénomène qui touche l'ensemble de la ville et toutes les sphères de la société au point que, comme l'affirme un contemporain : « En bien des endroits de Florence, les gens à cette époque se piquaient de construction de telle sorte qu'il y avait pénurie de maîtres d'œuvre et de matériaux »[3]. Alors que le dôme de Brunelleschi vient couronner Santa Maria dei Fiori, que nombre d'églises, de couvents, de maisons de confréries sont transformés ou construits, les riches citoyens et les familles patriciennes participent à cette métamorphose urbaine en érigeant des *palazzi* clairement identifiables en termes stylistiques et fonctionnels. Nombre de ces palais résidentiels s'imposent par leur implantation, leur originalité compositive et leur monumentalité architectonique ; Dumas écrit du Medici Riccardi (commencé en 1445) : « À mesure que nous avancions, nous le voyions

---

1 « Se vuoi pigliare buona maniera di montagne, e che paino naturali, togli di pietre grandi che sieno scogliose e non polite ; e ritra'ne del naturale, dando i lumi e scuro, secondo che la ragione t' acconsente. » (Cennino Cennini, *Il libro dell'arte o Trattato della pittura*, Florence, Le Monnier, 1859, p. 61). Toutes les traductions sont de l'auteure.

2 Dans un épisode clef du *Mont analogue* (1944), René Daumal décrit, en alpiniste qu'il était, l'ascension d'un immeuble parisien. Lors du colloque sur la miniature à l'Université d'Artois (26-27.1.2017), Bruno Thibault, que je remercie ici, me signale un essai de Sylvain Tesson intitulé *Sur les vaisseaux de pierre* dans lequel il relate ses escalades de bâtiments historiques.

3 « In molti luoghi per Firenze. Erano gli uomini in questo tenpo atarentati al murare, per modo che c' era carestia di maestri e di materia. » (Luca Landucci, *Diario fiorentino dal 1450 al 1516*, Firenze, G. C. Sansoni, 1883, p. 59).

se développer à la fois dans toute son élégance et dans toute sa majesté. »[4] Leurs dimensions augmentées et le renforcement de leur visibilité, assuré par le traitement vigoureux des façades en *pietra forte*, fonctionnent comme expression immédiate du statut économique et social autant que des ambitions des maîtres de l'ouvrage. Pour nombre d'entre eux, l'originalité stylistique réside dans ces murs à bossage où le relief – certains blocs de la base peuvent forjeter de plus de 30 centimètres par rapport à l'aplomb théorique du mur – et la texture de la pierre varient du bas vers le haut, s'affinent au fur et mesure que l'on s'élève dans les étages, sans pour autant perdre de leur capacité expressive. À la maçonnerie naturaliste du rez-de-chaussée, où les pierres ont gardé les aspérités des roches brutes et semblent telles que dégrossies en carrière, succède, au *piano nobile*, un appareil plus calme et plus géométrique où les moellons à têtes dressées sont encore séparés par de profonds sillons ; à l'étage supérieur, le parement apprêté des pierres et les joints maigres forment une surface pratiquement lisse. Avec eux, l'architecture révèle clairement sa nature territoriale : du rocher nous passons à l'objet construit, à l'assemblage de volumes, pour aboutir à la ville dans une continuité où la pierre a valeur de manifeste. Non seulement le passage graduel du rugueux au poli signale une manière d'apprivoisement de la naturalité de la roche, le glissement de la nature vers la culture, mais ce travail sur les textures est comme un résumé de l'histoire florentine, du bellicisme féodal – et sa traduction constructive par le bossage emprunté aux édifices militaires – vers l'urbanité renaissante exprimée par les appareils réglés. Le regard porté sur les pierres renvoie à des temporalités distinctes, confond immanquablement le temps géologique et l'histoire : en impénitent ramasseur de cailloux, Goethe s'intéresse au type de granit de l'obélisque du Montecitorio autant qu'à sa qualité d'artefact ![5] Renversement du regard, Albert Camus voit à Tipasa que les ruines des édifices romains sont redevenues pierres et que, « perdant le poli imposé par l'homme, [elles] sont rentrées dans la nature. »[6]

Mais si ces *palazzi* sont une *miniature* en regard de la montagne dont ils sont issus et qu'ils ont ainsi réduite, ils sont des *mégastructures* – ayant souvent exigé la démolition de maisons anciennes et la réunion de plusieurs parcelles – qui dépassent en tous points les principes édilitaires florentins et marquent une rupture d'échelle par rapport aux constructions urbaines environnantes. La grandeur, justement, dans son double sens moral et dimensionnel, comme l'énonce Leon Battista Alberti dans le *De Re Aedificatoria* :

4 Alexandre Dumas, *Une année à Florence*, Paris, Au Bureau du siècle, 1851, p. 386.

5 Johann Wolfgang von Goethe, *Italienische Reise*, Leipzig, Insel Verlag, 1914, p. 428.

6 Albert Camus, « Noces à Tipasa », dans *Noces*, Paris, Gallimard, 1959, p. 13.

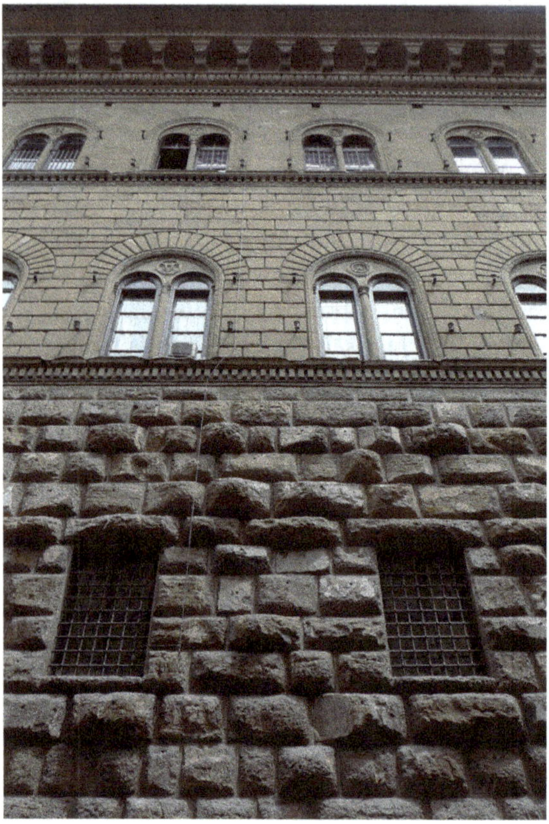

FIGURE 11.1
Face sud du palazzo Medici Riccardi. © Nadja Maillard.

> Puisque nous partageons tous le sentiment qu'il faut laisser à la postérité la réputation non seulement de notre sagesse mais aussi de notre puissance – et à cette fin, comme disait Thucydide, nous construisons grand pour paraître grands aux yeux de nos descendants – ; et puisque nous ornons nos maisons pour honorer la patrie et la famille non moins que pour affirmer notre propre magnificence [...] le mieux est sans conteste de donner le plus grand lustre aux parties de l'ouvrage en contact avec le public, ou à celles dont doivent jouir nos hôtes : comme la façade de la demeure... [7]

7 « D'altra parte, poichè siamo tutti d'accordo che sia bene tramandare ai posteri un fama di saggezza et anche di potenza – e a tal fine, come diceva Tucidide, facciamo costruzioni grandi per apparire noi stessi grandi ai posteri – ; e poichè siamo soliti adornare le nostre case, sia per onorare la patria e la famiglia, sia per amor di magnificenza – il che nessuno negherà esser dover di ogni uomo dabbene – ; la cosa migliore sarà indubbiamente provvedere affinchè ri-

Quatre siècles après leur réalisation, alors que des matériaux tels que le béton et l'acier ont rendu possible la construction des premiers gratte-ciels, Henry James écrit encore dans les *Heures italiennes* :

> Le caractère, la sévérité et la majesté familières [de ces palazzi], dépendent [...] de la magnificence dimensionnelle de l'ensemble de l'édifice, qui rapetisse nos tentatives modernes en la matière. Les plus beaux de ces palais florentins sont, je suppose, les habitations les plus hautes d'Europe qui soient franchement et amplement des habitations, et non de simples silos adaptés à la machinerie céréalière américaine. Certaines des créations de M. Haussmann à Paris peuvent monter à peu près aussi haut ; mais il y a toute la différence du monde entre l'impression que fait un édifice qui reprend son souffle six à sept fois, d'un étage à l'autre, et celle d'un édifice qui s'élève à une hauteur égale en trois longues respirations. Quand une maison a dix travées de fenêtres et que le plafond du salon est aussi haut qu'une chapelle, il peut se permettre trois étages. La spatialité de certains de ces anciens salons est celui d'une steppe russe. Le « cercle de famille », rassemblé n'importe où à portée de voix, doit ressembler à un groupe de pèlerins campant dans le désert sur la petite oasis d'un tapis.[8]

Le palazzo Pitti – jugé éminemment *escaladable* par Vicki Baum – est commandé par Luca di Bonaccorso Pitti. Partiellement construit dès 1458, il est augmenté après son acquisition par les Médicis en 1549 sous l'impulsion

---

escano quanto più possibile decorose quelle parti dell'edificio che più sono a contatto diretto col pubblico o devono riuscire gradite agli ospiti : come è il caso della facciata... » (Leon Battista Alberti, *L'Architettura* [*De re aedificatoria*], Milan, Il Polifilo, 1966, p. 780-782)

8 "The force of character, the familiar severity and majesty, depend [...] on the magnificent tallness of the whole building, which so dwarfs our modern attempts at size. The finest of these Florentine palaces are, I imagine, the tallest habitations in Europe that are frankly and amply habitations – not mere shafts for machinery of the American grain-elevator pattern. Some of the creations of M. Haussmann in Paris may climb very nearly as high; but there is all the difference in the world between the impressiveness of a building which takes breath, as it were, some six or seven times, from storey to storey, and of one that erects itself to an equal height in three long-drawn pulsations. When a house is ten windows wide and the drawing-room floor is as high as a chapel it can afford but three floors. The spaciousness of some of those ancient drawing-rooms is that of a Russian steppe. The 'family circle' gathered anywhere within speaking distance, must resemble a group of pilgrims encamped in the desert on a little oasis of carpet." (Henry James, *Italian Hours*, Boston and New York, Houghton Mifflin Company, 1909, p. 413-414)

d'Eleonora de Tolède, épouse de Cosme I de Médicis, futur Grand Duc de Toscane. En 1591, dans le *Bellezze*… Bocchi écrit :

> Avec cette demeure qui ne cède en magnificence à aucune autre, qu'elle surpasse même, on reconnaît clairement combien est grande la force de l'architecture et combien la beauté peut étendre sa valeur. À la grandeur d'âme de qui allait y habiter, l'architecte a su parfaitement répondre par l'œuvre et le génie […] La façade avant est traitée avec des blocs de *pietra forte* rustiques […] Les voûtes du bas, du milieu et du haut, chacune d'un ordre, sont si puissantes, fondées qu'elles sont sur des roches immenses (desquelles sont pour la plupart extraites les pierres dont est fait le palais), qu'elles semblent vouées à l'éternité.[9]

Sur toutes ses faces, le travail de la pierre joue sur une série d'oppositions binaires – régularité vs irrégularité, nature vs art, rugueux vs lisse, *non travaillé* vs sculpté… – selon un goût que l'on peut faire remonter au XIIIe siècle avec le Palazzo Vecchio qu'Alexandre Dumas qualifiait si justement de « masse de pierres si puissamment enracinée au sol »[10] – , mais ici pleinement assumé et servi par une telle sensibilité sculpturale, lithique, que les murs ont valeur expressive de langage. La matérialité exceptionnelle de la façade, comme une grande paroi rocheuse appelant la varappe, est une évocation, bien dans l'esprit humaniste, des constructions à bossage de l'Antiquité. La *pietra forte* du Pitti provient des carrières de Boboli, ce qui permet d'affirmer – et l'assertion a des échos néo-platoniciens – que le bâtiment érigé sur le site même d'extraction *n'est autre* que la mise en forme du matériau brut qui le précédait à cet endroit. Un autre arrangement de la montagne que le poète – dans le sillage de Calvino et reconduisant la fascination maniériste pour la réversibilité des

---

9 « In questa fabbrica, che di magnificenza non cede a nessuna altra, anzi è a tutte superiore, si conosce chiaramente, quanto è grande la forza dell'architettura e quanto in bellezza si puote stendere il suo valore. Però che alla grandezza d'animo di chi dovea abitare, ottimamente ha risposto il nobile architetto con l'opera e con l'ingegno. […] È condotta la facciata dinanzi di bozzi di pietra forte con ordine rustico, così magnificamente, anzi con regia maniera, che nel ricco sembiante, tosto che si vede, mostra a pieno di fuori, quale esser dee la grandezza di dentro, la quale è rara e mirabile. […] Le volte e da basso e nel mezzo e da alto in ogni ordine sono così forti, fondate da basso in su grandissimi massi (da cui in gran parte son cavate le pietre, onde è fabbricato il palazzo) che pare che all'eternità del tutto siano dedicate. » (Francesco Bocchi, *Le bellezze della città di Fiorenza, dove a pieno di pittura, di scultura, di sacri tempij, di palazzi i più notabili artifizij, & più preziosi si contengono*, Firenze, B. Sermatelli, 1591, p. 64-65. Souligné par l'auteure)

10 Alexandre Dumas, *op. cit.*, p. 391.

signes – énoncerait peut-être ainsi : « le matériau étant sous l'édifice, il suffisait de retourner celui-ci vers le haut » ! Des auteurs comme Ackermann (1983) ont relevé que cette injection de nature dans l'architecture permettait aussi de la lier à l'art des jardins, *locus* par excellence de la dialectique nature et artifice. Dans les salles humides de la Grande Grotte de Boboli, justement, se joue une savante cosmogonie qu'une *Natura ludens* relaie. On peut lire dans la version de 1677 des *Bellezze*... de Bocchi que les quatre *Prisonniers* de Michelange prévus pour le tombeau de Jules II y avaient été installés :

> non sans une compréhension gracieuse et subtile du lieu, [car ces figures] ébauchées avec un art incroyable et merveilleux, semblent vouloir sortir du marbre pour fuir la ruine qui plane au-dessus d'elles ; elles font se remémorer ce que narrent les poètes : lorsque l'humanité fut décimée par le déluge, le monde fut restauré par Deucalion qui fit sortir les êtres humains des pierres. Ces artefacts stupéfient ceux qui les regardent, lesquels se demandent comment un seul homme ait pu détenir tant de savoir qu'il ait su, avec le burin et la main, voire grossièrement avec la gradine, sculpter des corps humains qui se révèlent non feints, non équivoques, mais naturels et vrais.[11]

Une considération d'Alberti dans le *De Re Aedificatoria* (1485) concernant les murs antiques permet de mieux comprendre la signification profonde du bossage florentin, comment par lui le langage des anciens Étrusques se lie avec celui des Toscans de la Renaissance :

> Pour la construction des murs, les Anciens, et en particulier les peuples d'Étrurie, privilégiaient les gros blocs de pierre taillée [...] On voit aussi

11 « Quattro statue di mano del Buonarroto, fatte già per la sepoltura di Papa Giulio Secondo, sono state in questo luogo collocate e non senza vago e sottile intendimento, perché abbozzate con incredibile e maraviglioso artifizio mostrano queste figure con ogni sforzo di volere uscir del marmo per fuggir la rovina che è loro di sopra e fanno risovvenire di quello che favoleggiano i poeti, quando estinti gli uomini per lo diluvio, cavando quelli da pietre, fu il mondo da Deucalione restaurato. Stupiscono gli artefici e quelli, che sono intendenti, restano confusi, come sia stato racchiuso in uomo tanto sapere, che con lo scarpello e con la mano, anzi con la gradina rozzamente abbia cavati dal sasso corpi umani, i quali non finti, né equivochi, ma naturali e veri si dimostrano. » ([Francesco Bocchi], *Le bellezze della città di Fiorenza, dove a pieno di pittura, di scultura, di sacri tempij, di palazzi i più notabili artifizij, & più preziosi si contengono scritte già da M. Francesco Bocchi ed ora da M. Giovanni Cinelli ampliate ed accresciute*, Firenze, Per Gio. Gugliantini, 1677, p. 138-139)

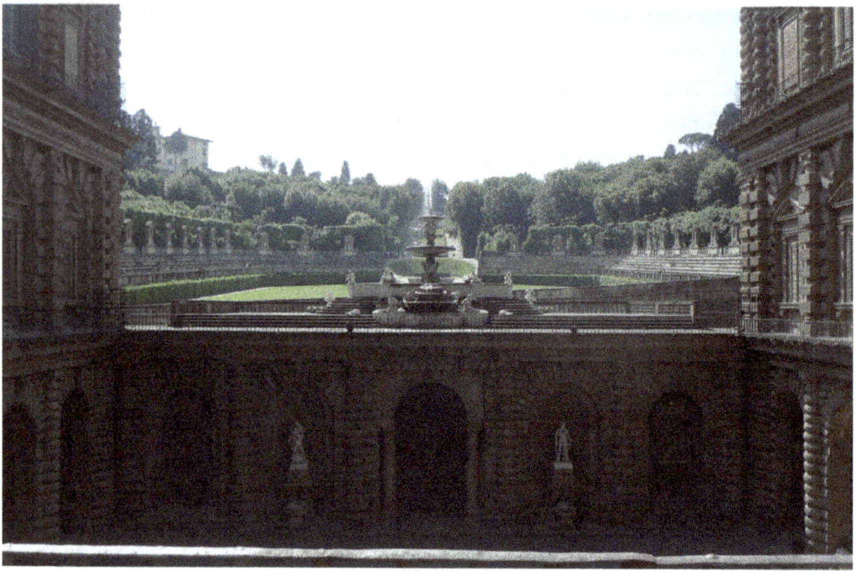

FIGURE 11.2 Façade arrière du palazzo Pitti, avec les ailes en retour et l'accès au jardin de Boboli. L'amphithéâtre du jardin reconnaît l'hémicycle de la carrière de laquelle sont extraites les pierres qui composent le bâtiment. © Nadja Maillard.

> en Toscane, en Ombrie et chez les Herniques, d'anciennes villes fortes construites avec de gros blocs irréguliers, rustiques ; ce genre d'appareil est très recommandé car il offre au regard un air d'austérité antique et de sévère dureté qui embellit les villes. Je voudrais le mur de la ville à même de remplir d'effroi l'ennemi et de le faire battre en retraite, découragé.[12]

Serlio dans les *Regole*… (1537) théorise le sens de cette matérialité et sa dimension symbolique :

> Les Anciens Romains ont associé l'ordre rustique [toscan] non seulement avec le dorique, mais avec l'ionique et même avec le corinthien. Et

12 « Per la costruzione delle mura gli antichi – e più degli altri gli abitanti dell'Etruria – predilessero un tipo di pietra squadrato e di grandi dimensioni […] In Toscana, in Vilumbria e nel territorio degli Ernici si trovano altresì antiche fortezze costruite con pietre molto grandi, di forme irregolari, rustiche ; è questo genere di muratura che mi sembra assai raccomandabile, perchè offre allo sguardo un certo sentore di arcaica e severa durezza che conferisce bellezza alla città. Sarà bene inoltre che l'aspetto esterno delle mura sia tale da spaventare il nemico e farlo allontanare scoraggiato. » (Leon Battista Alberti, *op. cit.*, p. 538)

> pourquoi cela ne constitue-t-il pas une faute de faire un tel mélange ? c'est que cela représente d'une part la nature, d'autre part l'artifice, parce que les colonnes baguées de pierres rustiques, ou l'architrave, ou la frise interrompue par les claveaux bruts démontrent l'œuvre de la nature, mais les chapiteaux, une partie des futs ainsi que la corniche avec le frontispice représentent l'œuvre de la main : un tel mélange, à mon avis, est tout à fait agréable à l'œil et contient en soi une grande puissance.[13]

Les palazzi, en tant qu'ils fonctionnent comme une pétrification de la dyade nature et artifice logée au plus profond de la pensée renaissante, sont à considérer comme de véritables leçons de philosophie. L'enveloppe minérale, solidement ancrée au sol par le socle imitant le rocher, s'affine, la rudesse de la pierre brute est *apprivoisée* par la stéréotomie, en un mot la pierre s'*enculture* ; tout se passe comme si un contrat nouveau était passé entre l'être humain et les abîmes géologiques de la terre. « L'homme s'établit désormais – écrit Georges Gusdorf – dans un univers différent dont les dimensions sont ouvertes aux artifices et techniques des hommes de l'art. La perspective picturale est révélatrice d'une intelligibilité ontologique, qui sert de schéma régulateur pour la mise en œuvre de la condition humaine dans son ensemble. »[14]

À l'épithète « cyclopéen » qui désigne le type d'appareil décrit ci-avant, nous sommes tentés de substituer celui de prométhéen pour qualifier les bossages des palais florentins du XVe siècle, ceux du Pitti en particulier. André Chastel a montré qu'aux figures canoniques du Moyen Âge – le saint, le chevalier, le croisé – , succèdent celles d'Orphée ou, dans une moindre mesure d'Amphion (capables tous deux de faire se mouvoir les pierres par le chant ou le son de la harpe !), d'Hercule et de Prométhée dont la *tâche*, désignée par le terme ambigu d'*hybris*, la démesure, consiste à faire passer l'humanité et ses réalisations, de l'état de nature à l'état de culture. Les géants débonnaires de Rabelais ne faisant que refléter, sur le ton de la farce, cette conscience neuve d'un surhaussement de l'être humain.

---

13 « E stato parer de gli antichi Romani mescolar col Rustico non pur il Dorico : ma il ionico, il Corinthio ancora ; il perche non sarà errore se d'una sola maniera si fara una mescolanza, rappresentando in questa parte opera di natura & parte opera di artefice : percioche le colonne fasciate dalle pietre rustiche & anco l'architrave & fregio interrotti dalli conci dimostrano opera di natura, ma i capitelli & parte delle colonne & così la cornice col fontispicio rappresentano opera di mano: lacuali mistura, per mio aviso, à molto grata all'occhio & rappresenta in se gran fortezza. » (Serlio 1584 : Lib. 4, f. 133)

14 Georges Gusdorf, *Les Sciences humaines et la pensée occidentale. Tome II. Les origines des sciences humaines (Antiquité, Moyen Âge, Renaissance)*, Paris, Payot, 1967, p. 577.

L'extrême minéralité de ces bâtiments appellerait, à un autre degré de réflexion, de considérer les équivalences structurales entre la carrière et le chantier, entre l'extraction et la mise en œuvre des mêmes pierres, le vide qu'elles laissent, le vide qu'elles comblent… Il faudrait aussi traiter de la symbolique de la première pierre, qui scelle ses retrouvailles avec le sol (rappelant à quel point la construction est une des modalités de la fondation de l'être au monde). Et si la vue des carrières nous a habitués à l'idée que les montagnes soient littéralement réduites, démontées pierre par pierre, pour *produire les villes* qui en sont ainsi le réagencement dans un ordre différent, il est plus déconcertant de considérer le fait inverse : des montagnes composées des déblais de bâtiments, comme ce fut le cas après les bombardements dévastateurs de la Deuxième Guerre. Ainsi la Teufelsberg à Berlin est construite sur l'université militaire et technique nazie de l'architecte Albert Speer[15] qui en forme ainsi le noyau. Un avatar de la ruine proche du Land Art, en particulier du *Partially buried woodshed* de Robert Smithson (1970).

La face cachée du Mont Rushmore

S'il est un film où la tyrannie du scénario impose au protagoniste principal d'escalader immeubles et montagne, c'est bien *North by Northwest* d'Alfred Hitchcock (1959). Avant de s'intituler ainsi – littéralement « Au Nord, par le Nord-Ouest », mal traduit en français par un racoleur *La Mort aux trousses* –, le film devait s'appeler *The Man in Lincoln's Nose* (L'homme que Lincoln avait dans le nez). Ce titre aurait en quelque sorte annoncé la séquence finale des *bons* et des *méchants* crapahutant sur le mémorial du Mont Rushmore sculpté à l'effigie des présidents George Washington, Thomas Jefferson, Theodore Roosevelt et Abraham Lincoln ; Hitchcock voulait aller au bout de la blague et filmer Cary Grant pris d'éternuements dans la narine présidentielle[16].

---

15 L'architecte Albert Speer (1905-1981) donne comme seul idéal, lorsque lui furent confiés les projets mégalomanes du troisième Reich, « le style florentin des palais-forteresses » ; il s'inspira du Palazzo Pitti pour le siège du maréchalat destiné à Goering (*Journal de Spandau*, Paris, Robert Laffont, 1975, p. 177, 135).

16 François Truffaut, *Hitchcock*, Paris, Gallimard, 1993, p. 82-83. Les références cinématographiques sont innombrables, prenons *Close Encounters of the Third Kind* de S. Spielberg (1977), où la modélisation / réduction de la montagne par des représentations variées, jusqu'à l'escalade finale renvoient à Hitchcock, ou encore les maquettes de montagnes utilisées par W. Anderson dans *The Grand Budapest Hotel* (2014), entre artifice revendiqué comme une référence aux anciens trucages et imagerie kitsch de la boule à neige.

Comment résumer ce film, inrésumable de l'avis-même de ses auteurs ? Pour détourner l'attention et couvrir Ève Kendall (Eva Marie Saint), leur agent infiltré auprès d'un groupe d'espions dirigé par Philip Vandamm (James Mason), les services secrets américains ont créé un appât, George Kaplan identifié par erreur avec Roger Thornill (Cary Grant), publicitaire à Madison Avenue[17]. Thornhill-Kaplan, c'est le héros habituel d'Hitchcock, le faux coupable traqué comme un criminel ; les malfrats parviennent notamment à le faire accuser du meurtre d'un délégué à l'ONU, ce qui a pour effet de lancer également la police à ses trousses. La course-poursuite de ce « scénario-itinéraire »[18] va se déployer entre New York et Rapid City dans le Dakota du Sud, avec des stations en différents *lieux* auxquels correspond, au moins, une séquence emblématique : Cary Grant échappant à l'avion sulfateur dans un champ de maïs à Prairie Stop sur la Route 41… pour ne citer que la plus connue.

L'architecture joue un rôle déterminant dans ce film géoréférencé : C.I.T Building, hôtel Plaza, siège de l'ONU, Grand Central Terminal à New York, LaSalle Street Station et Omni Ambassador East à Chicago, villa Vandamm au Mont Rushmore (avec un statut particulier pour cette dernière qui est un décor construit dans les studios de la MGM)… Parmi les morceaux de bravoure qui parsèment l'intrigue figurent quelques scènes d'escalade de bâtiments ; d'abord, ce sont les façades en brique de l'hôpital dont s'échappe Thornhill-Kaplan. Puis la longue séquence où il entreprend l'ascension de la maison Vandamm, successivement par les poutres en porte-à-faux puis par les murs qui sont traités en *opus rusticum*. Si celui-ci, bien qu'en carton-pâte, sert parfaitement les exigences internes de l'intrigue en ce qu'il se laisse facilement escalader, les interstices entre les pierres montées à sec offrant des prises idéales, en tant que concept, il nous ramène *naturellement* au bossage et à la minéralité. En effet, cet appareil, où les pierres sont assisées en bandes clivées naturelles, c'est-à-dire dont l'épaisseur coïncide avec celle du banc de carrière, renvoie à une temporalité plus géologique qu'historique ; il fonctionne comme un continuum roche-construction. La terminologie qui le qualifie de « rustique » reconnaît la présence sensible de la matière avant même l'évidence d'un sens quelconque : une sorte d'effacement volontaire du *crépi culturel* pour laisser affleurer la vraie nature du matériau.

---

17 Inscrivant dans l'intrigue même un dispositif de mise en scène, voire une mise en abyme, puisque les services secrets assurent symboliquement le rôle du metteur en scène qui imagine des personnages, les manipule, leur organise des histoires ; une trouvaille géniale du *vrai* scénariste, Ernest Lehman, est que Kaplan n'a d'épaisseur existentielle que par les hôtels dans lesquels il est descendu et où la CIA s'arrange pour lui donner un semblant de présence : transport des valises, linge confié à la blanchisserie…

18 François Truffaut, *op. cit.*, p. 119.

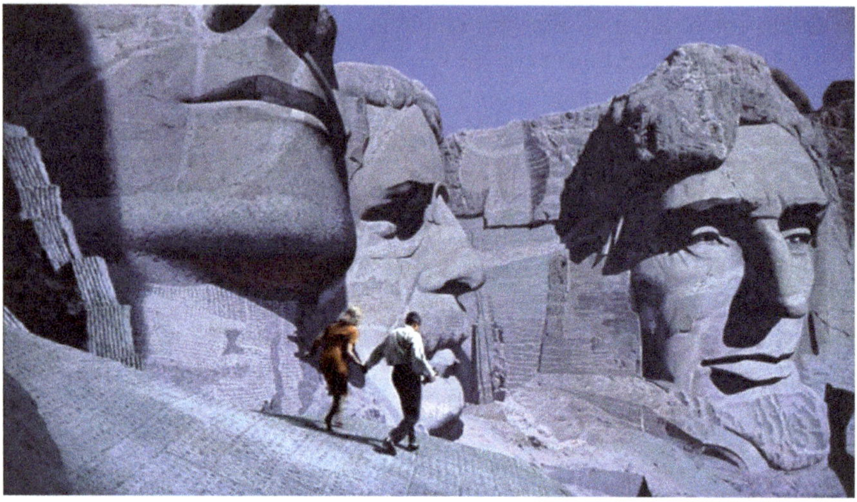

FIGURE 11.3 *North by Northwest* (*La Mort aux trousses*), Alfred Hitchcock, 1959, séquence finale. Courtesy MGM. Capture d'écran, Nadja Maillard.

C'est véritablement la scène de l'affrontement final sur le Mont Rushmore – il fallait une raison pour que tous les personnages y convergent, le scénariste décida que les espions y avaient leur quartier général – qui nous ramène à la montagne et aux considérations scalaires. Hitchcock s'est fait une spécialité de tourner des scènes dans des lieux emblématiques ; dans *North by Northwest* il s'en prend au mémorial national du Mont Rushmore et fait évoluer sur le visage des *grands hommes* ses personnages qui se poursuivent, s'accrochent aux perforations cylindriques des trous de mine, se battent, chutent… Curieusement, c'est une séquence en apparence sans aucun rapport qui annonce cette balade rochassière : le moment où Thornhill-Kaplan, caché dans une cabine du 20th Century Limited train découvre un nécessaire de rasage contenant un blaireau et un rasoir minuscules qui ont sur son visage à peu près le même rapport d'échelle que les protagonistes sur les joues de George Washington !

« Sans aucun doute les philosophes ont raison de nous dire que rien n'est grand ni petit que par comparaison » constate Gulliver : l'histoire du mémorial national du Mont Rushmore permettrait d'ajouter un chapitre insolite au roman des proportions swiftien, un codicille à *Micromégas*. Il y a quelque chose de prométhéen dans la volonté de réduire une montagne par l'action humaine, en l'occurrence en la sculptant, mais le fait que des visages soient le motif de cette sculpture à l'échelle du paysage[19] brouille les repères : la monumentali-

19 *Landscape* devient *scenery*, investi d'un potentiel commémoratif, condensant les valeurs collectives qui participent de la construction de l'identité nationale.

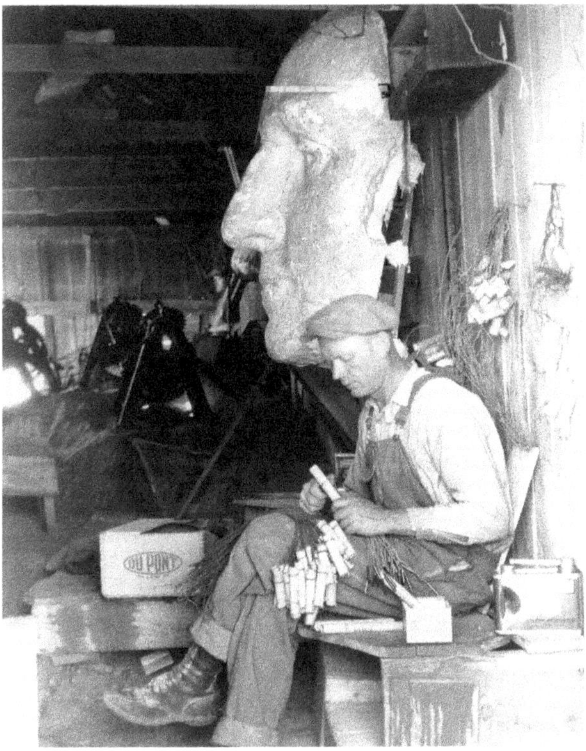

FIGURE 11.4
450 000 tonnes de rocher ont été exploitées à la dynamite – une gélatine spéciale et des détonateurs électriques fournis par DuPont – jusqu'à une dizaine de centimètres des contours finaux. Les derniers centimètres étaient retirés selon la méthode du nid d'abeilles, soit une série de trous réalisés à l'aide de perforatrices pneumatiques dont les tailleurs cassaient ensuite la matière excédentaire restante au burin avant le poli fini. Courtesy of NPS, Mount Rushmore National Memorial. Crédit : Photo courtesy of the U.S. National Park Service.

sation de ce site neutralise la nature en même temps qu'elle excède la forme habituelle du monument. L'entreprise commence en 1923, lorsque l'historien Doane Robinson envisage une attraction à même de drainer les touristes dans les Black Hills où seraient représentés des héros du *far west*, blancs et indiens. Le sculpteur Gutzon Borglum, admirateur du *Manifest Destiny*, connu pour avoir réalisé un immense bas-relief célébrant les leaders des États confédérés sur la Stone Mountain en Géorgie, est invité à se rendre dans le Dakota du Sud pour discuter du projet dont il remet en question le thème, proposant un sujet qui glorifie la seule conquête. Entre 1927 et 1941, quatre cents ouvriers – majoritairement des mineurs et des fermiers que la Grande Dépression a privés de travail et jetés sur les routes – s'activent au bout d'un câble sur leur chaise de calfat, dynamitent et perforent le granit, sculptent les visages des quatre présidents hauts de dix-huit mètres. Si, dans sa livraison de décembre 1930, le magazine de l'entreprise DuPont qui fournit l'explosif destiné à réduire la montagne écrit que « ce mémorial composé du groupe héroïque des fondateurs de notre nation [pour] commémorer la fondation, l'expansion, la conservation et

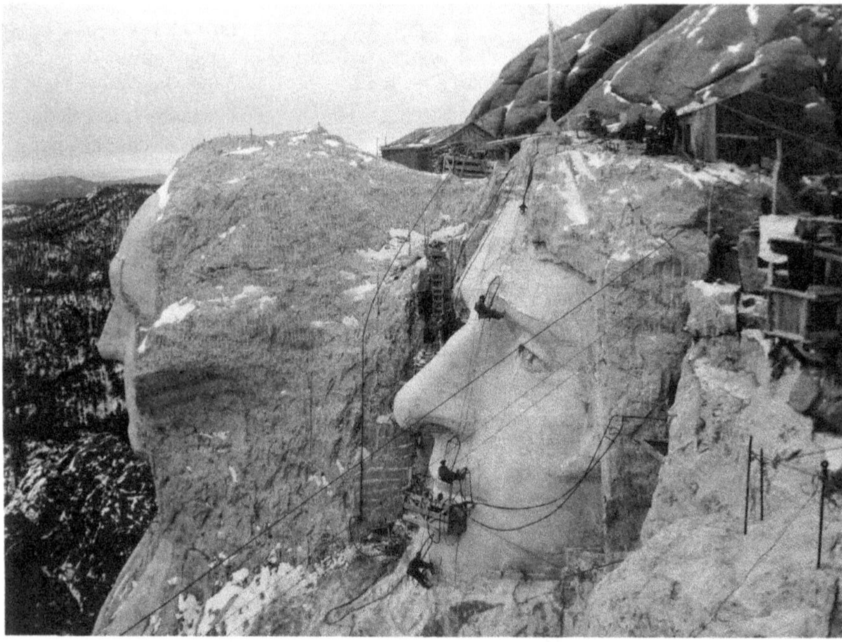

FIGURE 11.5 Les cabanes des treuils auxquels étaient accrochés les ouvriers sur leur chaise de calfat abritaient aussi des maquettes de 1.5 m des portraits avec les mises au point afin que les ouvriers puissent voir ce qu'ils sculptaient. En effet, le face à face rapproché, à journée faite, avec le granit ne leur permettait plus d'envisager l'objet dans son ensemble. Le report, dans un rapport de 1:12, s'effectuait à l'aide d'un dispositif composé d'un arbre métallique vertical fiché au centre du haut de la tête, le point maître, à la base duquel un rapporteur d'angle auquel était fixée une barre horizontale pivotante permettait de mesurer les angles de part et d'autre de l'axe médian. Un fil à plomb coulissant sur la barre horizontale permettait, lui, de mesurer l'écartement vertical et horizontal par rapport au point maître. Photographie de Charles D'Emery, courtesy of National Park Service, Mount Rushmore National Memorial.

l'unification des États-Unis, sera symboliquement sculpté à l'effigie [de ces] quatre présidents à une échelle qui dépasse, et de loin, une des merveilles du monde antique : le Sphinx d'Égypte »[20], pour les populations natives parquées dans des réserves et « contraintes de regarder avec horreur leurs collines sa-

20 "The completed memorial [...] comprise a heroic group of four of our nation's builders. And so to commemorate the founding, expansion, preservation and unification of the United States, symbolic statues of the four presidents named will be carved on a scale several times larger than that wonder of the ancient world – the Great Sphinx of Egypt. » (E. H. Simpson, "A memorial for the Ages", *The DuPont magazine* (dec.), 1930, p. 11)

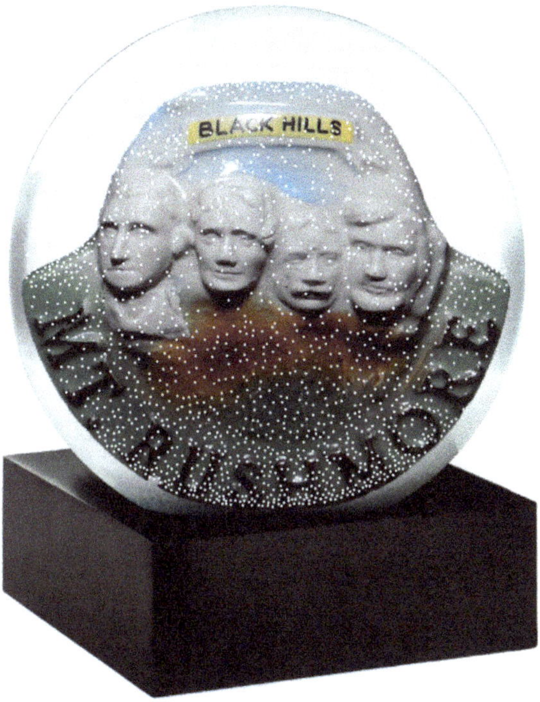

FIGURE 11.6
Les produits dérivés destinés aux touristes des Black Hills – ceux qu'appelaient de leurs vœux les initiateurs du mémorial – mettent la montagne à portée de main.
© Nadja Maillard.

crées prendre progressivement la forme de répliques géantes des visages de leurs oppresseurs »[21] cette réalisation titanesque est considérée comme une profanation et le symbole de leur dépossession[22].

N'ayant pas obtenu l'autorisation de filmer sur le mémorial, Hitchcock avait fait reconstituer des portions de la *montagne transfigurée* dans un décor de toile peinte dont certains plans permettent de saisir l'artificialité, avec matelas pour amortir les chutes, échelles pour accéder aux *vires*... Mais, à l'ère du *cloud* et du *big data*, une catastrophe humaine ou naturelle devrait-elle survenir, le parc national a fait réaliser une numérisation 3D de la montagne, d'une précision au centimètre, qui pourrait servir à sa reconstitution à n'importe quelle

21 "[The displaced tribes were] forced to watch in horror as their sacred hills slowly took the shape of huge replicas of the white faces of their oppressors" (https://h2g2.com/entry/A840403, dernière consultation 24.2.2017)

22 Non seulement les terres leur furent ravies, mais par un processus d'anamorphose terminologique, les toponymes indiens furent progressivement remplacés par des noms anglais ; ainsi la montagne connue par les Sioux sous le nom des « Six Grands-pères » devint le Mont Rushmore, du nom du procureur Charles E. Rushmore qui s'était rendu sur place en 1884 pour vérifier des titres de propriété.

échelle : « Le ciel seul fixe la limite au type de visite programmée que nous pouvons réaliser à l'aide de ces données », commente Amy Bracewell, historienne du parc national[23]. D'une montagne, l'autre.

23 "The sky is the limit on what kind of visitor programming we can do with this data". (<http://www.smithsonianmag.com/history/the-making-of-mount-rushmore-121886182/>, dernière consultation 18.2.2017).

CHAPITRE 12

Du figment au fragment, miniature et conception architecturale

Églantine Bigot-Doll

Unité et mesure en architecture impliquent échelle et matière en tant que paramètres rationnels, alors même que le projet fait appel aux images parfois aberrantes qui prolifèrent dans l'imaginaire du concepteur. Projeter c'est donc, en soi, une forme de raisonnement « par absurde » nécessaire et intrinsèque à une situation telle – comme le souligne Jean-Pierre Boutinet[1] – à des fins de rationalité, ou tout au moins dans la quête d'un système stable et robuste si l'on aborde plus particulièrement la question de « l'habiter » et de la matérialité architecturale. La présente recherche s'axe sur une utilisation prospective de l'outil numérique en architecture via le recours à la fabrique de modèles physiques de petite échelle : *des figments*.

Du latin *fingere,* façonner et imaginer, le vocable médiéval *figment* désigne à la fois « matière, substance dont une chose est formée » et « représentation, fiction ou invention ». Il serait alors une chose physique sécrétée par l'esprit. Ainsi, prenant soin de préserver des proportions de l'ordre de la miniature, depuis le *figment* prospectif jusqu'au fragment prototypal et téléologique généré par suites d'incréments, ici désignées « encapsulations », la connaissance intime de la matière sous-tendue par de tels sauts d'échelles nous guidera vers l'épistémologie d'une « Matière Orientée Objet » (par extension de Programmation-OO faisant intervenir divers modes d'encapsulation). Celle-ci nous conduira de l'esthétique perçue à la stabilité mécanique conçue à travers la lecture et la transcription paramétrée d'une matérialité « se faisant » de l'infinitésimal à l'architectural.

Dans le cadre pédagogique d'un atelier de Master en École d'Architecture[2], le protocole de recherche assume et explore ainsi les mutations d'une information signifiée[3] à partir de la confection d'un *figment* miniature conjointement à l'élaboration d'un champ lexical associé. Ces mutations sont produites par les

1 Boutinet, Jean-Pierre, *Psychologie des conduites à projet*, Que sais-je? Paris, Presses Universitaires de France, 1993.

2 Master SPACA*[A]N : Stratégies & Pratiques Avancées au sein de la Conception Architecturale [Analogique] Numérique.* La recherche présentée a fait l'objet d'un article publié sur DNArchi.fr en avril 2015. Les travaux des étudiants sont consultables en ligne aux adresses archispacan.blogspot.fr et archispacaan2015.blogspot.fr.

3 *Signifié* et *signifiant* sont ici employés au sens saussurien, assimilables au fond et à la forme.

 | DOI 10.1163/9789004366206_013

ambiguïtés générées lors de couplages qu'implique de fait une posture « par impléments » en situation de projet d'architecture : de la langue naturelle au langage formalisé ; du monde physique au virtuel ; analogique/ numérique ; fictionnel/ rationnel ; etc. En somme, il s'agit de *transduire* – d'implémenter – par incréments signifiants un contenu imaginé en amont. D'un support à un autre, ces sauts de syntaxes signifiantes génèrent des décalages au cœur de la matière signifiée. C'est ce dispositif heuristique par encapsulations paramétrées successives que nous étudierons en vue d'introduire une pratique du numérique envers la production de matérialité architecturale d'un ailleurs.

Matière & Percepts

Miniatures prospectives

Échelle et matière se mêlent intimement au cœur de la miniature comme un caprice bachelardien façonnant une sorte de microcosme. D'un point de vue pédagogique, la confection de miniatures demande – dans la plupart des cas – moins de temps de réalisation aux étudiants et est plus économique que la fabrication d'un « objet-à-penser » de taille plus grande. La miniature offre alors à l'étudiant, le déploiement d'une série de paysages inattendus aux propriétés déterritorialisantes[4] induites par l'échelle plutôt que par la distance. Ce jaillissement de perceptions – voire d'émotions – concentrées au cœur d'un objet de nature à être contenu dans un pilulier[5] – une capsule – se prête aisément à la dimension de variabilité appelée paramétrique dans le jargon du design numérique. En tant qu'impulsion originelle de projet d'un Domaine d'Études de Master, ce *figment* introduit à lui seul le rapport au faire – outil, matière et geste - ainsi qu'un *feedback perceptif* quasi instantané. Aussi, à l'inverse du couplage classique cognitivo-moteur « perception-action », la miniature au sein du projet d'architecture prospectif sous-tend le phénomène contraire – et néanmoins complémentaire – d'« action-perception ». En 1933 déjà, Gaston Bachelard définit celle-ci comme une stratégie prospective, mélange scientifiquement impur d'intuition et de réflexion :

---

4 Deleuze, Gilles, et Félix Guattari, *Capitalisme et schizophrénie 2 : Mille plateaux*. Collection « Critique », Paris, Éditions de Minuit, 1980.

5 Joseph Cornell, surréaliste américain, confectionnait des piluliers, chaque case renfermant un petit monde. Cette référence est introduite auprès des étudiants au moment de réaliser les premiers *figments* qui doivent – selon la consigne – tenir dans la main. Rapidement, les objets produits seront appelés « pilules » par les étudiants.

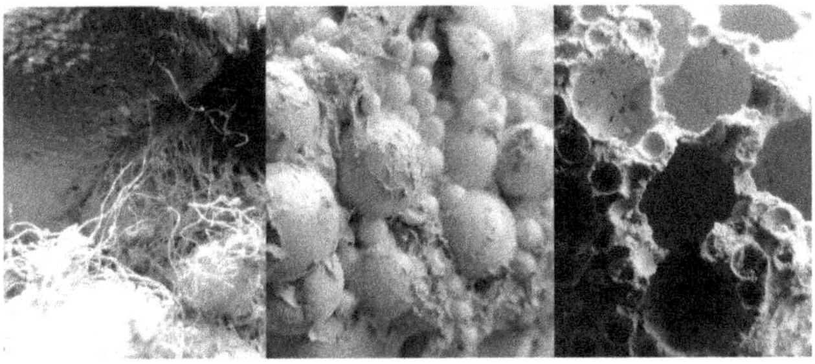

FIGURE 12.1
Figment, Exercice 1, détail, Yuan-Mei Kan.

> On peut se borner aux caractères visuels de la représentation et se demander si toute une métaphysique ne pourrait s'éclairer dans l'étude de la localisation visuelle en suivant, comme dit Baudelaire, « les merveilleuses constructions de l'impalpable », en se plaçant toujours à la naissance de l'intérêt de vision ou *du caprice de prospection.*[...] Dans le passage de la miniature aux choses comme dans le mouvement des caprices aux forces, nous trouverons ou bien de la matière ou bien de l'énergie *pour gonfler nos plans et nos projets.*[6]

De plus, proprioception[7] et empathie envers la matière dans l'acte de fabriquer le *figment*[8] produisent un point de fusion entre réalités sensibles et tangibles. Celles-ci seront ensuite encapsulées au sein d'un scénario architectural, un récit.

Faire...

Le geste analogique impliqué lors de la confection du *figment* nécessite de choisir un ou plusieurs outils. C'est lors de cette étape que la créativité – la marge de subjectivité tout au moins – intervient pour la première fois dans notre recherche. En effet, le choix des matériaux est restreint lors de cette étape initiale. La liste est présentée aux étudiants comme telle : microbilles de polystyrène, fil de nylon, papier cartonné et argile représentent respectivement le point à 0D, la ligne à 1D, la surface à 2D et le volume 3D. Ainsi nous espérons orienter l'exercice vers la diversité des choix d'outils et du geste

6 Bachelard, Gaston, « *Le monde comme caprice et miniature* », In *Études*, Deuxième édition, p. 25-27, Paris, Librairie philosophique J. Vrin, 2002. Nous soulignons.

7 Perception et conscience de son corps, de ses membres.

8 Braun, Emily, Megan Fontanella, et Carol Stringari, « Touch and Empathy ». In *Alberto Burri : The Trauma of Painting*, p. 50-59, New York, NY, Solomon R. Guggenheim Museum & Kunstsammlung Nordrhein-Westfalen (Germany), 2015.

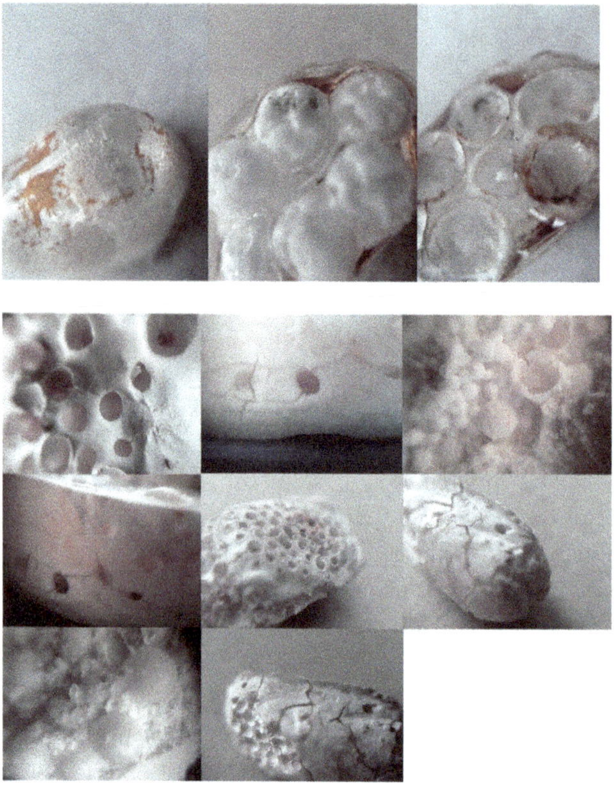

FIGURE 12.2
Figments, Exercice 2, 1cm3, Yuan-Mei Kan.

associé. La variabilité des matériaux – combinés ou non – est donc réduite. De plus, les catégories présentées de zéro à trois dimensions sont un leurre délibérément introduit dans notre étude. En effet, à l'échelle de la miniature, chacune présente déjà une épaisseur (

Dans un deuxième temps, nous élargissons cette marge par le choix et le dosage méticuleux des matériaux « réactifs » laissés à la liberté de l'étudiant. Notre approche paramétrique comporte à présent trois variables clairement indentifiables : l'outil, le geste et la matière. Le geste analogique se conjugue avec le choix stratégique de la tête de l'outil sur la matière[9]. Ainsi la très petite taille imposée mène l'étudiant à une expérience « gulliverisante » par l'univers à la fois produit et perçu. C'est cette tension vers une aberrante « impossibilité du faire » qui fait surgir le caractère inattendu et singulier du microcosme gé-

9 Simondon, Gilbert, *Du mode d'existence des objets techniques*, Paris, Aubier, 2012.

néré ou la praxis[10] comme *entrée en matière* qui sera menée parallèlement au scénario architectural.

... Pour percevoir et verbaliser

Noumènes[11] et réalités sensibles sont ensuite verbalisés sous forme d'un champ lexical associé au *figment*. Les mots en tant qu'amorces de la fiction programmatique peuvent être dissociés par leur nature, verbes, noms et adjectifs, et représentent respectivement, d'après notre analyse lexicographique, action, analogie et sensible.

Ces mots, élaborés tantôt en amont de la fabrication de l'objet tantôt rétroactivement par les étudiants en tant qu'intentions et/ou résultats générés par le *figment,* installent les assises du scénario dans lequel la miniature est déjà elle-même une série d'encapsulations primitives analogiques par *inputs* de deux natures : *les Mots et les choses*[12] ; *le Geste et la parole*[13]. Certes discontinus, les régions du langage et de l'action de la main demeurent néanmoins contiguës dans le cerveau humain[14].

Apophénies analogiques et digital-natives

Fictions

Élaborer un scénario architectural – plutôt qu'un programme[15] à proprement parler – sur le mode de la narration nous permet de déployer l'imaginaire des étudiants en situation de projet. Ainsi nous dissocions pendant la moitié du semestre le faire et la fiction. Néanmoins, menant les deux exercices de front, nous espérons favoriser l'influence de l'un sur l'autre « par contamination ré-

---

10 Schön, Donald A., *Educating the Reflective Practitioner : Toward a New Design for Teaching and Learning in the Professions*, 1st ed. The Jossey-Bass Higher Education Series. San Francisco, Jossey-Bass, 1987.

11 Bachelard, Gaston, *« Noumène et microphysique »*, In *Études*, *op. cit.*, p. 11-22.

12 Foucault, Michel, *Les Mots et les choses; une archéologie des sciences humaines,* Tel, n°166, Paris, Gallimard, 1966.

13 Leroi-Gourhan, André, *Le Geste et la Parole, tome 1 : Technique et Langage*, Sciences d'aujourd'hui, Paris, Albin Michel, 1964.

14 André Leroi-Gourhan précisa au cours de ses recherches que la bipédie chez le pithécanthrope – et la migration du trou occipital qui en résulta – permit le développement de cette région du cerveau – langage et motricité – en éventail, à l'aplomb de la colonne vertébrale.

15 Le programme dans un projet d'architecture indique la fonction de la commande et distribue les sous fonctions de manière quantifiée, en mètres carrés.

flexive ». À mi-semestre, les deux fusionneront en vue de converger sur un projet d'architecture à valeur prospective, c'est-à-dire de recherche par le design. La fiction discursive en tant que dispositif est une étape fondamentale de notre recherche qui s'inscrit dans le prolongement de la phase de verbalisation des percepts émis lors de la fabrication du *figment* sous forme de champs lexicaux.

Et si l'architecte François Roche revendique la « Fiction as Practice »[16], le projet porte en effet une part d'absurde du fait de la représentation d'un objet encore non-existant. Il est extériorisation de représentations internes. Cependant, rares sont les architectes qui l'assument pleinement en tant que fiction. Attelons-nous à cette tâche. Cette fiction résidera dans la création d'un univers par l'écriture d'un scénario nourri de la fabrication des *figments* d'une part, et de la lecture du texte[17] de Michel Foucault[18] d'autre part, en vue de concevoir un ailleurs. En effet, afin de favoriser la gestation d'un « projet autre » par conception d'un lieu autre, il est demandé aux étudiants de puiser le contenu d'un scénario prospectif hétérotopique dans le texte de Michel Foucault.

Langage naturel vs langage formalisé

La fiction en tant que développement de la rationalité[19] ainsi confrontée aux outils paramétriques – numériques comme analogiques – nous mène inévitablement vers un hiatus causé par les sauts cognitifs et syntaxiques qui lui sont intrinsèques. Nos encapsulations entre supports hétérogènes – matière, langage naturels et formalisés, sensible, espace – créent des mutations de l'information soumise au transit.

Déjà, Lewis Carroll et Jacques Lacan nous livraient des exemples éloquents de tentatives de mise en équation respectivement d'une fiction[20] et de la psyché avec les célèbres mathèmes[21]. Les décalages qui prolifèrent lors du passage d'un langage naturel à un langage mathématique formalisé apportent inévitablement une transformation de l'information signifiée due à la modification profonde du support signifiant.

---

16 R&Sie, et François Roche, s. d. « *New-Territories* », <http://www.new-territories.com>.

17 Celui-ci établit une taxonomie des « espaces autres » par leur temporalité, leur fonction et leur localisation.

18 Foucault, Michel, et Daniel Defert, *Le Corps utopique ; suivi de Les Hétérotopies*, Paris, Nouvelles éditions Lignes, 2009.

19 Reboul, Anne, « *La Fiction, la narration et le développement de la rationalité* », In *Nouveaux cahiers de linguistique française*, n° 29, 2009, p. 83-98

20 Carroll, Lewis, *Les Aventures d'Alice au pays des merveilles* [1865] ; *Ce qu'Alice trouva de l'autre côté du miroir* [1871] Édité par Jean Gattégno, Traduit par Jacques Papy, Collection Folio Classique, n° 2657, Paris, Gallimard, 1994.

21 Lacan, Jacques, *Autres écrits*, Paris, Éditions du Seuil, 2001.

Pensée latérale[22], idéation par ambiguïté et approximation assumées sont mobilisées chez les étudiants sous forme de travaux dirigés préalables voués à isoler ces étapes, celles-là même que nous appelons encapsulations dans cette étude. Notre recherche ne vise pas tant à briser la « boîte noire » de la capsule qu'à opérer une forme de désinhibition en ancrant un pattern cognitif dans une stratégie de projet. Ainsi, dépourvues de la notion de forme architecturale dans un premier temps, les encapsulations portent notamment sur les transcriptions du théorème au poème, du poème au pattern ou du concept à l'objet au sein desquelles la mise en place de stratégies prospectives – et particulièrement *par analogies* – devient indispensable.

Géométries analogiques numériques

Analogies morphologiques et générateurs primaires comme le crabe et la chapelle de Ronchamp de Le Corbusier[23] sont des exemples bien connus de similitudes architecturales en termes de forme. En matière de géométrie et de littérature, on peut également évoquer l'exemple de *Flatland*[24]. Ce roman, *par analogie* au langage de la géométrie euclidienne classique, tisse une fiction autour de la personnification de figures dans des espaces à dimensions variables tels que *pointland, lineland, flatland* et *spaceland*. En somme, l'auteur identifie des singularités pour fixer et articuler une histoire autour des mutations induites par la dimension mathématique et paramétrique du champ *enfictionné*. Dans le cadre des projets de nos étudiants de master, c'est précisément cette duplicité de la géométrie en tant que forme *et* langage qui nous est rendue accessible par le modeleur numérique[25] paramétrique[26] utilisé par les étudiants, qui est au cœur de notre posture.

Paramètres & Prospects

Mathématiser le noumène

Conformément à la stratégie *encapsulatoire* mise en place jusqu'ici, et dans le but d'établir des liens entre percepts, paramètres et matière, est engagé un

---

22 Bono, Edward de, *The Use of Lateral Thinking*, London, Cape, 1968.

23 Chupin, Jean-Pierre, *Analogie et théorie en architecture : de la vie, de la ville et de la conception, même*, Gollion, Infolio, 2007.

24 Abbott, Edwin Abbott, *Flatland*, Traduit par Philippe Blanchard, Librio Littérature 1066, Paris, Éditions J'ai lu, 2013.

25 *Rhinoceros 3D* ©. Windows, Robert McNeel & Associates.

26 Rutten, David, *Grasshopper*®, Windows, English, Robert McNeel & Associates.

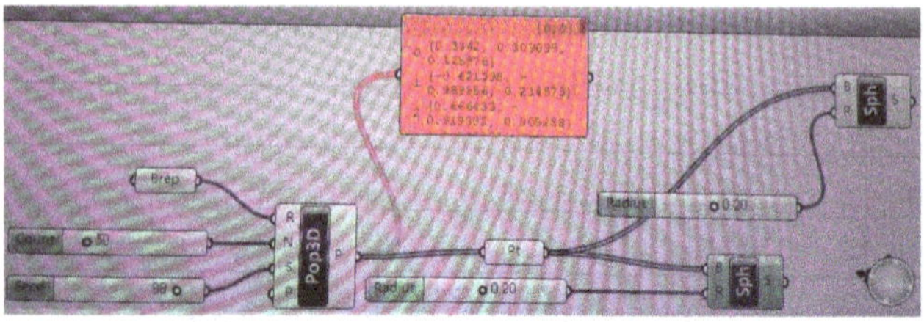

FIGURE 12.3 Figment Digital, sans échelle, Yuan-Mei Kan.

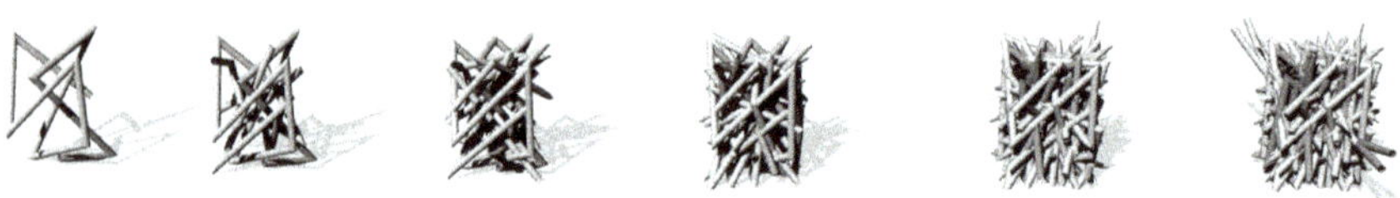

FIGURE 12.4 Figment Digital, sans échelle, Adrien Marrocq, Théo Padovani & Diana Semancova.

exercice de modélisation [&] puis d'impression 3D [Figure 12.5 & Figure 12.6] d'un *figment numérique*.

Et puisque « toute objectivation est hésitation »[27], elle est par conséquent en tension permanente avec un potentiel « risque » de subjectivation. Ainsi la phase d'identification de paramètres morphologiques (phénomènes) et sensibles (noumènes) par fine observation du/des *figment*(*s*) *originel*(*s*) *physique*(*s*), est, d'après les étudiants, l'une des difficultés dominantes. Dans le même temps elle est décrite comme génératrice de formes et d'univers inattendus par décalages, intrinsèques à l'encapsulation, énoncés précédemment. Ainsi, le *figment numérique* et ses déclinaisons, jouant avec la marge d'indétermination de l'imprimante 3D, du fait de sa petite échelle, ajoute là une marge supplémentaire, donc un décalage de signifié. En effet, il est demandé dans cette étape de produire un *figment* imprimé à la plus petite échelle réalisable par l'imprimante 3D en vue de générer des artefacts. La juxtaposition d'inputs choisis ou fortuits – les erreurs de programmation – provoque une évolution formelle par mutations et variations en tant que sécrétions physiques et paramétriques.

27 Bachelard, Gaston, 2002, « *Noumène et microphysique* », In *Études*, *op. cit.*, p. 1-22.

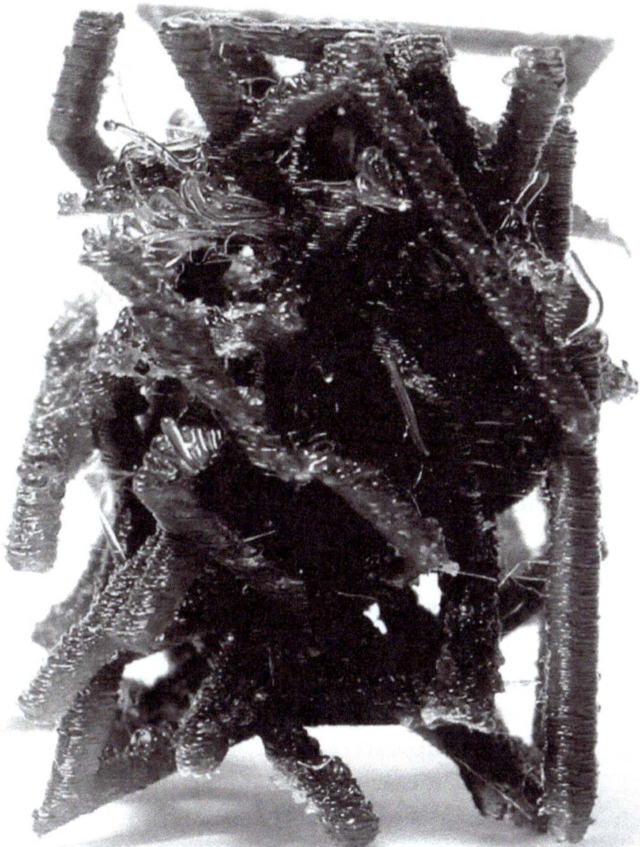

FIGURE 12.5 Figment Digital & Artéfacts Physiques, Impression 3D, échelle 1/537 – 1cm^3, Adrien Marrocq, Théo Padovani & Diana Semancova.

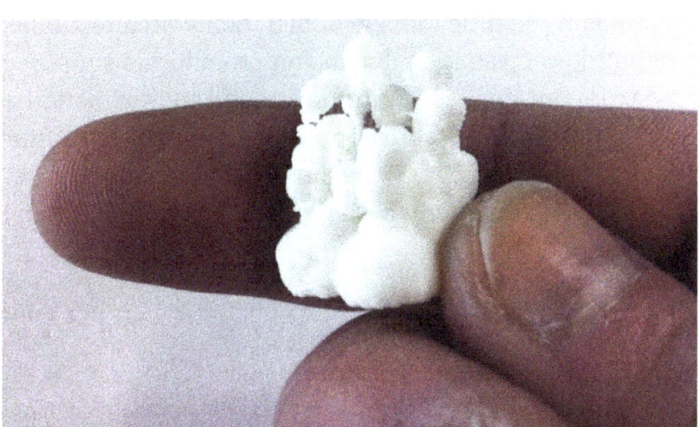

FIGURE 12.6 Figment Digital & Artéfacts Physiques, Impression 3D, 1cm^3, Pascale Lacroix, Helenna Luz & Vincent Marchaud.

Depuis les percepts et textures révélés par le *figment* jusqu'à l'algorithme, notre stratégie recherche une matérialité protéiforme et à la fin architecturale – par échafaudage d'un dispositif résolument complexe –. Cependant, une telle approche ne serait-elle pas un procédé composé en vue d'échapper à l'orthodoxie des raisonnements inférents de la déduction et de l'induction par le biais privilégié de l'*abduction* ? En effet, comme l'admet Jerry Fodor *a posteriori*, l'esprit n'est pas régi selon des règles répondant strictement à des postulats mathématiques [in]validés à partir de lois générales vers le cas particulier et inversement[28] – cas de la déduction et de l'induction –. L'abduction, quant à elle, tant sur le plan étymologique qu'anatomique d'ailleurs, *écarte* d'abord, afin d'aboutir ensuite à une proposition d'ordre hypothétique, prospectif. En ce sens, nos encapsulations paramétrées *abduisent*.

Mutabilité et variabilité

Mutations et variations issues d'une posture successivement et simultanément « digitale-paramétrique-analogique » pourraient, à l'image de toute langue naturelle, être mises en miroir avec les notions respectives d'évolution et désinence syntaxiques : les mots se transforment dans le temps, ils se délestent ou s'ornent de nouvelles lettres (castel ; château), ou revêtent une allure différente selon la situation (genre, nombre, conjugaison). De la même manière, les objets architecturaux projetés mutent par encapsulations successives et décalages produits par changement de support signifiant et varient sous l'égide des lois paramétriques et données volatiles énoncées par le scénario, « par contagion ». Le caractère approximatif que l'on pourrait *intuiter a priori* par tant d'incertitude est en réalité la définition d'un champ des possibles.

Matérialité structurelle et incertitudes assumées

De proche en proche, par encapsulations et incréments d'échelles, de la miniature suggestive au fragment téléologique, fruit du dispositif dicté par le scénario et la fiction, les étudiants se dirigent vers la matérialité architecturale, objectif annoncé en début de semestre. La dimension protéiforme supposée par une telle posture – assumant donc l'incertitude et non l'approximation – sous-tend l'élaboration de procédés de fabrication idoines capables d'absorber le degré d'indétermination injecté par la « déclinabilité » paramétrique et la *transduction encapsulatoire*[29], plutôt que par la traduction. Car s'il est vrai

---

28 Fodor, Jerry A., *L'esprit, ça ne marche pas comme ça : portée et limites de la psychologie computationnelle*, Paris, Odile Jacob, 2003.

29 Simondon, Gilbert, *Gilbert Simondon : entretien sur la mécanologie,* Entretien réalisé par Jean Le Moyne, 16mm (trois bobines), 1968. <http://www.christian-faure.net/2010/02/19/gilbert-simondon-entretien-sur-la-mecanologie/>.

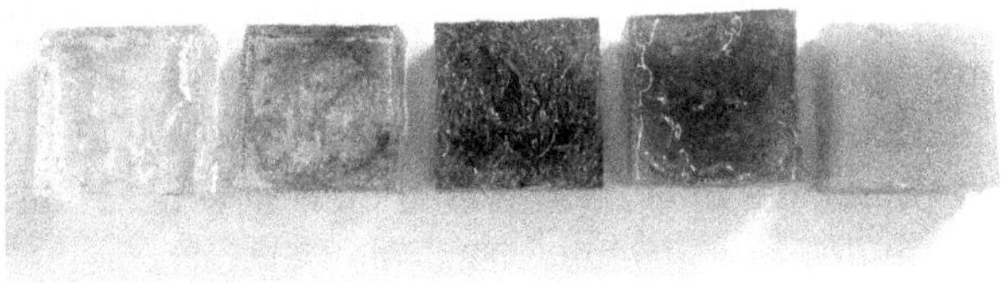

FIGURE 12.7
Fragments, échantillons de 5 × 5 × 2 cm, Adrien Marrocq, Théo Padovani & Diana Semancova.

que la forme à proprement parler n'est pas déterminée par un contour métré mais plutôt par des intervalles de potentialités sur toute la durée du projet, il faut alors de penser la structure – « non-standard » lorsqu'unique en tout point[30] – en tant que principe global et non en tant que détail local. L'échelle manipulable « du bout des doigts » de nos *figments* permet aux étudiants de mieux cerner cette globalité et le caractère changeant des formes véhiculées. Les fragments produits sont d'ailleurs de très petites tailles – ils tiennent dans la main –, ce qui n'était pas une consigne explicite.

Les dimensions « préhensibles » des *figments* et des fragments opèrent une forme de désinhibition envers la structure et le dessin technique, composantes qui d'ordinaire sont plutôt perçues comme annihilant la dimension créative et engendrant une forme d'appréhension du compromis[31].

De plus la stratégie pédagogique échafaudée en vue de maintenir cette désinhibition jusqu'à la fin du semestre, consiste à introduire la notion de dispositif technique et structurel *par analogie*, c'est-à-dire par exemple à dessiner le *détail technique du baiser*, imaginer un *torchis de plumes* représenté avec ses inconnues et degrés de variabilité plutôt qu'un rêche carnet de détails scrupuleusement coté. Ici, la fiction permet d'incarner ces analogies formelles.

Le maintien d'une posture de recherche lors de la conception d'un lieu autre à chaque étape du projet est rendu possible par la mise à distance impliquée par l'échelle miniature injectée sur toute la durée du semestre, par les patterns cognitifs apportés par nos différentes encapsulations ainsi que par la fiction en tant que fil directeur. Aussi, sans exclure le célèbre adage de Sullivan (*Form Follows Function*), nous pourrions reformuler le triple *fff* ainsi :

30 Migayrou, Frédéric, « *Les Ordres du Non-Standard* », In *Catalogue Architectures non-standard*, p. 59-65, Paris, Centre Georges Pompidou – HYX, 2003.

31 Burry, Mark, 2014, « *The Architectural Detail and the Fear of Commitment* », *Architectural Design* 84 (4), p. 134-141, doi:10.1002/ad.1792.

Form Follows Fiction…[32]

À travers nos *figments* matériels incarnant à la fois formes et fictions du dispositif, nous avons tenté d'introduire des notions complexes soulevées par les paradigmes nouveaux que produit le monde du digital dans la conception. Dürer et Vitruve s'intéressaient déjà aux machines à calculer, à la fois paramétriques, analogiques et architecturales[33] mais non computationnelles[34]. L'approche investiguée tout au long du semestre de Master en Architecture s'est donné pour objectif d'introduire l'idée selon laquelle le monde paramétrique et le monde analogique ne sont en effet pas antagoniques, voire miscibles à parts égales avec le monde numérique. La petitesse des objets manipulés physiquement, nos capsules d'univers, permet de mieux cerner ces mondes qu'elles renferment qui sont, à l'écran, dépourvus d'échelle. Ainsi nos *figments*, ici projectiles matériels de la conception, introduisent un rapport intime non seulement parce qu'ils peuvent être manipulés mais aussi parce qu'ils peuvent être enclos dans la main. De l'intensif à l'extensif, les objets produits en fin de semestre sont dès lors désacralisés puisque préhensibles. Et notre *entrée en matière* fait varier l'échelle plutôt que la taille en vue de toujours *toucher du doigt* la démesure – parfois vertigineuse – de la chose humainement construite : l'architecture, ici teintée d'avant-garde et ornée d'aspérités signifiantes.

---

32 Il faut noter que cette expression a été employée, déjà, par des architectes (Bernard Tschumi, Michel Denès, etc.), artistes et graphistes, titrant plusieurs ouvrages, article et même exposition.

33 *Instantanés d'architecture 2011-2012 : Bernard Cache*, 2011, Musée de la civilisation à Québec, <https://vimeo.com/33170610>.

34 Par exemple, le dessin de la *ligne escargot* calculé et tracé à l'aide d'une ficelle de longueur initiale x décrivant des cercles successifs autour de quatre clous plantés de sorte à former un carré.

PARTIE 6

Mutations technologiques : la miniature à la scène, à l'écran et à l'exposition

CHAPITRE 13

Rôle de la maquette et transduction dans la peinture scénographique : entretien avec Camille Courier de Mèré

Isabelle Roussel-Gillet et Évelyne Thoizet

Isabelle Roussel-Gillet et Évelyne Thoizet : *Pouvez-vous dire en quoi l'échelle miniature constitue une étape essentielle de votre travail de peintre scénographe ?*

Camille Courier de Mèré* : Le lien que j'entretiens avec l'échelle miniature s'organise grâce à la maquette[1], dispositif qui est en relation avec différents ordres de grandeur. Elle est ébauche, modèle réduit, encapsulant et rendant tangible ce qui est perçu d'habitude dans l'ordre de grandeur visuel. Selon l'étymologie, la maquette est une « petite tache ». En ce sens, dans mon processus de création, elle peut constituer d'abord une ébauche, dont la taille réduite implique une compression des gestes que fait l'artiste pour la réaliser, mais déploie simultanément les « devenirs » possibles de l'œuvre.

Un aspect plus essentiel à mes yeux est qu'il s'agit d'un terme appartenant au vocabulaire de la sculpture : la maquette signifie que l'œuvre picturale est envisagée dès le début comme disposant de trois dimensions. En partie grâce à la maquette et en partie grâce au milieu dans lequel le geste graphique de

* Après des études de sculpture et de peinture à l'ENSBA de Paris, Camille Courier de Mèré, en dialogue avec ses créations présentées dans le champ des arts visuels, réalise des toiles peintes pour les ateliers de décors de l'Opéra de Paris. De nombreuses collaborations avec des plasticiens, des compagnies de théâtre et de danse s'ensuivent. En continuité avec le sujet de son Master 2 en Art Contemporain et Nouveaux Médias, (Université Paris VIII), elle mène actuellement une recherche-création de doctorat, en études et pratiques des arts à l'Université du Québec à Montréal. Son sujet de recherche est le geste de dessiner sur la scène du spectacle vivant, avec des outils émergents, en particulier numériques, sous la co-direction de G. Trudel (ÉAVM, UQÀM) et J. Féral (Université Paris 3 et UQÀM). Camille Courier est actuellement chargée de cours à l'École Supérieure de Théâtre de l'UQÀM. Elle est membre du groupe de recherche PRint, et membre étudiante du Centre de recherches en arts technologiques Hexagram.

1 1752 « première ébauche d'une peinture ou d'une sculpture» (*Trév.*); 1873 « modèle réduit » ici, d'un décor de théâtre (*Lar.* XIXe. <http://www.cnrtl.fr/etymologie/maquette> consulté le 10/12/2016.

 | DOI 10.1163/9789004366206_014

peinture germe, impliquant des sensations haptiques et kinesthésiques autant que visuelles, le but est de faire passer l'image « du rang d'image qu'on voit au rang d'image qu'on vit. »[2]

La maquette donnant un aperçu qui convoque une économie perceptive renouvelée, elle permet à mon propre imaginaire de se déployer. Elle est support de rêverie, à l'instar de la maison de poupée. Il s'agit d'abord d'une petite boîte dans laquelle des ordres de grandeur, des qualités très éloignées dans la réalité, peuvent se précipiter. Cette composante sera prolongée par la scène théâtrale, qui conserve ce caractère de la « boîte magique », des « mondes du réalisme magique »[3] selon la formule de Bachelard. Je pense ici à la maquette de la maison d'enfance du personnage principal dans *887* de R. Lepage[4], qui articule toute la dramaturgie de la pièce.

Les *Dwellings* de C. Simonds[5], ces architectures miniatures, sortes de capsules oniriques et/ou mémorielles, installées dans le creux des murs, ceux de musées, d'édifices appartenant à l'espace public, nous ramènent elles aussi au fait que « le premier univers de l'humain est topologique, déformable, fondé sur les notions de voisinage et de séparation, de succession et d'entourage, d'enveloppement et de continuité, indépendamment de tout schéma formel et de toute échelle fixe de mesure. »[6]

Mon approche de la miniature repose sur l'étude de « l'esprit des lieux », que la maquette peut concourir à rendre non seulement visible mais médium d'une expérience singulière pour les regardeurs. Cette approche induit que l'espace n'est pas « une réalité en soi dont la représentation seule est variable selon les époques. L'espace est l'expérience même des humains »[7].

Comment êtes-vous parvenue à cette conception de l'espace ? Pouvez-vous retracer les grandes lignes de votre parcours ?

Camille Courier de Mèré : À rebours du déploiement que je viens de décrire, ma pratique plastique a débuté en allant du monumental vers le minuscule : de l'architecture vers l'écriture imprimée. Après mes études à l'ENSBA de Paris, j'ai obtenu une bourse de recherche pour réaliser des relevés épigraphiques

2 Gaston Bachelard, *La Poétique de l'espace*, [1957], PUF, Quadrige, 2001, p. 142.

3 *Ibid.*

4 <http://www.tnm.qc.ca/piece/887/>.

5 <http://www.3dlit.org/practice/Simonds/cs_images/12cs_ledge_98_greene_st_1971.png>.

6 Pierre Francastel, *Peinture et société*, Paris, Édition Denoël, 1950, p. 40.

7 *Ibid.*, p. 38.

directement sur les parois gravées de certaines chapelles des temples de Karnak[8].

Je rapportais mes grands dessins – calqués sur un film transparent – à l'égyptologue pour qui je travaillais afin que les formes et motifs relevés soient traduits. Il comparait mes relevés avec d'anciennes traductions de ces mêmes parois gravées, et son interprétation ajoutait une strate aux textes précédents. Ensuite, je redessinais en tout petit, à l'échelle des caractères imprimés d'un livre de poche, au Rotring sur calque, tous mes relevés fondus en langue hiéroglyphique normalisée, cette « synthèse performée » afin qu'elle soit publiée en regard de la nouvelle traduction.

Cette suite de métamorphoses corrèle des ordres hétérogènes. Je calquais des signes figuratifs gravés, représentant un objet, un végétal ou un animal, et qui constituaient une écriture, mais je n'en découvrais la signification que bien après les avoir observés et dessinés. Puis je réduisais drastiquement l'ensemble des gravures du mur d'un temple à l'échelle d'une petite page imprimée. Mon but était de produire un texte à partir des différences, par superposition de couches. Cette démarche me semble cruciale dans le geste pictural scénographique tel que je le pratique et l'étudie aujourd'hui.

Cette expérience m'a donné le désir d'apprendre à dessiner-peindre à l'échelle de l'architecture urbaine, et de créer des œuvres destinées à l'espace public. Renseignements pris, il s'est avéré que les ateliers de l'Opéra de Paris étaient un des seuls lieux où se pratique intensivement la peinture à l'échelle monumentale, en l'occurrence celle de deux salles de théâtre, accueillant chaque soir respectivement 2745 (Bastille) et 2013 spectateurs (Garnier) soit 800 000 spectateurs par an.

J'ai pu intégrer ces équipes et deux peintres ont commencé à me transmettre leur métier (entre 2005 et 2010). La méthode picturale scénographique, qu'on appelle « à l'italienne », est singulière. Elle implique notamment une immersion du corps du peintre dans son œuvre, ainsi qu'un abandon du plan vertical, ce qui rend l'image difficile à saisir en termes d'échelle : « L'image ne veut pas se laisser mesurer. Elle a beau parler espace, elle change de grandeur. La moindre valeur l'étend, l'élève, la multiplie. Et le rêveur devient l'être de son image »[9].

La peinture scénographique implique aussi deux dimensions qui sont devenues de plus en plus fondamentales dans ma praxis de plasticienne. D'une part, la création collective, le fait que la relation entre les peintres œuvrant

8 Bourse bilatérale, dessin archéologique pour les publications du CNRS, Centre Français d'étude des Temples de Karnak, Égypte, 2001-2002.

9 Gaston Bachelard, *La Poétique de l'espace*, *op. cit.*, p. 142.

ensemble et le cheminement de fabrication priment sur la toile réalisée ; d'autre part, une approche interprétative de l'art de peindre, au sens de « performer une maquette », c'est-à-dire de passer au travers de la forme par des gestes. Autrement dit, il s'agit de produire une traduction de cette maquette. Une autre caractéristique notable de la peinture scénographique est la nécessité de fabriquer ses outils picturaux pour chaque maquette.

Par exemple, la toile peinte pour l'opéra *Luisa Miller*, un paysage[10] transformé chromatiquement par le scénographe, et traduit par nous, peintres scénographes.

La réalisation commence par l'étude de plans, le relevé de données, les calculs de quantités, l'évaluation de coûts. On coule une partie des données issues de la maquette en deux dimensions dans des nombres.

En peinture scénographique, pour passer de la maquette à la toile peinte qui est à l'échelle d'un plateau donné, on fait ce qu'on appelle une « mise au carreau » (fig. 13.4), c'est-à-dire qu'on appose un quadrillage, une grille, sur l'image-maquette. On numérote les carrés à partir du centre vers la périphérie sur toute la longueur de la toile et du bas vers le haut. Ensuite, cette grille est figurée par des fils tendus sur la toile de grand format, et la numérotation est inscrite au sol autour de la toile en chiffres géants. Grâce à cette grille, il est possible de s'orienter dans la toile et d'y dessiner les lignes et formes qu'indique la maquette, qui seraient autrement impossibles à saisir. Sans cette opération, le passage de l'ordre maquette à l'ordre toile scénique serait complètement brouillé. Mais c'est aussi grâce à ce procédé que l'on perd la maquette en quelque sorte. Au lieu de voir, le peintre scénographe se met à compter et à composer des fractions carrées d'une image dont il ignore la totalité. Pour lui, la transition vers les images encodées numériquement et projetées à l'échelle du plateau est très fluide. L'encodage en grille de pixels est mitoyen de cette mise au carreau des données plastiques et le peintre scénographe met cette maquette en diagramme. À propos du mode opératoire d'un peintre, Deleuze écrit :

> C'est ce que Bacon appelle un Diagramme : c'est comme si, tout d'un coup, l'on introduisait un Sahara, une zone de Sahara, dans la tête ; c'est comme si l'on y tendait une peau de rhinocéros vue au microscope ; c'est comme si l'on changeait d'unité de mesure, et qu'on substituait aux unités figuratives des unités micrométriques ou au contraire cosmiques.[11]

---

10 Caspar David Friedrich, huile sur toile, mesurant 1m sur 70 cm environ, peinte entre 1830 et 1835.

11 Gilles Deleuze, *Logique de la sensation*, chapitre XII : Le diagramme, Paris, Éditions de Minuit, 1981, p. 65.

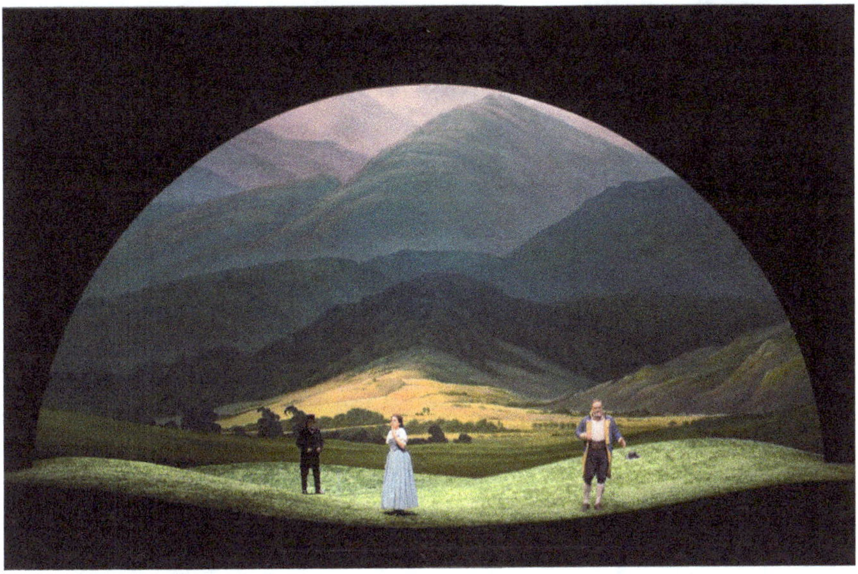

FIGURE 13.1 Luisa Miller, *Musique de G. Verdi*, mise en scène de G. Deflo, scénographie de W. Orlandi, création Opéra National de Paris Bastille, 2008. Format 36 m de large sur 19m de haut. Acrylique et pigments sur coton. Toile peinte avec Gisèle Rateau et Thierry Desserprit. Photo C. Leiber et C. Pelé, ONP.

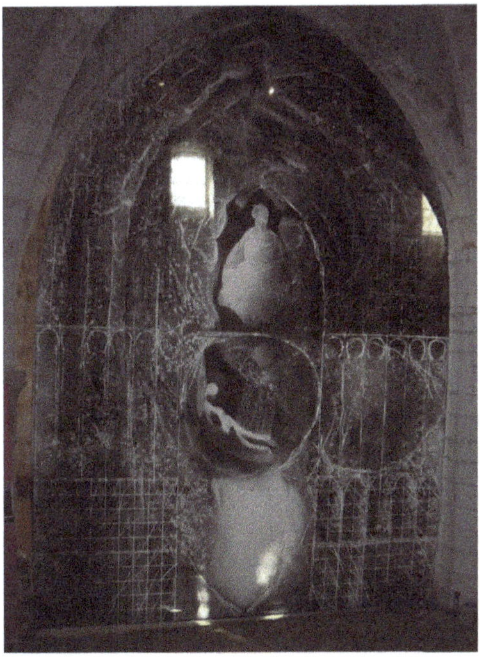

FIGURE 13.2
Radio (toile centrale), peinture acrylique noire vaporisée sur toile translucide, 2007. Musée St Germain, Auxerre. Format : 530 cm × 365 cm. Photo C. Courier.

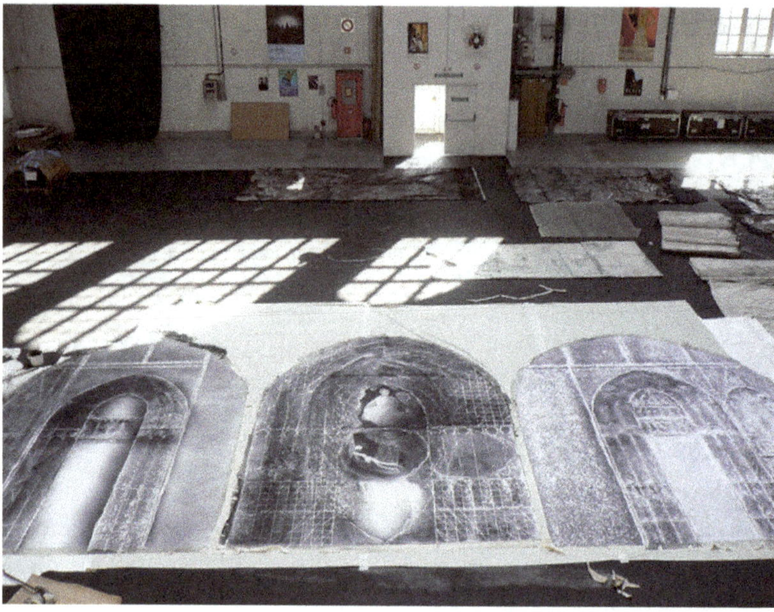

FIGURE 13.3 *Radio* (3 toiles à Berthier), peinture acrylique noire vaporisée sur toile translucide, 2007. Musée St Germain, Auxerre. Formats : 530 × 365 cm (gauche et centre) et 530 × 425 cm (droite). Photo C. Courier.

Les ordres de grandeur nommés ici procèdent de ce mode opératoire. Il y a nécessité de faire intervenir de l'incommensurable, de changer de référentiel, d'opérer un dépaysement radical, pour arracher le réel à la figuration.

Pourriez-vous nous présenter deux projets en lien avec cette réflexion sur la miniature ?

Camille Courier de Mèré : Deux œuvres dans mon parcours recourent à la miniature, au sens où la maquette a généré certaines dimensions essentielles. D'abord, les trois toiles peintes pour *Radio.* (fig. 13.2 et 13.3) étaient une création *in situ* destinée à servir de portail à une exposition patrimoniale.[12] Grâce à un échantillonnage précis de l'échelle des valeurs, et au fractionnement opéré par le geste (peinture à la goutte) des éléments dynamiques, le passage d'une maquette au 1/25ème, en deux dimensions, peinte sur du papier noir opaque, a abouti à des œuvres translucides articulées organiquement avec une architecture.

12 Exposition *La Cathédrale en chantier*, curatrice : J. Didierjean, Musée St Germain, Auxerre, 2007. <http://camillecourier.net/index.php?/commandes-espace-public/>.

Ensuite, l'exposition *Sacré Printemps*[13] m'a également amenée à construire une maquette « traditionnelle » très précise. J'avais été invitée à investir cinq espaces différents dans le centre d'art présentant l'exposition. La maquette me permettait de visualiser les trajectoires des futurs regardeurs entre les espaces, mais surtout de modéliser la circulation de la lumière dans les différents espaces investis. Chacune des pièces était constituée d'au moins un miroir souple de grand format, faisant pénétrer la lumière et les formes du paysage alentour dans les œuvres, annulant ainsi certains murs des espaces d'exposition, renvoyant des circulations de rayons lumineux à l'intérieur de manière inédite. J'ai pu me rendre compte, à l'échelle d'une petite table de travail, des flux lumineux et des forces plastiques (formes des portes, fenêtres escaliers, contrastes, lignes, couleurs) en considérant non seulement l'édifice investi lui-même, mais aussi ses extensions, et donc la manière dont je pouvais traduire cet esprit des lieux pour donner à vivre aux visiteurs une continuité entre extérieur et intérieur.

Dans votre démarche artistique apparaissent donc deux changements d'échelle successifs : d'abord de la maquette à la toile peinte pour la scène en grandes dimensions, ensuite de la toile peinte aux dimensions de la scène au paysage grandeur nature qu'elle figure et qui donne une impression d'immensité.

Camille Courier de Mèré : J'ai parlé du changement d'ordre de grandeur qui a lieu quand on passe de la maquette à la toile peinte de grand format, dans le mode opératoire scénographique qui se nomme à l'italienne.

Effectivement, ce que nous faisons est chaque fois une tentative de faire communiquer ensemble des réalités qualitativement hétérogènes dans un processus de feuilletage, comme une approche stratigraphique. Nous superposons des couches et observons, au fur et à mesure, ce que ce milieu a créé, milieu dont nous sommes une composante (énergétique, gestuelle, apportant des données graphiques, chromatiques). L'impression d'immensité est aussi, peut-être même d'abord, une sensation d'intensité. Dans le mode opératoire décrit ci-dessus, après avoir « mis au carreau » la maquette, pour la traduire en donnée scénique, nous fabriquons la gamme colorée. Ce moment est un seuil critique. Mais il y en a plusieurs. J'ai évoqué plus tôt le passage couché, horizontalité, qui dilue l'inscription dans un ordre de grandeur humain. Ces toiles immenses destinées à la scène théâtrale semblent faites pour être vues du ciel, par des oiseaux, et en tout cas dans un espace qui n'est ni une maison ni même un musée : elles ne peuvent y entrer.

13 Exposition *Sacré Printemps*, Château de Saint-Ouen, commande de la Direction des Affaires Culturelles, Ville de Saint-Ouen, 2013.

La création de la gamme colorée à partir d'une maquette donnée constitue un exemple d'étape critique. Précisons que cette gamme cadre le jeu de certaines forces en présence. Elle ramène de nouveau au sol, du point de vue de sa composition physique : nous utilisons des pigments pour fabriquer notre peinture, nous générons nos tons à partir de colle diluée et d'éléments minéraux, cuits pour la plupart, et/ou reproduits chimiquement. Mais beaucoup de terres (de Sienne, d'ombre, verte, de Cassel) sont engagées ici, et apportent leurs qualités, en particulier quand on peint un paysage comme celui pour *Luisa Miller*. Il y a bien sûr également le second passage que pointe votre question : quelle relation existe entre le paysage, la « grandeur nature » et la toile de 37 m d'ouverture sur 19 m de hauteur que nous avons peinte (avec G. Rateau et T. Desserprit) pour constituer le décor de l'opéra intitulé *Luisa Miller*. Chaque fois que j'ai eu à peindre un élément de la « nature », un arbre ou un paysage – de mémoire, mais aussi de visu, en copiant –, je suis revenue à l'arbre, ou au paysage avec une curiosité et un étonnement considérables quant à la manière dont chacun s'y prenait pour se faire, son type de présence et d'intensité singulières. Autrement dit, sans les aquarelles (minuscules) de Cézanne, je ne peux pas savoir comment la montagne s'y prend pour se constituer montagne ; sans les petits formats d'O'Keeffe, je ne sais rien de la manière dont se produit l'immensité des déserts américains dans mes yeux.

Ce que j'essaie de saisir en ce moment avec ma recherche-création de doctorat, c'est ce rapport entre le désir d'apprendre, de comprendre, et ce geste de dessiner-peindre scénographique si on le montre à l'échelle de la scène de spectacle vivant.

Est-ce que vous avez l'impression de franchir un seuil critique, selon l'expression employée par Olivier Rey dans Une question de taille*, en passant d'une dimension à l'autre ou bien est-ce qu'il y a une certaine continuité dans le geste et la démarche ?*

Camille Courier de Mèré : J'ai appris la peinture scénographique en peignant des toiles selon la méthode « à l'italienne », dans les ateliers de l'Opéra de Paris. Or que fait le peintre pendant qu'il dessine en termes d'échelle ? Pour décrire ce mode opératoire précis, nous dessinons d'abord sur le sol et nous sommes donc des habitants de la toile en train d'être peinte. Nous regardons la toile depuis la hauteur de nos yeux et n'en voyons que ce que la dimension de nos propres corps nous offre au regard. Nous n'en verrons jamais que des morceaux. La monumentalité, le caractère océanique des toiles de 26 mètres d'ouverture (c'est la dimension, en largeur, des scènes de Garnier et de Bastille) libèrent le geste, l'œil et la conscience. C'est l'expérience anti-photographique par excellence. Pendant le geste de peindre, il nous est impossible de cadrer : c'est bien plutôt le peintre qui se trouve cadré par la toile. Les agents à l'œuvre entre ce corps et cette toile à peindre présentent différentes compétences. Elles sont optiques, tactiles, haptiques et kinesthésiques, ce qui m'amène à détailler l'ordre de grandeur énergétique.

Entre la maquette en format A4 et la toile de 26 mètres d'ouverture, qu'y a-t-il? Des ordres de grandeur à arpenter, à éprouver, difficilement traductibles en mots. Le peintre, apportant son corps, n'apporte pas du verbe : il actualise une série d'ordres de grandeur entre lesquels il déambule. Il s'agit tellement d'expérimenter que les scénographes, au moment de transmettre leur maquette aux peintres, disent quasi systématiquement, avec un air entendu : « Voici la maquette pour la toile à réaliser, mais – bien sûr –, il ne faut pas faire ça... ».

Dès la conception, les peintres sont donc bien conscients du fait que l'image peinte à l'échelle du plateau différera qualitativement de l'image-maquette. En quoi diffèrera-t-elle?

Comme l'écrit O. Rey : « Il [...] résulte des changements de physionomie quand la taille varie, et ce qu'on appelle des « bifurcations », c'est-à-dire des changements brusques lorsque certains seuils sont atteints, comme par exemple une rupture. »[14] Il ne s'agit pas de ruptures en l'occurrence mais d'un devenir qualitativement étranger au climat de la maquette, si l'on garde à l'esprit que : « Le nœud entre quantité et qualité est impossible à défaire. »[15]

Ce qui frappe, c'est votre place dans cette création : quand vous élaborez votre « maquette », vous devez être immense par rapport à cette maquette et extérieure à elle et quand vous peignez le décor, vous êtes toute petite et immergée dans l'espace que vous peignez : cette différence de taille et de position influe-t-elle sur votre création ?

Camille Courier de Mèré : Je ne suis pas immense mais je peux embrasser du regard ce que je pressens de la toile à peindre avant de la commencer, sous forme de maquette et ensuite je rejoins « l'horizon du sol »[16] quand je peins en très grand format ; que ce soit pour le théâtre ou en résonance avec une architecture donnée. Une fois la toile tendue et fixée au sol, plus rien n'est général, il n'y a plus de tout ni de parties. Il n'y a que des événements singuliers, des relations, des rencontres inédites.

---

14 Olivier Rey, *Une question de taille*, Paris, Éditions Stock, 2014, p. 159 et p. 167.

15 *Ibid.*

16 Gilles Deleuze, *Logique de la sensation*, *op. cit.*, p. 68.

Là où l'opération commence à disposer de ses propres desseins, c'est que chacun-e des peintres pressent un climat, et porte un horizon singulier. Nous ne verbalisons qu'une partie de ses flux, de ses « devenirs » existant en puissance dans la maquette de la toile peinte. Ajoutons à cela l'importance des matériaux, des supports. Par exemple, le végétal impliqué ici : la toile de coton, sa couleur, son grammage, son tissage, sa capacité d'absorption de la peinture, la matité particulière qu'elle donne à la matière colorée. Bref, tous les actants humains et non-humains, souvent microscopiques, sont impliqués dans ce que j'appelle nos « tentatives d'intensité ». À la différence du tableau peint par Friedrich en petit format et verticalement, nous foulons ce paysage, nous sommes traversés par lui, nous devenons « les êtres de cette image »[17].

Mais là n'est pas la différence essentielle : les voyages dans les échelles se produisent dans des strates qualitatives, constituent les différences entre ce que l'on perçoit quand l'œil « théorise » de loin, -comme le spectateur assis dans une salle de théâtre qui envisage l'ensemble du plateau, et se rappelle à sa propre verticalité- et cette peinture couchée, qui germe, qui nous contient.

Est-ce que vous considérez la « maquette » comme partie intégrante de votre art ou bien est-ce qu'elle reste extérieure comme si finalement seul comptait le résultat (la toile peinte) ? Est-ce que vous conservez cette « maquette » ? Quand vous concevez le paysage scénique, est-ce que vous visualisez un paysage réel, en grandeur nature, dont le paysage scénique serait le modèle réduit ? En d'autres termes, est-ce que vous pouvez expliciter la « transduction » qui caractérise votre démarche ?

Camille Courier de Mèré : Il faut d'abord distinguer la traduction de la transduction : pour la traduction, la maquette est un point d'entrée dans une série de transpositions qui cryptent et reconfigurent le milieu et les actants impliqués dans un but commun. En revanche, pour la transduction, -considérant que la relation prime sur les individus- une des définitions que Simondon donne de ce concept est qu'elle constitue une modification structurant un domaine en s'y propageant, rayonnant vers les couches voisines et leur servant d'amorce, sans but préétabli.

Simondon ajoute que, pour saisir l'opération transductive, il faut substituer la notion de forme à celle d'information.[18] Je précise qu'il emploie ce terme

17 Gaston Bachelard, *La Poétique de l'espace*, *op. cit.*,, p. 146.

18 Gilbert Simondon, *L'Individuation à la lumière des notions de forme et d'information*, Grenoble, J. Millon, 2013, p. 35.

d'information selon l'étymologie, qui signifie : prise de forme des forces en présence.

Ce concept semble, à ce stade, propre à appréhender les réalités concrètes rencontrées lors des captures de mouvement que j'opère actuellement au Centre de recherches en arts technologiques Hexagram, pour tenter de comprendre mieux le geste de dessiner-peindre scénographique.

Je peux conserver les maquettes, mais souvent les matériaux ou éléments employés pour réaliser une maquette sont plutôt réutilisés, recombinés, pour en faire une autre. Depuis quelques années, mes maquettes sont virtuelles, comme en ce moment avec le logiciel Maya qui me permet de qualifier, de stratifier ma maquette et d'y voyager. Elle est construite à partir des nuages de points enregistrés grâce à un système de capture de mouvement électromagnétique.

Le geste est très important dans votre démarche de création : on vous voit peindre et l'articulation entre les trois grandeurs que vous formulez (énergie, relation, matière) est en partie assurée par votre geste. On peut penser aux spectacles de nanodanse de Michèle Anne De Mey, Jaco Van Dormael & collectif Kiss & Cry où les gestes des mains permettent d'habiter l'espace miniature et de vivre un changement d'échelle qui, paradoxalement, décuple les émotions.

Camille Courier de Méré : Si le geste est effectivement essentiel, il est relié à de nombreuses autres données, constituant le milieu de ma recherche-création de doctorat, qui porte sur le geste de dessiner-peindre performé sur la scène de spectacle vivant. J'ai commencé à nommer certains des ordres de grandeur qui communiquent ensemble dans ce cas précis :

- un ordre énergétique (corps humain, geste) qui est perceptible mais souvent invisible et inconscient, agi par des éléments microscopiques.
- un ordre relationnel (dans la création entre artistes et entre assemblée humaine et artiste) qui est constitué par la relation tissée à un instant précis entre une assemblée humaine (regardeurs) et un être humain dessinant sur scène. Cet ordre de grandeur active une dimension qui excède l'individu, ou le précède.
- un ordre matériel (pigment, support, lumière) et technique (pinceau, vidéoprojecteur, capteur, écran, hardware) qui connecte l'artiste dessinant sur scène à des possibles spatiaux et temporels.

Contrairement aux spectacles de nanodanse du collectif Kiss and Cry, nos mains doivent absolument disparaître aux yeux du public. D'abord, il ne faut pas sentir de différence entre la main d'un-e peintre et d'un-e autre. Il est préférable que le questionnement sur la manière dont est faite l'image vienne très tard, une fois que les forces plastiques ont tissé un réseau de sensations et d'émotions intenses avec les regardeurs. F. Bacon dit vouloir que ses œuvres atteignent immédiatement le système nerveux du spectateur afin d'éviter « l'ennui d'une histoire à raconter ». La perception des différences ne doit pas se situer sur ce plan-ci, car cela fermerait le champ à la contemplation et la rêverie.

L'ordre énergétique nommé ci-dessus est articulé avec les autres par la dimension performative du geste plastique. La manipulation, le contrôle et la production de mesure(s), donnent lieu, grâce au geste, à la possibilité d'invention et de production libre, à partir d'une maquette minuscule au regard de ce que sera l'œuvre présentée au public. Il s'agit, en partie, de transferts d'énergie : « Dans le cas des transformations énergétiques, [...] la mesurabilité n'est pas du tout "donnée", elle doit être créée, fabriquée de toutes pièces, mais la définition d'une possibilité de mesurer n'est pas, dans ce cas, arbitraire. Elle est créatrice. »[19]

Ma pratique se situe entre le champ des arts visuels et celui du spectacle vivant. Dessiner, c'est confronter une échelle énergétique, portée, liminale, à une échelle qui est celle du visible. Dans le domaine de la peinture scénographique, la possibilité de mesurer est créatrice. En tant que peintre, on « apporte son corps[20] » et on tente ainsi, par l'apport de cet ordre de grandeur, de faire apparaître certaines forces invisibles. Le corps du peintre infuse un tracé par un geste. Il introduit la main et la suit : « C'est comme une catastrophe survenue sur la toile, dans les données figuratives et probabilitaires. »[21] Des réalités visuelles et tactiles peuvent ainsi communiquer ensemble :

> C'est comme le surgissement d'un autre monde. Car ces marques, ces traits sont irrationnels, involontaires, accidentels, libres, au hasard. Ils sont non représentatifs, non illustratifs, non narratifs. Mais ils ne sont pas davantage significatifs ou signifiants : ce sont des traits asignifiants. Ce sont des traits de sensation, mais des sensations confuses (les sensations confuses qu'on apporte en naissant, disait Cézanne). Et surtout ce sont des traits manuels. C'est là que le peintre opère avec chiffon, balayette, brosse ou éponge ; c'est là qu'il jette de la peinture avec la main. C'est

19 Isabelle Stengers, *Cosmopolitiques I*, Paris, Éditions la Découverte, 2003, p. 205.

20 Maxime de Paul Valéry, citée dans Maurice Merleau-Ponty, *L'Œil et l'esprit*, Paris, Gallimard,1964, p. 14.

21 Gilles Deleuze, *Logique de la sensation*, *op. cit.*, p. 68.

> comme si la main prenait une indépendance, et passait au service d'autres forces, traçant des marques qui ne dépendent plus de notre volonté ni de notre vue. Ces marques manuelles presque aveugles témoignent donc de l'intrusion d'un autre monde dans le monde visuel de la figuration.[22]

Pour résumer les différents aspects de ce processus de peindre en scène ou pour la scène, G. Simondon ouvre un champ pertinent à cette réflexion lorsqu'il parle « d'amplification transductive » en suivant le schéma de la cristallisation, dans lequel chaque couche sert de germe à la suivante.

Pourtant, c'est le résultat peint, et non votre geste, qui va être vu par les spectateurs : est-ce que le mouvement et l'émotion apparaissent tout de même dans la toile peinte ? Est-ce que ce sont les acteurs qui vont animer cette toile ? Que vous en disent les spectateurs ?

Camille Courier de Mèré : Une composante notable des gestes-matériaux qui ponctuent les métamorphoses entre immensité et maquette minuscule est ce qu'on appelle : « peindre à la goutte ». L'horizontalité de la toile permet de projeter la matière picturale en volée de gouttes qui produisent, à force de superpositions et de jeux graphiques et chromatiques, quelque chose qui existe plastiquement. Lors de chaque projection de nuages de points, nous dosons la taille des gouttes et leur forme. Ce geste voyage aisément d'une échelle (de mesure positiviste) à une autre, mais aussi d'un ordre de grandeur à un autre. En l'occurrence, avec le système de capture de mouvement que j'utilise actuellement pour réaliser le geste de peindre scénographique « numériquement », ce que nous enregistrons du geste graphique, ce sont aussi des nuages de points, qui encodent le geste-matériau en trois dimensions. La visualisation en trois dimensions permet d'observer des micro-gestes, soit inconscients, soit imperceptibles à l'œil nu.

Dans la pièce actuellement en cours d'élaboration, je cherche à présenter le geste et l'œuvre sur la scène de spectacle vivant de manière simultanée. Le milieu associé du théâtre (comme biotope technique et symbolique) apporte la dimension du vivant *hic et nunc*. Les gestes propres à la peinture scénographique demandent un type de capture de mouvement qui s'approche de celle utilisée en danse, et déterminent la technologie à laquelle j'ai recours. L'important est que la « qualité du mouvement soit convaincante et non pas que l'apparence originale de l'interprète soit fidèlement reproduite. »[23] La firme qui a

22 *Ibid.*, p. 72.

23 Marc Boucher, *Nouvelles technologies et illusion d'immédiateté*, Archée, 2006, p. 2.

créé ce dispositif est spécialiste des solutions de capture de mouvement inertielles. Il s'agit d'un costume enveloppant le corps, muni de plusieurs capteurs qui enregistrent les mouvements, grâce à des accéléromètres et des gyroscopes, et sans caméra externe. Ce dispositif propose différentes applications pour l'analyse des mouvements et il est utilisé dans l'analyse biomécanique, les sciences de la performance sportive, la rééducation, l'ergonomie, entre autres. Il permet à l'acteur ou au performeur scénique de devenir « marionnette et marionnettiste en même temps. Et on peut voir sa réalité physique donner vie au personnage digital »[24]. Ma relation à la maquette est de cet ordre : je manipule et je suis manipulée, et je vois ma réalité physique donner vie à des forces plastiques.

La « maquette » miniature est d'ordre spatial et visuel. Le temps intervient-il dans votre création ? Mettez-vous plus de temps à élaborer la « maquette » ou bien à peindre ou dessiner l'œuvre finale? Bachelard souligne à quel point la miniature (qui occupe si peu de place dans l'espace) demande un long et minutieux travail d'élaboration : est-ce le cas pour vous ?

Camille Courier de Mèré : En peinture scénographique, je participe rarement à l'élaboration complète de la maquette, contrairement à ce qui se produit quand je crée une exposition *in situ* ou une œuvre pour l'espace public.

Le temps est important dans la mesure où le milieu esthétique et économique dans lequel se crée l'œuvre est celui du spectacle vivant. On déplace le geste de peindre dans le champ des arts du temps ; mais ce n'est pas le temps de réalisation qui est important en tant que tel, bizarrement il peut se dilater (six mois de peinture pour les tulles peints de la *Dame aux camélias*[25] ou se condenser de manière extrême (cinq jours pour *Angelus Novus Anti-Faust*[26]).

Quand le geste de peindre est concomitant de l'œuvre, comme dans la pièce en création actuellement, la maquette est créée après que l'œuvre a été performée, en visualisant les images virtuelles recréées à partir des captures de mouvement, mais sa durée d'élaboration demeure invisible.

Une « combinatoire » énergétique, technique, spatiale et temporelle me semble donc plus présente que le facteur temps seul. Par exemple, les capteurs que nous utilisons en ce moment pour enregistrer en 3D le geste pictural mesurent des accélérations, et des gyroscopes permettent de préciser la position

---

24 Gregory Duran, extrait du film présentant le processus de création avec capture de mouvement mené par la Royal Shakespeare Company pour une mise en scène de *La Tempête*, 2016-17. <https://www.youtube.com/watch?v=1GH1KNNvv4w>.

25 <http://camillecourier.net/index.php?/bastillegarnier/la-dame-aux-camelias/>.

26 <http://camillecourier.net/index.php?/bastillegarnier/angelus-novus-antifaust/>.

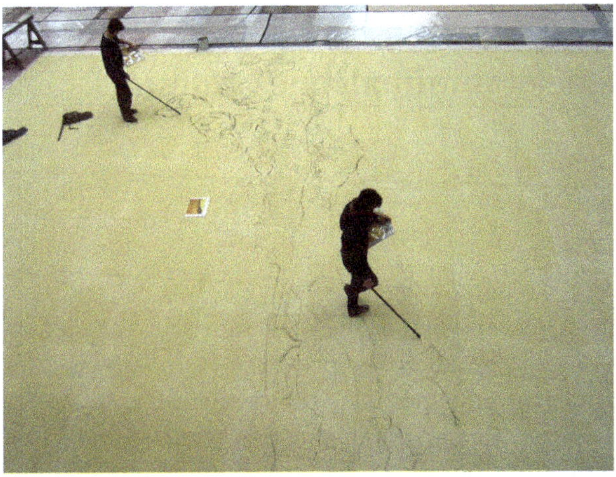

FIGURE 13.4
Mise au carreau, peinture acrylique noire vaporisée sur toile, 2009. Décor de l'Arlésienne, atelier de peinture scénographique de l'Opéra Bastille. Format : 18 m sur 12 m. Photo O.N.P.

angulaire de chacun des membres du performeur. Ce geste de peindre est « estimé virtuel [...] car on ne règle pas le mouvement sur les objets, mais les objets sur le mouvement »[27], ce qui permet d'accéder à des aspects spatiaux et temporels inaccessibles aux spectateurs comme aux performeurs, et de projeter ce geste dans des précipités d'échelle inédits, qui ne sont pas liés à la durée d'élaboration de la maquette.

Les dimensions extéroceptive et proprioceptive de l'aventure picturale dont j'ai fait l'expérience grâce au mode opératoire de la peinture scénographique peuvent donc se lire si on combine la dimension temporelle à l'ensemble du « milieu associé ». Partant du postulat que :

« Quand on transforme et qu'on améliore un outil, c'est le schéma corporel tout entier qui fait reculer ses limites, se dilate, se libère »[28]. Ce qui compte alors, c'est de nous trouver dans un état d'esprit où nous ne savons pas comment faire ce que nous avons à faire, et où nous devons inventer et fabriquer nos prolongements picturaux pour y parvenir, qu'ils soient spatiaux, temporels, perceptifs, médiatiques.

Dans ce dernier cas, la maquette réalisée après coup exige un temps de réalisation plus long que l'œuvre picturale scénique. Elle peut aussi constituer un actant apte à tenter de se structurer par ce qui est en train d'être peint. En tout cas, il s'agit de visualiser les espaces, les différences, les distances, entre nos perceptions visuelles, tactiles, kinesthésiques, pour tenter « d'ouvrir » le temps du tracé en train de se faire de manière transductive.

27 Marc Boucher, *Capture de mouvement, capture de performance et danse virtuelle*, Archée, 2011, p. 4.

28 Gilbert Simondon, *op. cit.*

CHAPITRE 14

Entre miniaturisme et minimalisme : *Maestà* d'Andy Guérif

Bruno Thibault

Andy Guérif, né à Angers en 1977 et diplômé de l'École supérieure des Beaux-Arts dans la même ville en 2001, est un artiste plasticien et un cinéaste. Ces deux facettes de son travail sont présentes dans son dernier film, *Maestà, la Passion du Christ*, réalisé en 2015. Ce film est en effet basé sur la reproduction du fameux retable polyptique de Duccio di Buoninsegna (c. 1255–1260 – c. 1318–1319) et sur l'animation des vingt-six scènes qui le composent en vingt-six tableaux vivants miniaturisés sur grand écran. La grande *Maestà* de Duccio, réalisée pour la cathédrale de Sienne en 1308, est peinte recto-verso : une Vierge en majesté sur une face, la Passion du Christ sur l'autre[1]. Cette Passion y est présentée sous la forme d'un récit imagé – un peu comme une bande dessinée – qui suit de près le récit évangélique. Guérif a reconstitué minutieusement chaque décor du maître primitif italien, avec ses bizarreries, ses architectures complexes et son absence de perspective, en atelier et à échelle humaine. Puis il a filmé dans chaque décor la scène qui s'y déroule jusqu'au moment où les personnages s'immobilisent, reproduisant ainsi exactement l'image peinte par Duccio[2]. Enfin il a rassemblé ces tableaux vivants à l'écran

1 Le mot 'Maestà' veut dire 'Majesté'. Le retable de Duccio est resté en place au maître-autel de la cathédrale de Sienne jusqu'en 1506. Il est actuellement visible au Museo dell'Opera Metropolitana del Duomo, proche de la cathédrale. On considère ce chef-d'œuvre comme un jalon majeur dans l'évolution de la peinture occidentale. L'historien de l'art Pierre Courthion explique que Duccio présente « une façon nouvelle de composer l'espace et de grouper les personnages (Pierre Courthion, *Naissance de la peinture en Europe : Les Primitifs*, Paris, Nathan, 1984, p. 43). Certes le retable de la Passion possède encore un peu de la raideur des images byzantines mais le peintre « rend l'espace sensible à nos yeux » (*Ibid.*).

2 En 2006, Andy Guérif avait déjà réalisé un court métrage de 30mn, intitulé *Cène*, dans lequel treize ouvriers charpentiers construisaient le décor de *La Cène* (1308-1311), un tableau fameux de Duccio di Buoninsegna. À la fin du chantier, en une sorte de mise en abyme, les treize travailleurs se transformaient subitement en acteurs, changeaient de vêtements et s'immobilisaient autour d'une table en mimant l'attitude exacte des personnages présents dans le tableau de Duccio.

 | DOI 10.1163/9789004366206_015

en *split screen*[3]. Le spectateur suit ainsi, étape par étape, cadre par cadre, vignette par vignette, le déroulement de la Passion du Christ et, à la fin du film, il voit ces vingt-six cadres ou vignettes se mouvoir en même temps. L'effet produit par la miniaturisation, la juxtaposition et l'animation des scènes sur l'écran est saisissant : à quoi s'ajoutent la précision et la fidélité des détails du décor, des vêtements et des attitudes des personnages.

Maestà a été réalisé en deux versions, l'une (d'une heure environ) pour les cinémas Art et Essai, l'autre (de sept minutes environ) pour l'exploitation muséale.[4] Dans la version courte, un extrait de musique sacrée accompagne le film. On y découvre progressivement, en un lent zoom arrière, l'ensemble du retable sur grand écran, avec chacune des vignettes où se déroulent les tableaux vivants. La version longue ne fait entendre aucune musique, sauf à la fin, mais il ne s'agit alors nullement de musique liturgique ou sacrée[5]. Cette longue version repose, comme la version courte, sur un (faux) long plan séquence pendant lequel la caméra est parfaitement immobile. En revanche on y voit Jésus et ses disciples se déplacer de case en case, assurant ainsi la continuité de l'action.

Pourquoi reproduire et animer ce tableau polyptique dans un film d'environ une heure, sept siècles après sa composition ? Quel sens donner au jeu du cinéaste avec l'image miniature, l'image picturale et l'iconographie médiévale ? La fonction ludique l'emporte-t-elle chez Guérif sur la fonction didactique ? Comment définir ici l'expérience visuelle du spectateur puisque celui-ci concentre son attention non seulement sur chaque tableau vivant présenté dans chaque vignette individuelle, jusqu'à l'*arrêt sur image*, mais en même temps balaie fréquemment du regard le reste de l'écran géant, de gauche à droite, de bas en haut, à mesure que le récit de la Passion prend forme et sens ?

3 Précisons que la partie centrale du retable de Duccio, où figure le récit de la Passion, mesure 214 cm sur 412 cm. On doit donc considérer ici plusieurs changements d'échelle : la miniaturisation des vignettes de Duccio à l'intérieur de ce cadre ; puis l'agrandissement à l'échelle 1 pour les décors de Guérif ; puis la réduction de chaque scène pour insertion dans la surface du grand écran cinématographique, avec une juxtaposition en *split screen*. Dans un entretien réalisé par Pierre Vaccaro – « Le cinéma a-t-il une âme ? ». *Narthex : Art sacré, patrimoine, création* (7 octobre 2015) – Andy Guérif fait un rapprochement rapide – d'ailleurs très discutable – entre la technique du *split screen* et le travail de Georges Perec dans *La Vie mode d'emploi*. Cet entretien est disponible en ligne : <http://www.narthex.fr/blogs/le-cinema-a-t-il-une-ame/interview-exclusive-dandy-guerif-pour-maesta-la-passion-du-christ>.

4 La bande annonce du film d'Andy Guérif est disponible en ligne sur le lien suivant : <http://www.allocine.fr/video/player_gen_cmedia=19555970&cfilm=238450.html>.

5 Le générique s'accompagne d'un extrait des *Valses sentimentales* de Schubert. Il s'agit sans doute pour Guérif d'alléger le propos et d'éviter les trémolos liturgiques.

Comme l'observe Clément Ghys : « Par son foisonnement, par les moments d'action et de pause qu'il implique, le film *Maestà* est une incongruïté visuelle »[6]. Mais, plus encore, *Maestà* est incongrue parce qu'il est peu fréquent, pour un spectateur, de ne considérer « qu'une minuscule partie, un vingt-sixième, de l'écran de cinéma »[7]. Clément Ghys note d'autre part que la force du film tient aux sentiments mêlés qu'on éprouve face au magnifique retable qui prend forme et vie sous nos yeux. S'agit-il d'une expérience esthétique ? D'une expérience religieuse ? Des deux en même temps ? « C'est un monde à la fois gigantesque et clos » que mettent en scène le retable de Duccio et le film de Guérif car l'on pressent à chaque fois, par-delà ces images miniatures, « l'existence d'un ailleurs, d'un hors-champ »[8]. Nous y reviendrons.

Pour réaliser ce tour de force, cette miniaturisation du récit christique sur grand écran, Andy Guérif et ses assistants Pascal Da Rosa et Simon Grossin, ont occupé pendant six ans l'espace de 'L'Enceinte', un grand entrepôt-atelier situé rue Maillé à Angers. Les décors des différents tableaux du retable de Duccio ont été réalisés en bois, grandeur nature, en respectant tous les détails de l'œuvre originale et en reproduisant ses couleurs avec un grand souci de fidélité. Recréer les panneaux de la *Maestà* de Duccio a pris un temps fou : ces décors ont nécessité en général quatre mois de préparation chacun, voire plus pour certains d'entre eux, et tout cela pour une seule journée de tournage à chaque fois, avant destruction définitive ! Dans la version longue du film, le récit de la Passion s'élabore très lentement, de scène en scène : le Christ et certains autres personnages-clés semblent glisser, ramper parfois, de vignette en vignette. Mais il faut comprendre 1) que chaque panneau a été filmé séparément puis placé au montage à côté des autres, ainsi le passage des personnages de case en case n'est qu'une illusion ; 2) que chaque épisode a été filmé à l'envers, en partant de la fin ou de la pause, pour permettre aux acteurs d'adopter l'attitude exacte choisie par Duccio dans son retable et pour produire ensuite l'impression d'un arrêt sur image ; 3) que le tournage des scènes n'a été possible que l'été, avec une lumière naturelle dorée et constante, pour obtenir les coloris exacts utilisés par le peintre primitif siennois et une réelle unité chromatique dans la composition finale. Andy Guérif explique : « Duccio est un des plus grand coloristes qui soit, même au-delà de Giotto. La composition chromatique de son œuvre est d'une justesse incroyable. [...] J'ai voulu conserver cette homogénéité chromatique d'origine »[9].

---

6 Clément Ghys, « Andy Guérif, sept ans de passion », *Libération* (16 décembre 2015), p. 27.

7 *Ibidem.*

8 *Ibidem.*

9 Andy Guérif, « Le cinéma a-t-il une âme ? », *op. cit.* Pierre Courthion souligne dans le même sens : « Pour la première fois, avec Duccio, nous assistons au déploiement d'un

Si chacun des décors réalisés par Guérif et son équipe n'a servi qu'un seul jour avant sa destruction complète, certaines séquences de la Passion ont nécessité une trentaine de prises avant que le cinéaste obtienne un résultat satisfaisant. Au montage, chaque cadre a été placé dans l'ensemble narratif visuel projeté sur l'écran géant : il fallait alors veiller soigneusement aux raccords entre les scènes, c'est-à-dire aux endroits précis où le Christ ou ses compagnons quittent une case pour entrer dans la case suivante. Nous avons dit plus haut que les panneaux peints du retable de Duccio, mis bout à bout, racontent une histoire et ressemblent un peu à une bande dessinée. En même temps, il est clair que le retable ne fonctionne pas exactement comme une bande dessinée car chaque panneau a pour fonction de souligner un geste, une attitude, une signification, bref d'enseigner quelque chose, de donner une leçon. Il s'agit, à chaque fois, d'*exempla*, de scènes édifiantes. C'est précisément ce que rend le film d'Andy Guérif avec les arrêts sur image. Ces *freeze frame shots* marquent la fidélité des scènes filmiques par rapport aux tableaux de Duccio, qui eux-mêmes renvoient avec exactitude au texte johannique et au message christique.

Fonction ludique ou fonction didactique ?

Soulignons d'abord que l'approche du cinéaste n'est ni fidéiste ni parodique. Son objet n'est ni l'adoration ni la dérision. Il se situe dans un entre-deux agnostique[10]. Son esthétique est minimaliste[11] et ce, à plusieurs niveaux, comme nous allons le montrer. Notons d'une part qu'il n'y a aucun gros plan

---

coloris *symphonique*. C'est là, je crois, ce qui marque avant tout la création du Siennois et sa séparation d'avec Giotto qui demeure, lui, *monodique*. Duccio a des rouges fulgurants auxquels il oppose des gris de vieil argent ou des bleus très foncés avec un sens étonnant de la répartition des tons. [...] Ce coloris chaud, d'une merveilleuse harmonie, annonce déjà les tonalités qui seront celles de la peinture vénitienne » (*op. cit.*, p. 43).

10 Andy précise dans l'entretien « Le cinéma a-t-il une âme ? » : « Je ne suis pas particulièrement croyant mais je suis de culture chrétienne ». Il ajoute : « Je dis cela car il y a une réelle difficulté sur ce point. Je m'explique : ceux qui ne croient pas, en même temps, s'opposent à leur propre culture. Ils ne rentreront pas dans une église alors qu'elle fait partie de notre patrimoine culturel, de notre paysage, et propose des images appartenant à notre culture. La foi et la religion m'intéressent d'un point de vue culturel. Je souhaite que mes enfants aient cette culture. Comment s'en passer quand on s'intéresse aux arts plastiques ? ».

11 Nous employons ce terme de minimaliste de façon neutre, comme économie de moyens et comme refus de la surenchère dramatique.

pathétique dans le film réalisé par Guérif : nous sommes loin de *La Passion de Jeanne d'Arc* de Dreyer par exemple, avec son dolorisme exalté, et loin aussi de *La Passion du Christ* de Mel Gibson, avec sa violence *gore* ! Notons d'autre part qu'il n'y a pas de point de vue narratif, de témoin privilégié, de caméra subjective non plus. En fait nous restons à distance du drame. Nous sommes avant tout les spectateurs émerveillés d'une œuvre d'art qui se compose sous nos yeux. Notre regard coïncide alors idéalement avec celui du réalisateur : c'est un regard attentif porté à la fois sur la technique artistique de Duccio et sur l'univers mental du christianisme médiéval. « Ce qui m'intéresse », explique Andy Guérif, « c'est parler d'image de manière pédagogique. J'aime montrer au grand public des images que je trouve réussies, sans pour autant avoir l'idée de mettre un discours dessus et expliquer pourquoi »[12]. Et il précise un peu plus loin : « Non je n'ai pas pensé quelque chose par rapport à la foi. [...] Je veux avant tout donner à voir des images fortes, réussies et qui ont du sens. Je suis très intéressé par la construction de l'image chez les primitifs »[13].

Nombreuses sont les études qui portent sur l'image du Christ et sur la représentation de sa Passion à l'écran. Les chercheurs francophones (Henri Agel, 1985 ; Pierre Prigent, 1997) aussi bien qu'anglophones (Lloyd Baugh, 1997 ; Peter Fraser, 1998 ; Richard Walsh, 2003 ; Graham Holderness, 2014) examinent en général le traitement du texte évangélique et son adaptation à l'écran (par exemple l'évangile selon Marc vu par Pasolini). Ils interrogent la christologie impliquée dans ces films. Mais ici rien de tel : l'adaptation du récit de la Passion est celle de Duccio, non de Guérif : un Duccio qui était d'ailleurs contraint de suivre certains règles iconographiques établies par l'Église. En revanche, ce qui est intéressant pour nous, ce qui transforme l'expérience du spectateur du film de Guérif par rapport à l'expérience du spectateur face au retable de Duccio, c'est l'animation des panneaux et le parcours visuel obligé créé par Guérif.

Au fond la question de la fonction ludique ou didactique de ce film est liée à la question du cadrage et du montage des scènes miniaturisées. Nous avons vu que, par son cadrage, Guérif respecte rigoureusement le travail de Duccio mais il est clair que le montage du film de Guérif 'conduit' le regard du spectateur qui, en un sens, était plus libre chez Duccio. Il est donc nécessaire de distinguer deux niveaux de lecture dans le film : la lecture de chacune des cases, de l'animation à l'immobilité, et simultanément la lecture de l'écran entier. Nous allons maintenant détailler ces deux niveaux de lecture. Le point de départ du film est la scène de crucifixion qui occupe le centre du retable. Cette scène est surdimensionnée par rapport aux autres images du retable, et elle

12 *Ibid.*

13 *Ibid.*

sera d'ailleurs répétée un peu plus tard dans le film pour insister sur son importance[14]. Puis un zoom arrière produit un retour en arrière : le regard du spectateur se déplace vers le bas de l'écran, à l'extrême gauche, pour y découvrir l'entrée triomphale de Jésus à Jérusalem, quelques jours avant la crucifixion. On y voit le Galiléen monté sur un âne, entouré d'une foule en liesse. On entend le brouhaha de la ville et les hosannas des fidèles. Il faut noter ici que la prédication du Christ est évacuée du film de Guérif. Les paroles de Jésus sont le plus souvent inaudibles, même dans les deux scènes capitales qui suivent, le Lavement des pieds et la Cène, laquelle évoque l'institution de l'Eucharistie. Le brouhaha peut sembler, à première vue, brouiller ou ruiner le sens de ces scènes. Mais il n'en est rien. Comme dans le retable, chaque scène est aisément identifiable et le spectateur supplée de mémoire les paroles du Christ. De plus, l'heure n'est plus à la parole mais à l'action, ou plutôt : à la passion et à la souffrance. Ainsi c'est véritablement la Passion du Christ qui est l'objet du récit filmique, non son enseignement qui est bien connu. D'ailleurs la Passion ne fait qu'illustrer cet enseignement dans ses ultimes conséquences.

Conformément au code de lecture des vitraux et des retables de l'époque médiévale, la progression des images se déroule de gauche à droite, en commençant par le bas et en progressant, ligne après ligne, vers le haut. Tout semble donc organisé chronologiquement. Cependant notons que, dès le départ, et pendant toute la durée du film, à l'autre extrémité de l'écran, dans un cadre situé en haut et à droite, deux charpentiers s'activent. Ce n'est que peu à peu que le spectateur comprend que les deux hommes construisent le cercueil de Jésus. En un sens, cette vignette inquiétante préfigure la fin tragique du Christ, comme si tout était joué d'avance, depuis toujours, selon une fatalité qui est celle du dessein divin. En tout cas, les deux hommes qui s'activent autour du cercueil figurent aussi – en une amusante mise en abyme – le travail d'Andy Guérif et de ses assistants : leur travail de charpentier pour construire les décors en bois pour chaque scène et leur travail méticuleux au montage pour ajuster les plans filmés ensemble en *split screen*. Le cinéaste explique :

> Dans le dispositif, nous trouvions qu'il y avait un caractère un peu laborieux ou systématique de faire passer les personnages d'une case à l'autre. Nous voulions donc proposer aussi une action qui se déroule sur un temps continu qui serait l'ensemble du film. […] Mais j'ai voulu aussi faire un parallèle entre celui qui construit le tombeau et celui qui con-

14 Comme dans le retable, la scène de la crucifixion occupe dans le film un espace équivalent à deux vignettes environ.

> struit le film. Cela souligne le caractère un peu laborieux de la construction du film[15].

Laborieuse, la mise en place des acteurs dans chaque scène l'est aussi. On voit souvent Jésus et ses disciples piétiner et se serrer comme des sardines dans l'espace exigu et confiné de chaque vignette. On les voit aussi parfois glisser très maladroitement d'une case à la suivante. Tout ceci témoigne de l'esthétique minimaliste – mais aussi un peu burlesque – du cinéaste, laquelle fait écho au style 'primitif' du peintre siennois[16]. Cependant la scène de la résurrection est une exception. Ici Jésus apparaît brusquement sur scène, à l'entrée du tombeau : il semble sortir de 'l'arrière' du décor, du hors-champ, comme par une porte dérobée. Soulignons dans ce film l'absence d'effets spéciaux, même pour cet épisode prodigieux entre tous qu'est la résurrection. Cette absence d'effets spéciaux renvoie encore une fois à l'esthétique minimaliste du cinéaste qui répugne à nous en mettre 'plein la vue' et qui préfère plutôt accompagner, éveiller, 'éduquer' notre regard. En revanche, la scène de la résurrection présente un petit contrepoint comique, qui semble farfelu, dérisoire et même sacrilège, mais qui est en fait typique de la mentalité médiévale : un petit diablotin cornu, sombre et poilu comme un singe, est écrasé par la porte du tombeau qui s'ouvre devant Jésus… un peu à la façon d'un 'gag' dans un film de Charlie Chaplin ou de Buster Keaton. Ce personnage n'apparaît nullement dans le récit évangélique de la Passion mais il symbolise pour Duccio la visite du Christ aux enfers et le triomphe final du bien sur le mal. Cette image cocasse, reproduite dans le film de Guérif, est très efficace car elle détend l'atmosphère pour le spectateur contemporain.

Autre détail curieux : il y a dans le retable de Duccio et dans le film de Guérif deux représentations différentes du tombeau du Christ. La première est celle du caveau juif creusé dans la pierre, noir et béant comme une grotte ; la seconde est le cercueil en bois, construit par les deux charpentiers, qui renvoie au rituel funéraire chrétien. Ces deux représentations rendent un peu étranges les dernières vignettes où l'on voit juxtaposés le caveau juif creusé dans la pierre et le cercueil chrétien qui repose sur le sol[17]. Quoi qu'il en soit, le ca-

15 Entretien d'Andy Guérif, « Le cinéma a-t-il une âme ? », *op. cit.*

16 Il existe une certaine naïveté, une certaine maladresse, une certaine crudité parfois, une certaine fraîcheur toujours, dans les gestes et dans les attitudes des personnages des Primitifs italiens. Andy Guérif fait observer dans son entretien avec Pierre Vaccaro que ces gestes et ces attitudes ne sont pas sans ressemblance, parfois, avec la gestuelle expressionniste du cinéma muet.

17 On observe aussi que c'est une porte en bois qui ferme le caveau, au lieu d'une meule massive en pierre comme dans les récits évangéliques.

veau ressemble à une grotte obscure, inquiétante et béante comme la bouche d'un monstre. L'entrée du caveau apparaît comme une tache noire dans le retable et fonctionne comme un 'trou' dans le tissu narratif. C'est l'espace de l'indicible et de l'angoisse. C'est le domaine des ombres, les enfers, le Shéol. Mais c'est aussi une voie vers le hors-champ fascinant, ambigu, du divin. Ce trou noir signale le lieu où Jésus disparaît, puis reparaît, comme délivré, métamorphosé par la mort. Frédéric Boyer a noté que la disparition du corps de Jésus fonctionne dans les évangiles comme « la fiction même qui permet le récit neuf d'une libération »[18]. Pour cet auteur, le récit chrétien du tombeau vide entend nous débarrasser du souci de la mort. La résurrection est « un relèvement possible qui n'a lieu que de l'absence et par le vide, [...] comme pour en finir avec le culte de la mort, comme pour en finir avec le culte des morts ».[19]

Quelque chose de ce genre est en jeu dans le retable de Duccio et à l'œuvre dans le film de Guérif. Rappelons qu'un retable, comme œuvre miniature, permet de poser un cadre et de développer un récit. Plus précisément : de développer un récit grâce à un cadre bien défini et bien structuré. Schématiquement, les choses se passent de la façon suivante : le cadre du retable marque une frontière nette entre le réel et le symbolique. Le récit imagé miniature tourne le dos au réel (ou au hors-champ) chaotique, dangereux, menaçant, aléatoire, absurde, dont il est cependant l'écho. Le récit imagé miniature substitue au monde réel un monde en réduction, organisé selon une logique qui est autant narrative que visuelle. On peut dire que le récit miniature, iconique et filmique, offre au spectateur/lecteur une structure close, compacte, contrôlée, bref ordonnée et rassurante. Il permet de verbaliser ou de figurer l'expérience la plus angoissante, la plus traumatique et la plus extrême : le scandale, pour la conscience humaine, de la mort, du mal, de la violence, de la souffrance et de l'innocence bafouée. En suivant le récit pictural ou filmique, le spectateur/lecteur intègre un schéma notionnel cathartique qui exorcise, jusqu'à un certain point, cette angoisse. C'est d'ailleurs sur ce point que le christianisme rejoint la psychanalyse, note Julia Kristeva[20], car le christianisme met l'accent sur le rôle crucial du langage, du récit, pour traverser et peut-être pour dépasser, sans toutefois les ignorer ou les écarter, l'angoisse et la souffrance. Tout le monde sait que la souffrance touche à divers domaines, physique, moral et psychique. Or tous ces aspects de la souffrance sont présents dans la Passion de Jésus. Julia Kristeva rappelle que la souffrance du Christ sur la croix n'est pas un mystère comme celui de l'incarnation ou celui de la résurrection mais au contraire

18 Frédéric Boyer, *Sexy Lamb*, Paris, P.O.L., 2012, p. 91.

19 *Ibid.*

20 Julia Kristeva, *Cet Incroyable Besoin de croire*, Paris, Fayard, 2007, p. 148.

« une souffrance parfaitement compréhensible – sous son double aspect : souffrance physique (coups, tortures, sévices) et souffrance psychique (humiliations, trahisons, abandons) – et qui alimente l'expérience fondamentale de la *compassion* »[21]. Julia Kristeva considère donc qu'une souffrance non pas morbide mais au contraire souveraine caractérise le christianisme. D'une part, la souffrance christique symbolise le *travail du négatif* dans l'existence : naissance douloureuse, sevrage, séparations, frustrations, échecs, deuils, mort. « Pour avoir mis en scène cette rupture au cœur même du sujet absolu qu'est le Christ, pour l'avoir présentée sous la figure d'une Passion, comme envers solidaire de la Résurrection, le christianisme ramène à la conscience les drames essentiels internes de chacun »[22]. D'autre part, en gardant à l'esprit que Jésus est un bouc émissaire innocent et un homme de douleur, le christianisme signale une autre perspective que celle des mythes religieux traditionnels et définit, pour une part, une approche 'démythologisante' de la divinité. Le génie du christianisme est d'offrir « un formidable *contrepoids au souffrir* »[23], souligne Kristeva. Dans un retable comme celui de Duccio ou dans un film comme celui de Guérif, l'homme souffrant est capable de se représenter sa douleur, de se projeter émotionnellement dans les images mais sans se laisser submerger par l'émotion, l'angoisse ou la dépression, « et c'est cette *représentation* qui est [sa] résurrection »[24].

Soulignons que Guérif écarte dans son film la magie facile des effets spéciaux qui pourrait détourner l'attention du drame lui-même. Il s'attache de façon minimaliste au récit peint par Duccio qu'il reproduit scrupuleusement. Guérif écarte aussi les grandes phrases et les grands gestes, ainsi que les mouvements grandiloquents de caméra. À aucun moment le cinéaste n'offre de vision panoramique, 'planante', 'aérienne' et comme 'divine' de ces scènes. Le point de vue de la caméra est frontal : nous sommes face à l'écran comme face à un mur ou à une fresque. Nous sommes 'face' au récit de la Passion mais nous sommes libres d'entrer ou non dans cet univers mental. En même temps il y a dans le film de Guérif ce qu'on pourrait nommer la musique du silence. Nous avons noté plus haut que, dans ce film, l'accent est mis sur le brouhaha : les hourras puis les huées de la foule, les coups de marteaux des charpentiers, l'âne qui braie et le coq qui chante, les bavardages des disciples, les gémissements des femmes, les insultes du Sanhédrin, les claquements du fouet des soldats, les cris de douleur des larrons crucifiés, etc. Ce qui frappe, c'est donc le silence

21 *Ibid.*, p. 162.

22 *Ibid.*, p. 171.

23 *Ibid.*, p. 173.

24 *Ibid.*

de Jésus mais aussi l'absence de dialogue suivi entre les personnages. Pour Guérif, cette absence de dialogue est liée à l'effet de miniaturisation du film. Il explique :

> Vu qu'il y a des centaines de petits personnages représentés et que l'on est loin de chacun, [...] [nous] avons fait le choix de ne pas distinguer clairement les paroles. Cela garde aussi l'esprit du tableau. Nous ne sommes pas dans une fiction de cinéma au sens classique du terme mais devant une peinture. Chaque personnage est petit, au sein d'un grand nombre ; il n'y a pas vraiment de proximité avec eux, donc il n'y avait pas de raison qu'on les entende parler. En montant le film, [...] on a rajouté des éclats de dialogue, un peu à la manière des films de Jacques Tati[25].

À un moment, cependant, dans chaque vignette, les personnages s'immobilisent et font silence. Ce procédé permet de marquer non seulement la citation du tableau de Duccio qui sert de modèle mais aussi un temps de réflexion, de recueillement, devant l'image. En un sens, le silence est ici soudain audible et même visible. Le silence marque une pause dans le déroulement du récit : et cette pause fait sens. Le silence devient le signe de l'invisible : il manifeste l'au-delà du langage des hommes. Marc Fumaroli a rappellé dans son essai *L'École du silence*, que la méditation muette devant l'image pieuse a été une activité d'une grande importance dans la tradition occidentale, ce que souligne d'ailleurs l'étymologie : « Dans le grec, *mélétê* renvoie à l'idée de *prendre à cœur*, de *veiller à*, et dans le latin, *meditatio* [renvoie] à l'idée d'*exercice*, d'apprentissage d'une discipline »[26]. Dans les deux cas il s'agit de concentrer l'attention, de développer le discernement et de transformer ainsi l'esprit, la volonté, la conduite. Colorée successivement par la philosophie de l'Antiquité tardive et par la spiritualité monastique, « cette notion de méditation comme victoire sur la distraction et sur la paresse naturelles en est venue à désigner un art réglé de la *conversion* intérieure, du passage de l'état de trouble profane à un état d'éveil spirituel »[27], souligne Fumaroli. C'est cette quête méditative, associée au silence, hostile à l'éloquence, à la discursivité extérieure et publique, que restituent magistralement, mais sans emphase, les pauses silencieuses du film.

Nous avons montré dans notre discussion dans quelle mesure et en quel sens il faut distinguer l'adaptation iconographique du récit évangélique par Duccio

25 « Le cinéma a-t-il une âme ? », *op. cit.*

26 Marc Fumaroli, *L'École du silence*, Paris, Flammarion, 2008, p. 184.

27 *Ibid.*

dans son retable (ce que le peintre primitif conserve, ce qu'il écarte, ce qu'il ajoute à l'évangile de Jean) et l'adaptation de ce retable au grand écran par Guérif. S'agit-il pour le cinéaste, littéralement, de réactiver le mythe ou la fable christique ? S'agit-il de mimer la résurrection sous une forme de *revival* un peu kitsch ? Ou bien s'agit-il au contraire de suggérer, par les nombreux arrêts sur image, la mort de Dieu dans le monde contemporain ? Ni l'un ni l'autre. La *Maestà* de Guérif est, plus qu'une narration filmique à caractère mythique, une pédagogie du regard et de l'esprit. C'est aussi une citation iconographique originale, animée, qui désigne ses propres procédés et ses propres limites, geste typiquement postmoderne dont on trouverait plusieurs équivalents littéraires contemporains, comme par exemple *Cet homme-là* (2011) de Tanguy Viel[28].

---

28 Ce texte d'une centaine de pages est une paraphrase à la fois burlesque et fervente des évangiles, inspirée par les fresques réalisées par Giotto pour la chapelle Scrovegni à Padoue.

CHAPITRE 15

L'effet miniature du cinéma à la création plastique, récit d'un parcours

Karen Luong

Je fabrique des objets ou des images en mouvement que je puise dans l'imagerie cinématographique.

Chacune de mes œuvres a son propre dispositif qui met le regard du spectateur dans des conditions particulières. D'une manière générale je tente de projeter des images mentales à travers mes productions comme peuvent le faire les 24 images par seconde au cinéma. L'image mentale au cinéma est alors comprise comme la part cachée d'un film, une forme d'inconscient des images, qui passe par un procédé proche de la suggestion[1] : un signe nous est montré afin d'attirer notre attention et au même moment un autre signe ou une autre action se déroule sans que nous puissions la saisir du regard. En d'autres termes je m'intéresse à la manipulation à laquelle bien souvent les grands cinéastes ont recours afin de produire une œuvre à hypothèses, qu'on peut analyser à différents niveaux.

Méliès est considéré comme le « premier magicien du cinéma », prestidigitateur de l'image. Dans ses tout premiers films, le rapport des échelles est l'occasion pour lui de réaliser les plus audacieux trucages que rend possible ce médium. Dans son film *Nain et Géant*[2], réalisé en 1901, c'est le processus de gigantisation qui induit une miniaturisation. Devant nous, Méliès se dédouble et seul le Méliès de droite change d'échelle, s'agrandit : c'est en devenant géant, qu'il rend le Méliès de gauche petit.

Par la suite, ce trucage a été très largement réutilisé dans de nombreux films, avec une dimension parfois très psychologique. En effet dans l'exemple suivant, le réalisateur va plutôt intervenir sur le décor et l'environnement de ses personnages pour les miniaturiser. Mais tout reste de l'ordre de l'image mentale, tout est suggéré. Dans le film *Le Procès*[3] d'Orson Welles, adapté du roman de Kafka, le personnage principal va être pris dans une machination administrative autoritaire dont il ne pourra s'échapper malgré son innocence. Pour

---

1 Terme ancien pour évoquer l'hypnose, dont a parlé Raymond Bellour dans *Le Corps du cinéma – Hypnoses, émotions, animalités*, Éditions P.O.L, 2009.

2 Georges Méliès, *Nain et Géant*, 1901.

3 Orson Welles, *The trial, Le Procès*, 1962.

 | DOI 10.1163/9789004366206_016

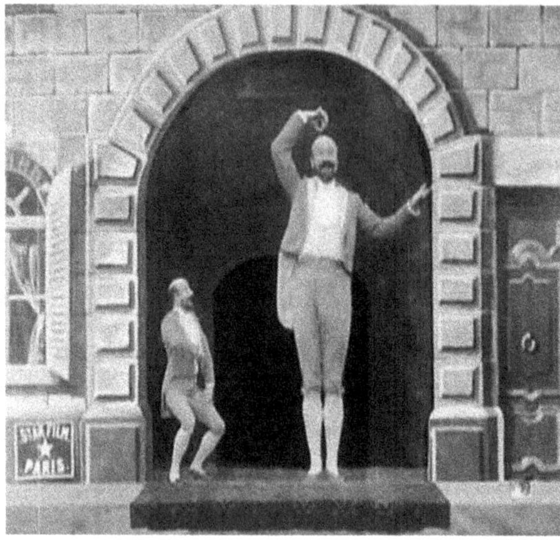

FIGURE 15.1 Georges Méliès, *Nain et Géant*, 1901.

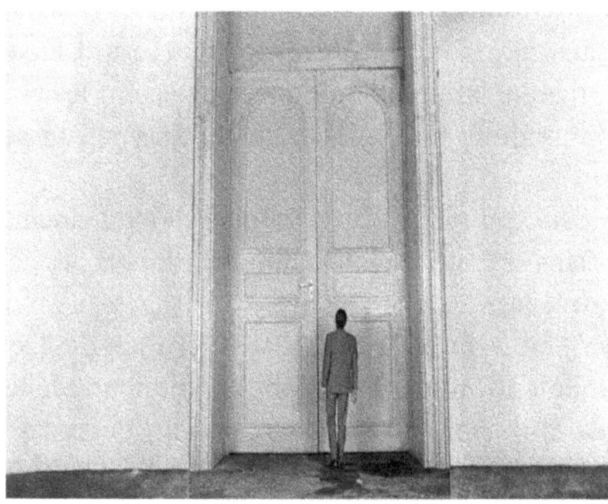

FIGURE 15.2 Orson Welles, *The trial, Le Procès*, 1962.

préfigurer visuellement dès le début du film cette sensation d'emprise, de cloisonnement, voire d'écrasement d'un système sur le personnage, Orson Welles élabore un procédé qui, dans un premier temps, n'est pas réellement perceptible par le spectateur mais qui, tout au long du film, va s'intensifier. C'est par le traitement du décor, basé sur un rapport d'échelle troublant, dans lequel évolue l'accusé, que ce dernier va apparaître tantôt compressé dans des espaces et des lieux qui lui sont trop étroits, tantôt insignifiant face à l'immensité d'une organisation administrative. Il va être réduit, soumis, miniaturisé dans un contexte qui déjà l'accuse et lui reproche d'exister.

Le cinéma a toujours eu une relation particulière avec cette notion de rapport d'échelle : le réalisateur doit considérer plusieurs unités de mesure scalaire, que sont les quatre étapes de fabrication du film.

La première est la prise de vue qui inclut à la fois le champ et le hors champ, c'est-à dire l'espace total de ce qui va être filmé et non filmé.

La deuxième est la délimitation de ce qui est filmé dans le cadre de l'objectif.

La troisième fait partie de la mémoire de fabrication d'un film, en l'occurrence la révélation de l'image sur la pellicule filmique –procédé qui, depuis l'arrivée du numérique, tend à disparaître.

Enfin, la quatrième est la projection sur grand écran, qui libère ces images miniatures par la lumière.

Diapo-cinéma

En 2013, j'ai commencé un travail de dessin dans lequel je me suis interrogée sur la troisième étape, soit l'instant où les films sont inscrits dans la pellicule filmique par une série de photogrammes. Cet état implique un regard et une appréciation des images n'ayant pas subi le traitement du mouvement et de la projection ; le photogramme filmique est suspendu au regard ; c'est au spectateur de recomposer sa perception de la cadence des images.

C'est par le biais de cette pratique que j'interroge les similitudes liées à ces deux supports en l'occurrence le rapport entre le grain filmique et le grain du papier mais également le rapport graphique qui généralement compose ces deux formes d'images : le noir et blanc, la lumière et l'ombre, la profondeur de champ et la perspective, etc. De plus, j'interroge la notion d'empreinte et la manière dont l'image se forme, apparaît ou disparaît : est-ce que l'image, lorsqu'elle se fabrique, nous apparaît en tant qu'ensemble ou bien comme une multitude de détails fragmentés que nous recomposons ?

Le fait de dessiner dans un espace réduit (2,4 × 3,6 cm) m'amène à procéder, dans un premier temps, à une analyse globale de l'image afin de la comprendre dans son ensemble, puis dans un deuxième temps à un traitement des détails qui la composent, me permettant de mieux rendre compte de l'essence et de l'identité du film dessiné. Ainsi ces dessins représentent un et un seul film dont est extraite une scène identifiable. Pour n'en citer que quelques unes : la maison dans *Steamboat Bill Jr.*[4] de Buster Keaton, le tour de manège de Jean-Pierre

4 Buster Keaton, *Steamboat Bill Jr.*, 1928.

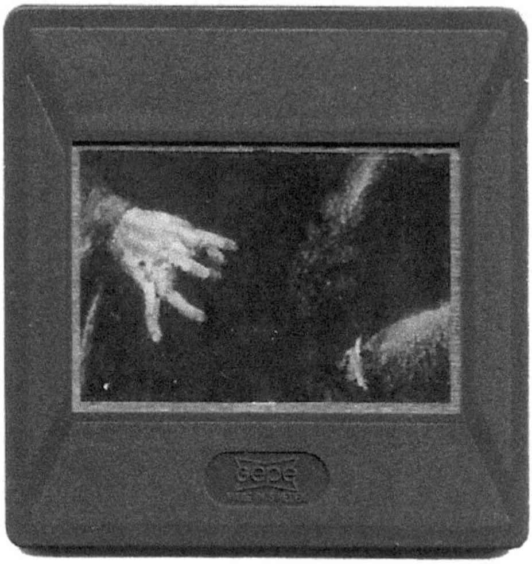

FIGURE 15.3
Karen Luong, *Diapo-cinéma*, série de dessins, 2.4 × 3.6 cm, crayon graphite sur papier, 2013-2016. Courtesy de l'artiste.

Léaud dans *Les 400 Coups*[5] de François Truffaut, une main dans *Pickpocket*[6] de Robert Bresson, etc.

J'ai également réalisé une série de diapositives dessinées, à partir d'images extraites de l'introduction du film *Les Oiseaux*[7] de Hitchcock. Cette série est différente des dessins précédents puisque, cette fois ci, le regard isole chaque fragment, un détail, et doit dans le même temps saisir l'entièreté des images, le tout, afin de recomposer une sensation de mouvement, qui n'apparaissait pas dans les premiers dessins évoqués. La miniature dessinée est fragment à part entière mais fait également partie de ce tout.

Cette série est toujours en cours et généralement chaque dessin tente de déterminer un langage et des interrogations esthétiques liées au cinéma et aux arts plastiques à savoir : peut-on regarder le cinéma autrement que par des images en mouvement ?

Maison-cinéma

Par la suite, j'ai réalisé un objet-cinéma, qui évoquerait le dispositif cinématographique et l'expérience d'une projection de film dans une salle de cinéma.

5 François Truffaut, *Les 400 Coups*, 1959.
6 Robert Bresson, *Pickpocket*, 1959.
7 Alfred Hitchcock, *The Birds, Les Oiseaux*, 1963.

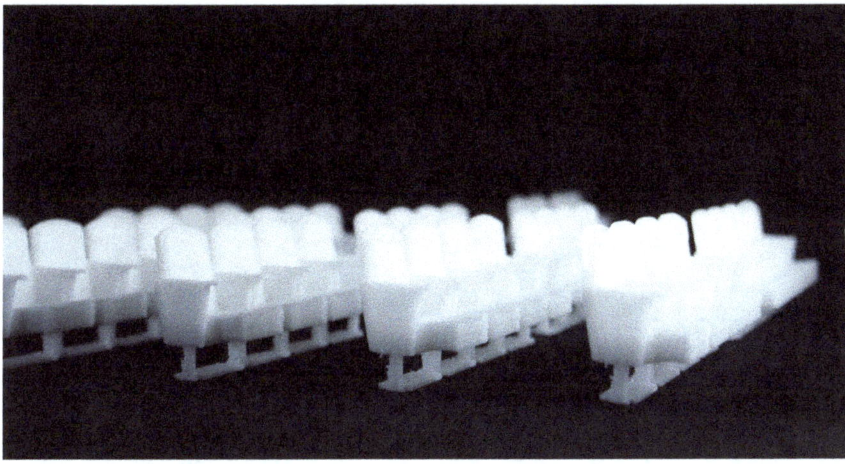

FIGURE 15.4 Karen Luong, *Sans-titre*, installation, 100 × 80 × 22 cm, matériaux divers, 2015. Courtesy de l'artiste.

Ainsi, j'ai modélisé, par le moyen d'une imprimante 3D, une salle de cinéma à petite échelle (100 × 80 × 22cm), suffisamment petite pour que le spectateur puisse l'englober en un seul coup d'œil.

Une fois ce travail fini, il m'est apparu que les sièges miniatures m'amenaient, de manière très efficace, à projeter mon imaginaire lié au cinématographe et que le processus de miniaturisation avait une forte capacité de projection comme les images-mouvements au cinéma. Mais fabriquer une salle de cinéma pour parler de cinéma me semblait trop littéral ; de plus je contraignais le spectateur à avoir un regard photographique alors qu'initialement je recherchais le mouvement du regard et du corps autour du dispositif.

Ce projet fut donc une forme d'esquisse qui m'a aidée à reformuler ces questions et à engager un autre projet qui ne mette plus le regard à l'arrêt ; comment inviter l'imaginaire et le regard ainsi que le corps du spectateur pour que celui-ci, par son déplacement, retrouve une « sensation narrative » face à l'œuvre ?

Les écrits de Serge Daney, notamment ses quatre volumes de *La Maison Cinéma et le Monde*[8] où le cinéma est cette ouverture, cet autre monde, cet autre chez soi, ont nourri ma réflexion et m'ont permis de réaliser ma propre « maison-cinéma ». Et c'est en la fabriquant que j'ai pu préciser les liens éventuels entre miniature, projection, dispositif et image-mouvement. J'ai voulu

8 Serge Daney, *La Maison Cinéma et le Monde*, tome I, II, III et IV, Paris, Édition P.O.L, 2001-2015.

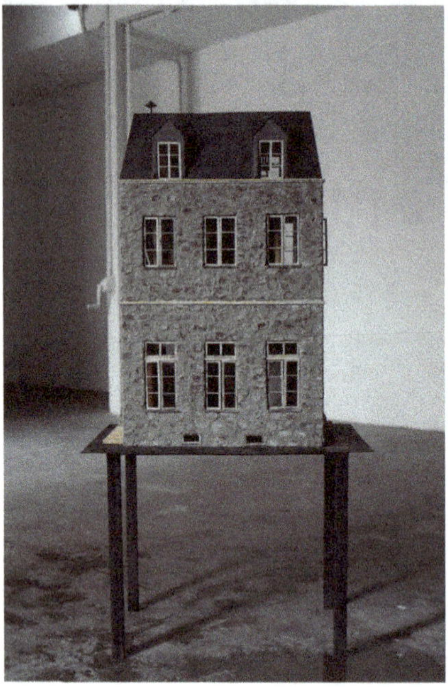

15.5

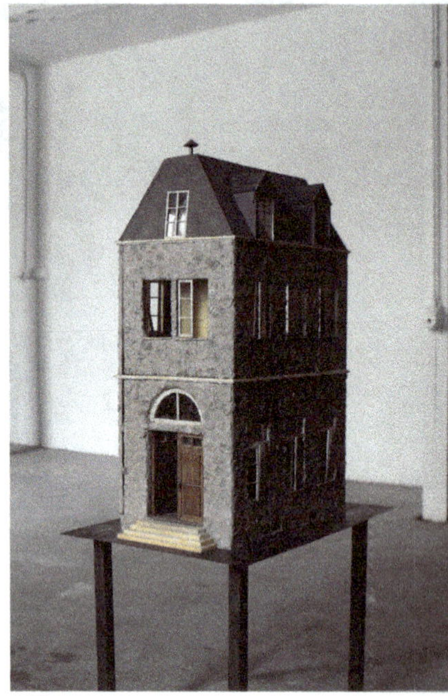

15.6

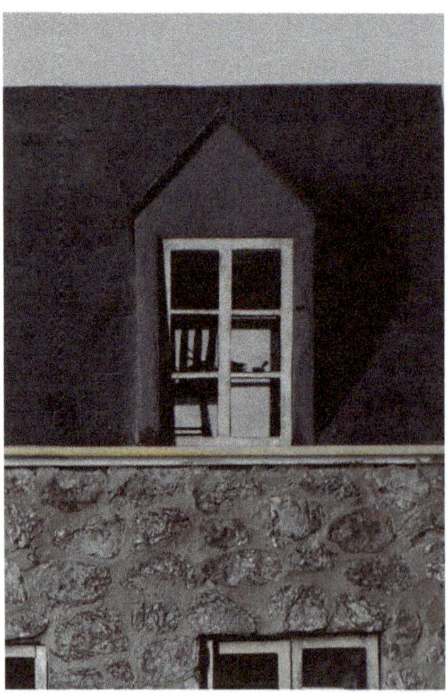

15.7

FIGURES 15.5-15.9
Karen Luong, *Maison-cinéma*, installation vidéo 16/9 couleur 1min boucle, 50 × 70.5 × 133 cm, matériaux divers, 2015. Courtesy de l'artiste.

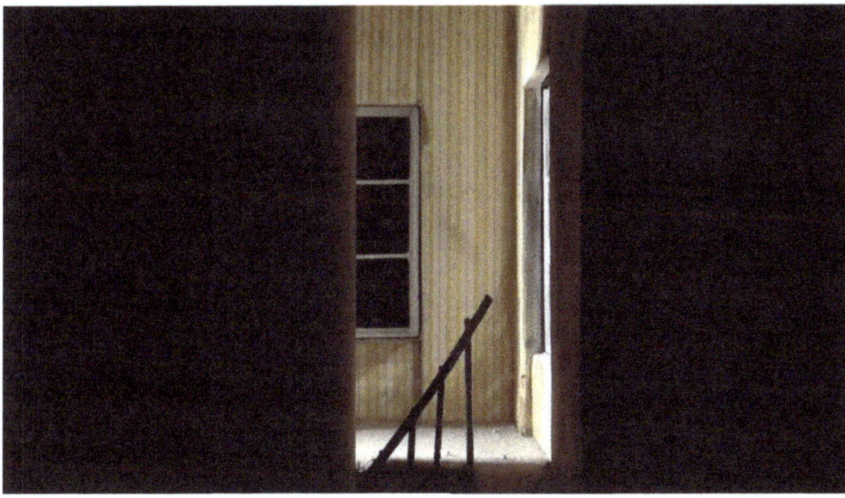

15.8

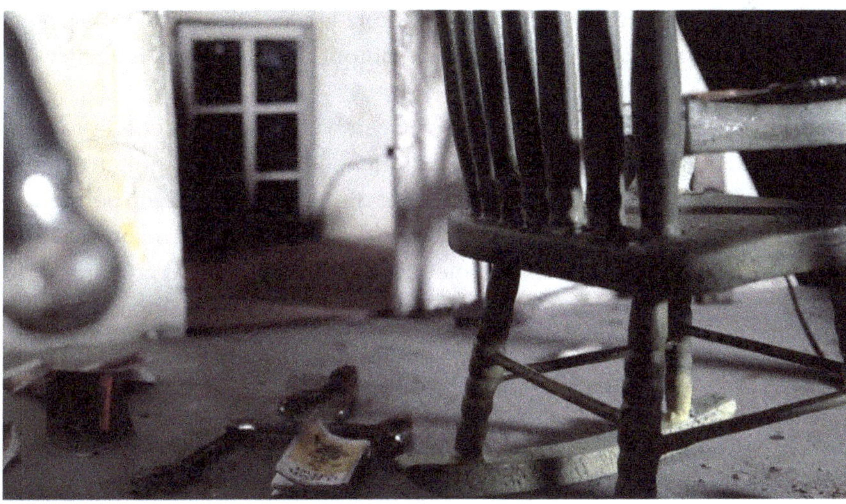

15.9

une maison de cinéphile, un espace dédié aux images et non dédié à l'homme, puisque ses proportions, dimensions, à échelle réelle, la rendraient inhabitable. En l'occurrence, mon intention n'était pas de reproduire une maison à la manière ou avec les procédés des maquettes d'architectes, qui respectent une exactitude des échelles, mais de me concentrer sur des espaces et des dimensions imaginaires dédiés au regard, au spectateur. Ainsi j'ai conçu extérieurement chaque ouverture (fenêtres, portes et interstices) comme un cadrage cinématographique, en délimitant tout ce qui était de l'ordre du champ et du hors champ.

Ensuite j'ai pensé l'intérieur de chaque pièce et chaque objet comme des indices pour cinéphiles. Je souhaitais que ceux-ci condensent en eux plusieurs identités filmiques. Par exemple, le salon est inspiré de *Stalker*[9] de Tarkovski, la cuisine reflète l'atmosphère de *The Kid*[10] de Chaplin, le couloir de *Shining*[11] de Kubrick, etc.

Cette idée de répartition d'indices fut inspirée par le travail de Frances Glessner Lee, criminologue dans les années 60, qui, pour élucider des enquêtes non résolues, passait par la reproduction des scènes de crimes en miniature. Cette référence m'a permis de mettre en parallèle le plaisir qu'un cinéphile peut éprouver à identifier et reconnaître certaines scènes dans certains films et l'influence de cinéastes sur d'autres.

Ainsi, j'ai voulu placer à l'intérieur des pièces, des indices sous forme d'objets ou de décor qui sont tantôt visibles tantôt invisibles, à la manière de Frances Glessner Lee, non pas pour reproduire la scène d'un crime, mais pour suggérer par leur présence une narration autour de cette mémoire collective du cinéma.

De plus, dans cette maison se trouve un écran miniature où sont diffusé des plans d'ensemble et des gros plans de l'intérieur de la maquette qui sont initialement invisibles ou cachés au regard du spectateur. Ce procédé me permettait d'essayer de révéler peut-être une forme de conscience et d'inconscient de l'image en mouvement. Dans ce projet de la Maison-cinéma il était question principalement de comprendre le processus de miniaturisation autour d'objets et d'espaces.

Miniature (Portrait de l'homme qui rétrécit)

Lors de mes recherches, j'ai visionné le film de Jack Arnold, *L'Homme qui rétrécit*[12], adapté du roman de Richard Matheson[13], où il n'était plus question de miniaturisation des objets et du décor mais du corps humain. Dans ce film,

9 Andreï Tarkovski, *Stalker*, 1979.

10 Charlie Chaplin, *The Kid, Le Kid*, 1921.

11 Stanley Kubrick, *Shining*, 1980.

12 Jack Arnold, *The Incredible Shrinking Man, L'Homme qui rétrécit*, 1957.

13 Richard Matheson, *The Shrinking Man* [1956], *L'Homme qui rétrécit*, trad. Claude Elsen, 1957, Mayenne, Éditions Denoël, « Présence du futur », 1971.

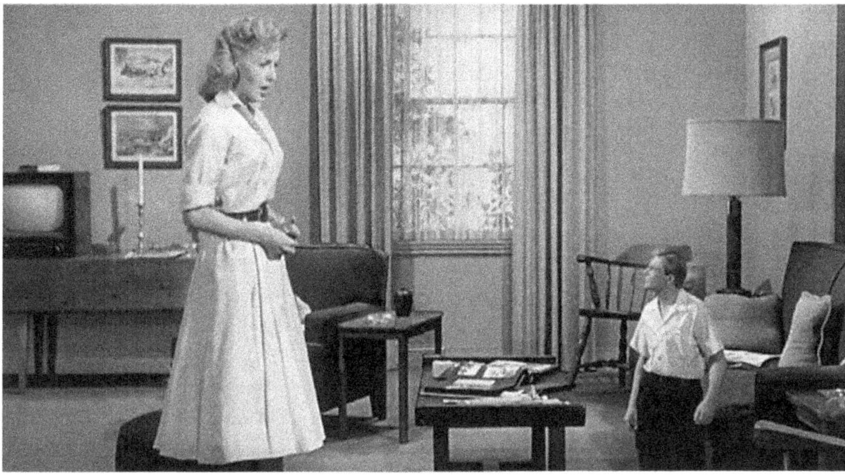

FIGURE 15.10 Jack Arnold, *The Incredible Shrinking Man*, *L'Homme qui rétrécit*, 1957.

l'acteur principal lors d'une croisière subit l'effet d'un étrange nuage radioactif dont la conséquence est le rétrécissement progressif de son corps. Il devra alors se confronter à un environnement continuellement changeant et s'adapter à un monde où un simple chat apparaît comme un monstre gigantesque, une minuscule araignée comme une hydre terrifiante. Le monde familier du personnage devient hostile. Ce dernier continue sans cesse de rétrécir jusqu'à atteindre l'infiniment petit. Il n'en restera plus qu'une simple voix-off, une voix intérieure, qui nous prouve encore malgré tout son existence.

Nous ne voyons jamais cet homme en train de rétrécir, c'est par des procédés de trucages et de cadrage/montage que le cinéaste en fabrique l'illusion. Pour signifier le rétrécissement, Jack Arnold a délibérément conservé, tout au long du film, le visage de l'acteur comme mesure de référence afin de témoigner aux yeux du spectateur des différents rapports d'échelle auxquels le personnage est confronté. En d'autres termes, le cinéaste fait subir à l'environnement des transformations qui le « gigantisent » alors que le personnage, quant à lui, d'une certaine manière, garde sa propre mesure.

Dans la vidéo que j'ai produite en capturant les images de ce visage dans le film, j'ai recadré le portrait de l'acteur en édulcorant l'espace extérieur, afin d'essayer de retranscrire la sensation de rétrécissement par le corps à la fois via le visage de l'acteur mais aussi *in fine* via la matière filmique.

Pour conclure, c'est en confrontant le spectateur à différentes échelles que la miniature intervient dans mon travail. En effet ce déplacement présente un

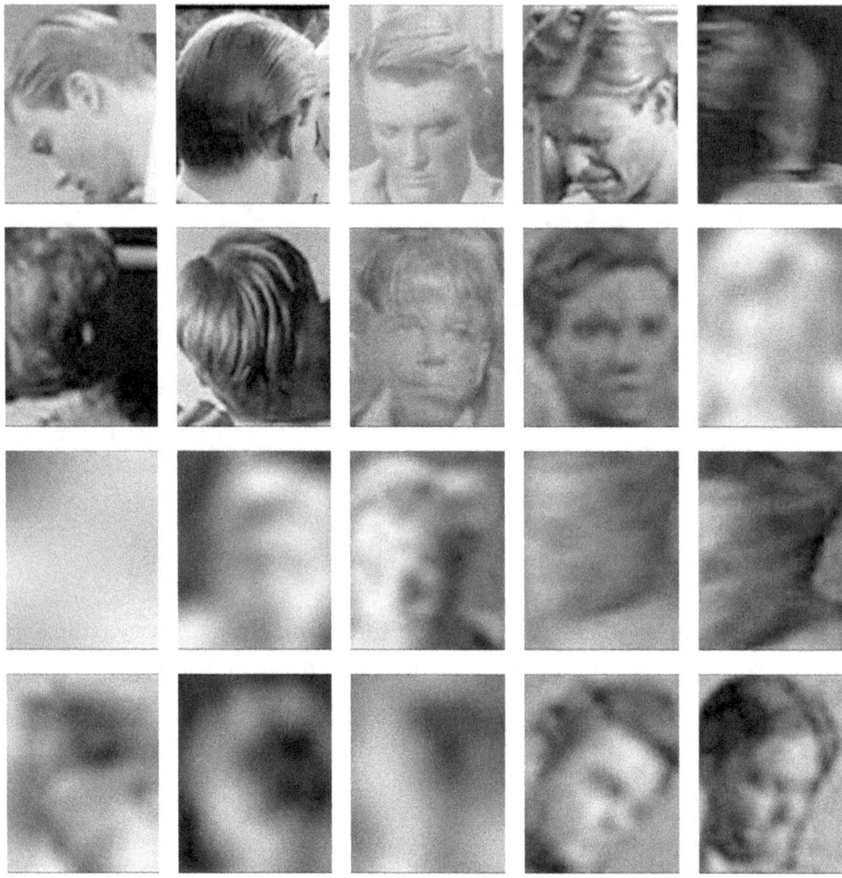

FIGURE 15.11 Karen Luong, *Miniature* (*Portrait de l'homme qui rétrécit*), photogrammes, vidéo 16/9 n&b muet 3min12sec boucle, 2016. Courtesy de l'artiste.

fort pouvoir de projection mentale qui renvoie indirectement au processus cognitif des images-mouvements au cinéma.

L'œil troublé devient une loupe qui scrute un monde dont l'imagination nous laisse entrevoir un rapport d'échelle où se déploie un cosmos dans une tête d'épingle.

Selon une citation de Charles Tesson dans les *Cahiers du Cinéma* à propos du film de *L'Homme qui rétrécit* :

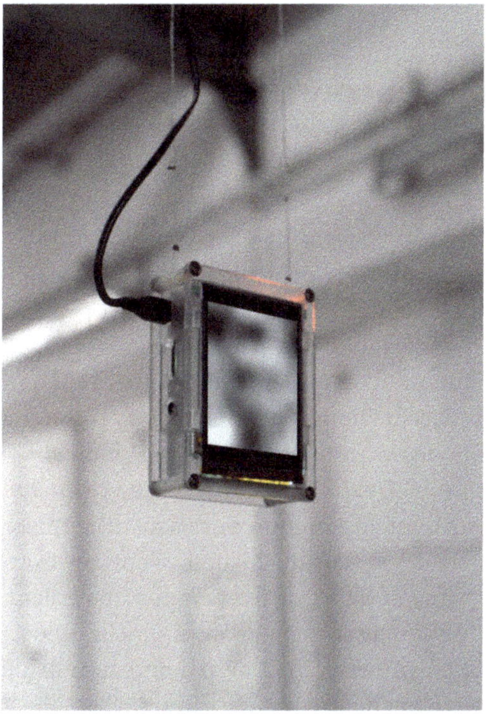

FIGURE 15.12
Karen Luong, *Miniature* (*Portrait de l'homme qui rétrécit*), photogrammes, vidéo 16/9 n&b muet 3min12sec boucle, 2016. Courtesy de l'artiste.

« À mesure qu'il rétrécit, la moindre goutte d'eau tombe, pour lui et le spectateur, dans un fracas de tonnerre »[14].

14 Charles Tesson, *Grandeur de la voix*, *Les Cahiers du Cinéma* N° 353, Paris, Éditions de l'Étoile, 1983, p. 62.

CHAPITRE 16

Des trous, des petits trous, encore des petits trous

Frédérique Joseph-Lowery

À chaque trou de première ou seconde classe, le poinçonneur des Lilas valide de petits voyages au sein de Paris tandis que, trou après trou qu'il perce, il s'abîme dans des rêveries de destinations lointaines, pour de grands voyages. Les paroles de Serge Gainsbourg montrent comme l'infiniment grand et l'infiniment petit cohabitent, non car ils placent l'homme *entre* deux infinis comme Pascal le proposa, mais parce qu'ils le *clivent* entre deux échelles de franchissement de l'espace, l'un réel, l'autre virtuel. Quand l'employé de la RATP chante son immobilité dans le moyen de transport en commun, en faisant du surplace sur un trajet en boucle, en insistant sur les trous qu'il fait, il fait de ces trous l'emblème de la vanité de son rêve. La seule chose qu'il accomplit, finalement, c'est de faire des trous. La miniaturisation de sa tâche professionnelle, sa description par le menu, nous intéresse car elle permet de pointer, au sens de poinçonnage, la petitesse elle-même, objet du présent ouvrage.

Se donner comme champ de réflexion la miniature pour rendre compte de l'art contemporain pose un problème car depuis Duchamp, chantre de l'art anti-rétinien, les œuvres sont de plus en plus immatérielles. Les approcher en en évaluant la taille semble *éminemment réducteur*. Ce qui dans la taille d'une œuvre me semble déterminant est moins la taille proprement dite, la réduction du monde en tout petit, que la façon dont l'œuvre se retire, se dérobe à l'œil du regardeur, se fait discrète au point de ne plus se faire remarquer que par un trou, un petit trou et puis un autre. Où le trou importe davantage que le monde qu'il nous fait voir.

Duchamp est l'exemple type de cette démarche. Il fait croire à ses contemporains qu'il abandonne l'art, ne joue plus qu'aux échecs, ne s'amuse qu'à la mise en échec de la peinture, et après avoir réduit son activité artistique à des interventions minimes, comme donner des titres à des objets de production industrielle, le voilà qui vend les tableaux des autres et aide les Arensberg à constituer leur collection. On découvre après sa mort, en 1969, l'œuvre d'*Étant donnés: 1° la chute d'eau / 2° le gaz d'éclairage*, une installation que personne ne songe à considérer comme une miniature, sauf si l'on tombe d'accord sur ce que je propose de prendre en compte sous cette appellation : le trou, deux en l'occurrence, par quoi une œuvre trahit sa présence. Ainsi, celui qui veut visiter

 | DOI 10.1163/9789004366206_017

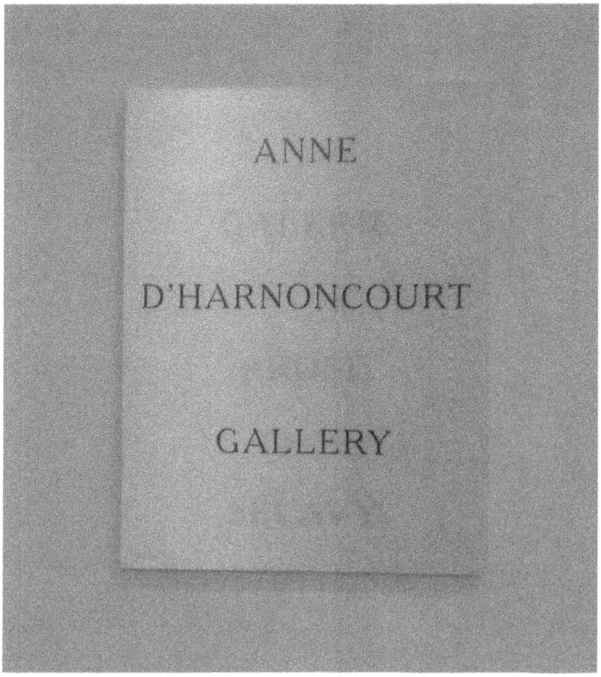

FIGURE 16.1
Cartel de la Galerie consacrée à l'œuvre de Duchamp, Museum of Fine Arts, Philadelphie. Photo : Frédérique Joseph-Lowery.

la galerie du musée des Beaux Arts de Philadelphie où toute l'œuvre de Duchamp est rassemblée ne trouvera pas de galerie « Duchamp », mais une galerie qui porte le nom de la conservatrice Anne d'Harnoncourt, au-dessus de l'alias de Duchamp : Rose Selavy (fig. 16.1).

La plaque de verre qui porte ces deux noms est traitée de telle sorte que les noms sont volontairement à peine lisibles. C'est dans cette galerie et seulement là que l'on peut voir le *Grand Verre* grandeur nature et non dans la version miniaturisée, tel qu'il est reproduit dans les valises fabriquées par Duchamp durant l'exode, avec l'aide de Salvador Dali. Au fond de la salle, dans un recoin obscur, sans aucune lumière, le visiteur qui s'y aventure – ils sont peu nombreux, à moins d'être avertis – verra deux petits trous de lumière percer une vieille porte en bois de Cadaqués (fig. 16.2).

C'est dans ce recoin que tient le diorama d'un monde miniaturisé, car bien entendu l'installation d'une espèce de terrain vague au pied d'une cascade où un mannequin de femme a été jeté sur le sol se donne à voir comme le résultat d'une projection de l'esprit, un fantasme de mutilation de femme et non une représentation réaliste en bonne et due forme, en bonne et due taille.

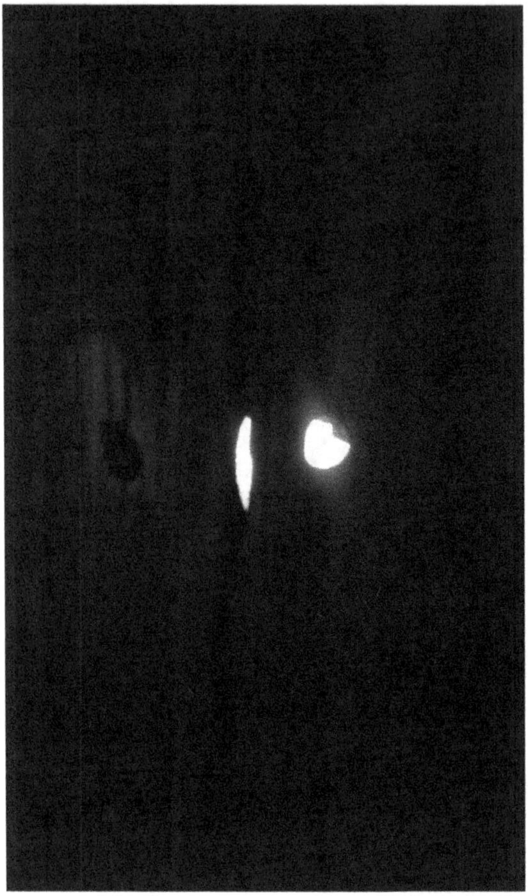

FIGURE 16.2
Marcel Duchamp, *Étant donnés: 1° la chute d'eau / 2° le gaz d'éclairage*, détail. Photo : Frédérique Joseph-Lowery.

Que l'œuvre soit grande ou petite est-il significatif ? Quand *Fontaine* est l'urinoir[1] miniaturisé dans une des Valises et non un véritable urinoir retourné, a-t-on affaire à deux œuvres différentes ? Dans le premier cas, on pourra pisser ou s'imaginer pisser dedans, ou fracasser l'œuvre d'un bon coup de marteau comme le fit l'artiste Pinoncelli au musée Beaubourg de Paris ; dans l'autre cas, il faudrait être un *urineur* très adroit ou avoir le membre très petit pour réussir pareil exploit, ou seulement y songer. Le corps devant l'une ou l'autre présentation investit l'objet très différemment. La miniature sollicite la main et non tout le corps et par cette forme d'adresse réduit le regardeur. L'accès à l'œuvre diffère mais aux yeux de Duchamp qui donne aux deux formes de présentation

1 On remarquera que cet objet est percé de 14 trous, un de tuyauterie, dix autres pour l'écoulement de l'urine et deux autres de chaque côté pour sa fixation au mur.

de l'œuvre le même titre, il s'agit d'une seule et même œuvre. Dans sa présentation l'œuvre est double, elle n'est ni petite ni grande dans l'absolu, mais les deux à la fois.

Duchamp est en totale opposition avec le courant de la peinture expressionniste abstraite américaine qui, dans les années cinquante, misait sur le grand, pour en mettre plein la vue. Il fait, lui, profil bas. Il ne veut surtout pas capter le regard à tout prix, car le regard, il s'en méfie au plus haut point. La perception visuelle à laquelle l'appréhension de la taille d'une œuvre se voit subordonnée est tenue à distance. La variation de taille questionne un rapport aux œuvres qui ne serait que visuel.

Duchamp a fait appel à Salvador Dali pour réaliser l'image photographique du fond d'*Étant donnés*. Ce même Dali a écrit en 1976, dans le manuscrit inédit de *Martyre*, une phrase qui nous permet de regarder le trou par quoi une œuvre se donne à voir, autrement que comme un dispositif purement optique : « L'excrément est ce qui crée ~~le vide~~ le trou. » Le peintre et écrivain biffe le mot vide qu'il remplace par trou. Soit vous regardez l'espace qu'ouvre le trou (illusoirement abyssal dans le cas de Duchamp), soit vous regardez l'orifice ; les deux trous de la porte de Duchamp, l'anus, dans la phrase de Dali. Tout artiste questionne l'espace dans l'œuvre qu'il crée et l'occupe avec elle d'une façon significative. Le corps qui défèque (tout comme celui qui urine) est un modèle d'occupation de l'espace. Je n'ai pas ici la place de développer la valeur eschatologique que Dali donne à ce trou dans son texte, car ce qui nous importe est qu'il ne mette plus l'œil en face du trou où on l'attend, réitérant par là le geste bataillien de « l'anus solaire. » Ce déplacement de l'œil transforme le mode de perception des œuvres et les libère d'un mode d'existence « dans un œil du regardeur » purement optique. L'œil incarné ne se désolidarise plus du corps ni de ses fonctions, fussent-elles les plus basses.

Pipilotti Rist

Autre exemple, autre artiste : Pipilotti Rist. Voici un autre exemple d'œuvre qui a changé de taille selon sa présentation. Quand je la vis, au MOMA à PS 1, dans l'arrondissement de Queen, l'adresse de cette œuvre était minimale. Elle ne se signalait que par un trou d'à peu près deux centimètres, juste assez grand pour que l'œil qui s'y accole puisse y voir quelque chose. Et pour ce faire il fallait se rapetisser, car le trou était par terre, dans le plancher du musée (fig. 16.3).

Ailleurs ce fut un trou dans la moquette. À PS1 l'œuvre n'était pas présentée dans une galerie du musée, mais dans le couloir qui menait à la boutique et à la cafeteria. Après m'être mise à quatre pattes, la tête collée au sol, je découvris

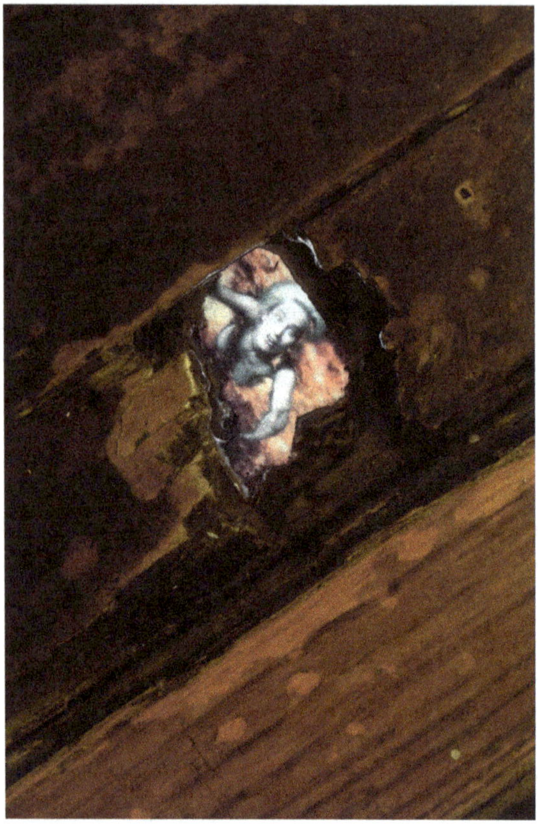

FIGURE 16.3
Installation view of Pipilotti Rist, *Selbstlos im Lavabad* (*Selfless in the Bath of Lava*), on view at MOMA PS1, New York. Image courtesy of MOMA PS1. Photo by Richard Wilson.

un espace que je crus abyssal alors que rien visuellement ne suggérait une profondeur. C'est parce que, dans la vidéo qui comblait ce trou, une femme appelait au secours, du fond d'un cratère de lave, que je l'imaginais dans les profondeurs de la terre. Pure projection de ma part. C'est par la manière dont cette œuvre s'était fait voir, comme on dit « va te faire voir, » que je me souvenais d'elle. J'avais complètement oublié la vidéo elle-même. Je la retrouvai sur Youtube. L'artiste prônait sa disparition dans le titre de la pièce : *Selfless in a bath of lava* (*Sans Moi-même dans un bain de lave*) 1994. Le procès de sa disparition s'inscrivait dans l'adresse au visiteur, auprès duquel l'artiste s'excusait. Ce qu'elle crie dans la vidéo en allemand est : «Je suis un ver et tu es une fleur. Tu aurais fait tout mieux. Aide-moi. Excuse-moi ».

Je comptais retrouver cette pièce dans la rétrospective du New Museum à New York cet hiver mais quelle ne fut pas ma déconvenue quand je découvris que le trou avait disparu. L'artiste avait changé le dispositif de diffusion de cette vidéo. La vidéo se logeait dans un téléphone posé par terre, au bord d'une baie vitrée ouvrant sur la ville. Cette fois l'œuvre se donnait ouvertement entre l'infiniment petit du téléphone portable et l'infiniment grand du quartier de Soho. L'œuvre se donnait aussi à voir en reflet dans la vitre, ainsi suspendue dans le vide et dématérialisée.

Infiniment petit et infiniment grand sont intrinsèquement liés d'un point de vue technique. C'est l'infiniment petit, le pixel, qui rend possible la présentation de ces images en très grand format, grâce à leur haute résolution. Cette rétrospective s'appelle d'ailleurs *Pixel Forest*. S'ajoute à cette présentation, la particularité du nom avec lequel l'artiste signe ses œuvres. Pipilotti est un pseudonyme, inspiré de Pipi, le personnage d'une série télévisée suédoise pour les enfants : Pipi Langstrum (à longues chaussettes). Pipi s'appelle en français Fifi Brindacier. Ses tresses se dressent au gré de ses humeurs.

Je cherchais donc un trou, ne le retrouvais plus, mais découvris des installations vidéos dans un univers immersif qui misait au contraire sur le grand jusqu'à ce que je trouve un trou jamais vu auparavant et dont la singularité se distinguait dans cet univers de la démesure. Un trou, un nouveau trou. Celui-là, il fallait l'avoir bien cherché pour le dénicher. Il se trouvait au fond d'une de ces caisses qui servent à transporter les œuvres. Une petite marche l'entourait, et grâce à celle-ci nous pouvions nous pencher sur la caisse ouverte, sans couvercle. Comme *Étant donnés*, cette œuvre intitulée *The Space Capsule* (capsule spatiale) ne faisait l'objet d'aucun éclairage muséal. Sans ce secours, il fallait que l'œil s'accoutume à l'obscurité pour deviner l'inscription *Fragile* sur la caisse qui la contient. L'œuvre demande donc un temps d'observation long. Dans la caisse, au fond, il y avait une chambre à échelle réduite ; une chambre d'adolescent, mal rangée, disent certains critiques. Une chambre miniature, traitée comme une maison de poupée mais sans glorification d'un intérieur de telle ou telle époque, pour vanter tel ou tel style ou faire œuvre de virtuosité manuelle. On y voit entre autres choses un matelas à même le sol, une paroi de miroir posée contre un mur, une lampe sur le sol, un fauteuil, bref un semblant d'intérieur. Au lieu d'être *défaçadée,* cette pièce miniature est « déplafonnée. » Et à propos, qu'est-ce qui est petit et qu'est-ce qui est grand, au juste ? S'agit-il d'une chambre décorée d'une grande planète posée sur un tapis à motif d'étoiles faussement déchiré, pour y faire illusoirement tomber un morceau d'espace intrastellaire, effet de la chute du plafond ? Ou sommes-nous sur on ne sait quelle planète où l'habitant de cette chambre, tel le Petit Prince, demande à l'aviateur, à l'astronaute ? à l'extraterrestre ? de lui redessiner sa chambre quand il était sur terre, sans qu'on oublie sa guitare électrique ?

Bien entendu, il s'agit des deux à la fois, intérieur et extérieur ; et peu importe, ce qui compte est le trou dans le faux plancher, au fond de la caisse qui ne vous laisse voir cet habitat que partiellement et comme un décor dont les murs fictifs servent de support à la projection mobile d'une planète qui fait le

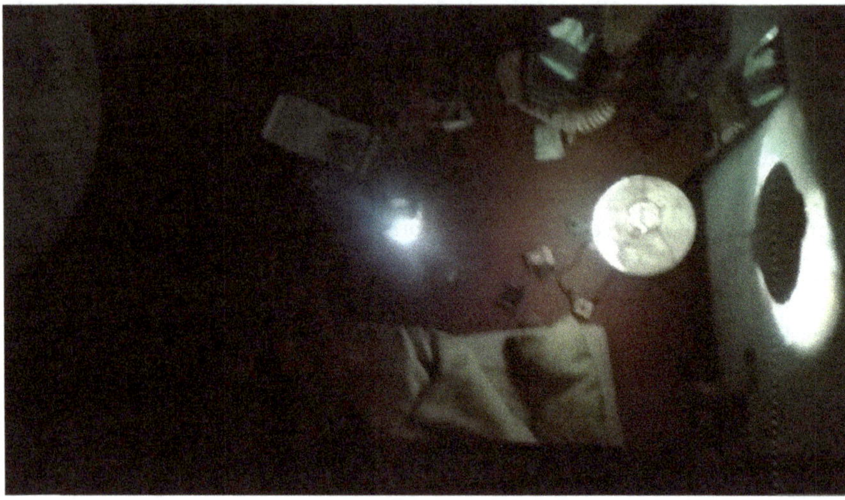

FIGURE 16.4 *Time capsule*, Pipilotti Rist. Photo : Frédérique Joseph-Lowery.

tour de l'habitacle à mesure qu'une plaque pivotante tourne et masque le trou de lumière. (fig. 16.4)

Des espaces de la sorte habités de vidéos, ce n'est pas nouveau. On en vit un exemple chez Robert Gober, dans la rétrospective de 2012 au MOMA, *Untitled* 1997. En se penchant sur une valise ouverte, on voyait les jambes d'un homme vu d'au-dessus, qui tenait un enfant dans ses bras. On s'attend au plein d'une valise, on trouve un trou recouvert d'une plaque d'égout. L'anus, de nouveau, est imaginairement sollicité. Ces œuvres sont si nombreuses qu'en 2011 le Museum of Art and Design leur a consacré une exposition : *Otherworldly : Optical Delusions and Small Realities.*[2] Dans toutes ces œuvres, les conditions du voir ne sont jamais problématisées. Elles semblent aller de soi. Ce qui fait l'originalité de l'œuvre de Pipilotti Rist est le dispositif du trou qui aveugle et l'espace donné à voir et l'œil du visiteur. Comme vous êtes dans la pénombre complète, votre pupille se dilate mais quand la plaque ne vous protège plus de la lumière extrêmement forte, votre œil est violemment aveuglé (fig. 16.5).

C'est dans l'œil que la miniaturisation opère. Dans notre œil qui est l'organe de notre corps où le monde se miniaturise, soi-même compris quand nous nous cherchons dans les yeux d'autrui. Devant une personne en vis-à-vis, je me

2 <http://collections.madmuseum.org/code/emuseum.asp?style=browse&currentrecord=1&page=seealso&profile=exhibitions&searchdesc=Past%20Exhibitions...&searchstring=Past/,/greater%20than/,/0/,/false/,/true&sessionid=09DAB36A-5E2D-4DC6-B47C-627CC1BB4253&action=searchrequest&style=single&currentrecord=22>.

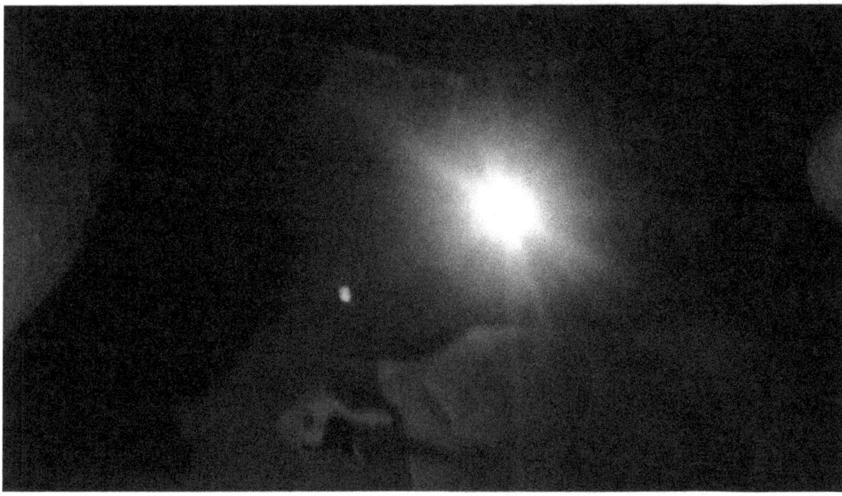

FIGURE 16.5 Détail de *Time capsule* Pipilotti Rist (Fig. 16.4). Photo : Frédérique Joseph-Lowery.

vois en tout petit dans sa pupille, du latin *puppa* : la poupée. Le trou de cette œuvre n'obéit pas à une volonté chez l'artiste de dénoncer on ne sait quel voyeurisme, mais permet au contraire de mettre en scène les conditions phénoménologiques de visionnement des œuvres et de ce qui, dans cette perspective extrêmement réductrice, relève de l'aveuglement.

La hauteur de la caisse vous empêche de coller votre œil et surtout la source lumineuse vous fait reculer. Cette miniature dans cet univers utilisant une technologie qui prête à la démesure fait penser à une exposition bien plus ancienne de 1943, qu'organisa Julien Levy dans sa célèbre galerie new yorkaise : *Through the big end of the looking glass*, qui montrait de petites œuvres, comme lorsqu'on regarde par le mauvais côté de jumelles de théâtre (titre de l'exposition) et que tout ce que vous souhaitiez voir plus grand se rapetisse au contraire et s'éloigne de vous.

La rétrospective Pipilotti s'étendait au-delà de l'espace du New Museum, pour atteindre le cœur de Times Square, centre de la ville où foisonnent les théâtres, le spectaculaire. Sur soixante écrans digitaux l'artiste présentait un autoportrait intitulé *Open my Glare* (*ouvrez ma clairière* (*à plat*)) dans un espace qui porte ce nom *: The World's Largest Digital Art Gallery. Midnight Moment* est le titre de cette programmation mensuelle de trois minutes, de 23h57 à minuit.[3] (fig. 16.6)

3 <http://www.timessquarenyc.org/times-square-arts/projects/midnight-moment/index.aspx>.

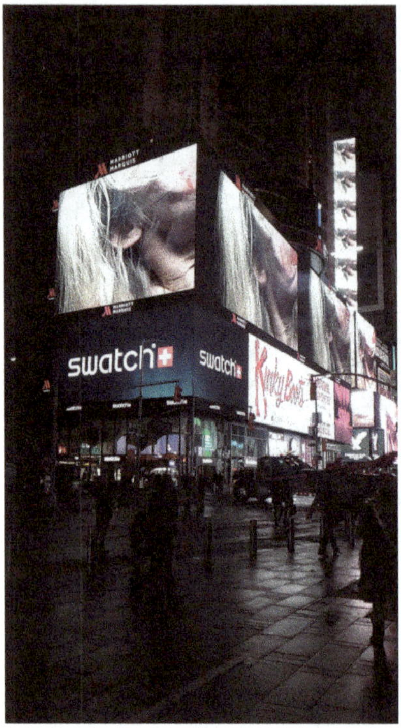

FIGURE 16.6
Open My Glare (*Flatten*), Pipilotti Rist, Time Square Digital Gallery. Photo : Frédérique Joseph-Lowery.

Voici comment Times Square Coalition présente l'œuvre : « Avec la déformation comique de ses traits et son maquillage qui coule, Rist transgresse ce qu'on attend des femmes dans les médias tout en questionnant les barrières invisibles auxquelles les femmes se confrontent, dans leur histoire, leurs expériences, leurs douleurs et leurs vœux, d'une façon qui résonne autant en 2017 qu'en 2000 » (date de la commission de l'œuvre sur une seule vidéo)[4].

Les photographies mises en ligne sur le site de Times Square témoignent de l'émiettement de l'image de l'artiste dans des cadrages divers et des supports de taille variables mais comme elles sont toutes réalisées avec un grand angle, nous ne pouvons pas voir les petits écrans. J'insiste sur le fait qu'il faut le recul d'un point très particulier pour voir l'œuvre de cette manière. Quand on est sur le trottoir, vu le temps très bref de la projection, on n'en voit qu'une partie.

---

4 "Her features humorously distorted, her makeup smeared, Rist transgresses expectations for women in media while also questioning the invisible boundaries placed on women and their history, experiences, pains and wishes in ways that resonate just as much in 2017 as they did in 2000."

On regarde d'un côté de l'avenue de Broadway ou de l'autre. Enfin *on* regarde, je *regarde* et quelques personnes qui me virent pointer du doigt ces écrans à l'amie qui m'accompagnait. Vu la brièveté de l'événement et la myriade d'écrans qui rivalisent entre eux pour promouvoir je ne sais quoi avec des centaines de faces qui vous dardent à longueur de journée, seules les personnes un peu curieuses ou au courant remarquent l'œuvre.

Comme au travers du petit trou percé dans le plancher à PS1, l'artiste enfermée dans l'écran au fond d'un bain de lave crie pareillement en vain au sein d'une galerie de portraits d'autres femmes également emprisonnées, dont le maquillage tient mais qui ne se débattent pas.[5] « Dans mon œuvre *Ouvrez la clairière (à plat)*, l'être humain veut transgresser la frontière de l'écran et sauter dans Times Square. Elle[6] veut sauter hors de sa peau et se fondre à vous, » explique Pipilotti Rist. Contrairement aux maisons de poupées *défaçadées*, les vitres de tours habitées qui font des femmes des surfaces en lesquelles se projeter pulvérisent l'image de l'artiste dans l'espace (envahi d'images hétéroclites et étrangères) tout autant que dans le temps, puisqu'aucune des vidéos ne se déroule en même temps.[7] L'image n'est pas conçue comme une fenêtre qui ouvre grand sur le monde mais comme un espace qui emprisonne et dont il faut sortir. L'artiste se met au trou, dans la prison du visible, au vu de tous dans une mise en scène qui est le contraire de la maison de poupée où se réfugier pour affronter le monde des grands ou tenter de le dominer.

Lynn Hershmann Leeson

L'appareil interactif que Lynn Hershmann Leeson créa en 1993 présente également une femme enfermée dans un espace fictif où elle se plaint du regard du visiteur qui s'y colle : qu'est-ce que tu fais là, nous dit la femme de la vidéo qu'on voit se déshabiller dans un intérieur miniaturisé, dupliqué par un écran du fond, tu n'as rien d'autre à faire ? (fig. 16.7 a-c) L'œuvre porte le nom d'un célèbre texte de Virginia Woolf *A room of One's Own* (*Une chambre à soi*), petit manifeste féministe qui explique l'importance d'avoir sa propre chambre quand on est une femme et une artiste. Comme cette chambre est *défaçadée* et comme elle est de surcroît appareillée pour être regardée selon un dispositif

5 Présentation des souhaits de l'artiste sur le site du New Museum: "In my work *Open My Glade (Flatten)*, the human being wants to transgress any screen and jump out onto the square. She wants to jump out of her skin and melt with you."

6 Le pronom « elle » se réfère à « l'être humain », selon la démarche féministe de l'artiste.

7 L'intégralité de la vidéo est visible à ce lien : <https://vimeo.com/32086769>.

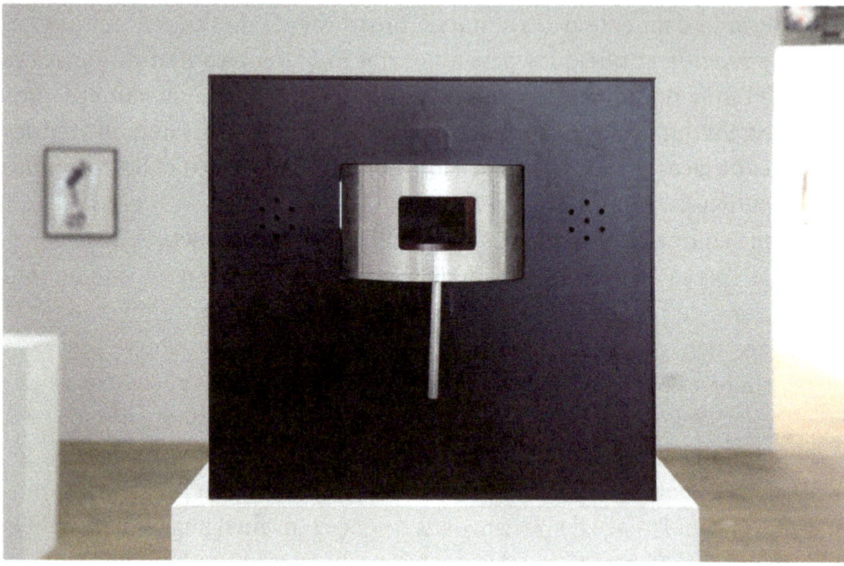

a

FIGURE 16.7a-c Lynn Hershman Leeson, *Room of One's Own*, 1990-1993, transferred laser disc, miniature furniture, surveillance system, cameras, projection, 15 × 16 × 35 inches (38.10 × 40.64 × 88.90 cm). Photo: Marc Brems Tatti, copyright Lynn Hershman Leeson, courtesy of the artist and Bridget Donahue, NYC.

très précisément réglé, il ne s'agit plus d'une chambre à soi. Elle est ouverte à tous les vents. L'artiste choisit le modèle traditionnel de la maison de poupée qu'elle recule dans une mise en abyme, non pour vanter l'intérieur de la maison que toute femme qui se respecte doit entretenir, mais pour la déconstruire en un atelier de vision et de création.

Malgré sa petitesse cette œuvre était présentée dans l'exposition *Dreamlands : Immersive Cinema And Art, 1905-1916* du Whitney Museum à New York.[8] La complexité du dispositif retournant le fonctionnement habituel de la maison de poupée immergeait le spectateur, malgré sa taille disproportionnellement petite par rapport aux attentes du cinéma sur grand écran et autres supports conçus pour englober entièrement le visiteur.

L'habitacle de métal est meublé d'un lit miniature, d'une fenêtre miniature, d'escarpins miniatures et de ce fauteuil pliant type qu'on réserve dans les studios de cinéma au réalisateur. Ce mobilier est dupliqué dans les vidéos projetées sur les murs de cet espace fictif. Grâce à une manette qui permet de balayer

8 Du 28 octobre 2016 au 5 février 2017.

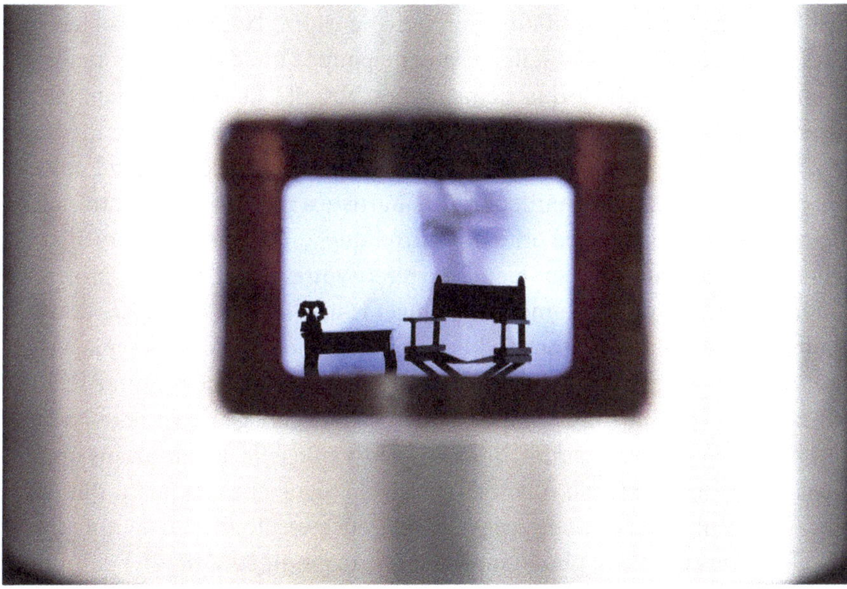

b

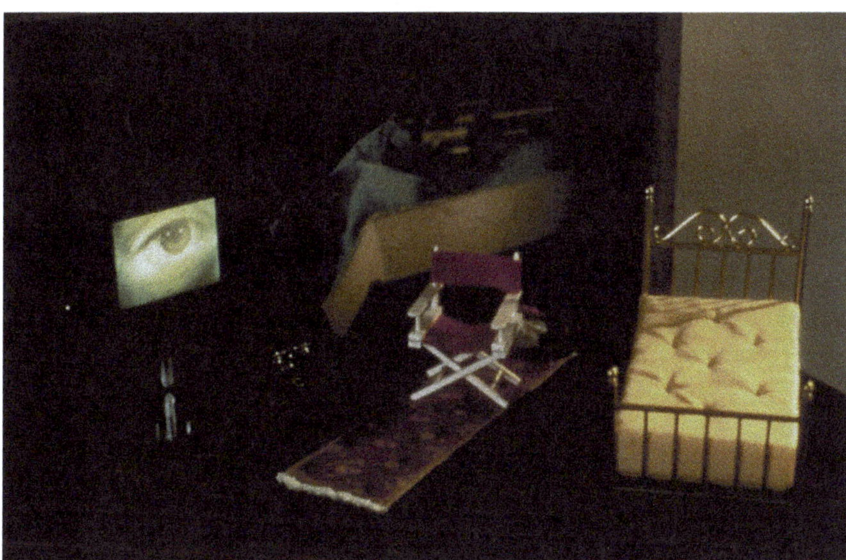

c

l'habitacle du regard, le visiteur a la liberté de cadrer l'intérieur à sa guise. La paroi manquante de l'habituelle maison de poupée qui duplique en réalité ce qu'on appelle au théâtre le quatrième mur est absente. Le visionnement qui est en jeu est plutôt celui du cinéaste qui cadre. La preuve en est que les vidéos qui sont montrées ne se déclenchent que lorsque votre œil fixe tel ou tel objet et que ce dernier reçoit une lumière rouge. L'artiste a ménagé un petit trou dans son appareil où elle a placé un œil électronique, une caméra de surveillance. Selon le meuble ou l'objet sur lequel s'arrêtera votre regard, la vidéo projetée à l'intérieur du simulacre de maison changera : une femme qui se chausse, un homme qui secoue le lit, sans oublier le son de chacune de ces scènes.... Au bout d'un certain temps, à condition d'être patient, vous comprenez le fonctionnement du dispositif et vous découvrez alors l'image de votre œil à l'instant même où vous le regardez. Vous êtes alors congédié, comme dans un film policier: une femme fatale vous vise avec son flingue et à chaque tir qui se répète, un simulacre d'écran se brise. La référence est double : la femme fatale des films noirs et le fusil photographique d'Étienne-Jules *Marey*. Le point final prend ici forme de trou dans le verre de l'écran de la caméra comme si la fiction causait une déflagration dans une réalité qui nous retombe sur le coin de l'œil. Un tir, une fois, deux fois, un trou de balle, un autre trou de balle, encore un trou, plus rien d'autre à regarder qu'un trou, dans un scénario d'énucléation qui renverse sur le regardeur la fameuse séquence d'*Un Chien andalou*.

Louise Bourgeois

De 1990 à 1993 Louise Bourgeois réalisa une réplique miniature de sa maison natale surplombée d'une guillotine (*Cell, Choisy*). Cinq ans plus tard elle créa des petits intérieurs de maisons de poupées en choisissant une technologie inhabituelle, l'hologramme. Par ce médium, la maison miniature fut revisitée et dénaturée car ces « intérieurs » presque dématérialisés sortent de leur support et semblent s'avancer vers vous. Pas plus que la maison natale sur laquelle pèse la menace de la décapitation, ces hologrammes de maison ne sont des refuges.

Ce travail très peu connu de huit hologrammes a été présenté en janvier 2017 à la galerie Cheim & Read de New York.[9] Salvador Dali, qu'Aragon présentait comme un miniaturiste, fut le premier à explorer l'hologramme en peinture. La grandeur des informations stockées à une toute petite échelle le fascinait : « 1.2 cm d'émulsion peut désormais stocker cent millions de faits élémentaires

9 Du 5 janvier au 11 février.

ou de bits d'information… » explique-t-il en 1976. Il rappelait que ce mot « hologramme » vient du grec : tout inscrire. Sans lentille, la photographie peut restituer une image dans ses trois dimensions. Soit un tout en tout petit.

Est-ce pour contrebalancer l'étrange poussée en avant des intérieurs extériorisés des hologrammes que la galerie new yorkaise, dans la salle avoisinant celle de Louise Bourgeois, présente une exposition de Tal R intitulée *Keyhole* (trou de serrure) ? Soit exactement ce que le médium choisi par Bourgeois fait voler en éclat, d'une façon bien plus violente que la déconstruction du trou trompeusement voyeuriste de l'appareil interactif de Lynn Hershmann Leeson.

Par leur taille – ils font 28 sur 38 centimètres – et leur mobilier (chaises, lit, miroirs) les huit hologrammes relèvent de la maison de poupée.[10] La miniaturisation la plus intéressante tient moins à la taille de ces objets représentés qu'à la petitesse sur laquelle repose la visibilité de l'image : l'enregistrement par un rayon laser du champ lumineux qu'un objet reflète. Le rouge très particulier de cette pièce sans lumière autre que celle des hologrammes rappelle celui d'une chambre photographique ou d'une *camera obscura*, boîte ou habitacle pourvus d'un trou. Selon la manière dont l'hologramme est encrypté, la couleur de base sera bleue ou rouge. La plaque de verre reste noire tant que la lumière ne la frappe pas d'un certain angle. Louise Bourgeois a choisi le rouge « afin d'altérer le moins possible la pureté de la diffraction de la lumière, » indique le dossier de presse. « La clarté spécifique à cette technique permet de voir très précisément d'infimes détails comme les fils qui pendent des chaises. »

La présentation de la galerie indique également que ces huit hologrammes sont une miniaturisation de différentes œuvres de Louise Bourgeois mais ne nous donne pas de détails supplémentaires. Comme devant les *Cells* où la vue de l'installation reste parcellaire, notre vision étant bloquée par des portes ou des murs – il faut toujours voir entre – les images holographiques nous repoussent avec des barreaux de chaise ou de lit et ne se laissent pas saisir en dépit de la forte impression que l'on a de voir des œuvres en trois dimensions. Selon votre place devant elle, l'œuvre apparaît ou disparaît.

Isolons l'un de ces hologrammes, celui qui montre une chaise et la flamme qui en sort dans une suspension spéculaire du trou.

Cette petite œuvre existe aussi en grand, c'est une des étapes de la route touristico-artistique de Norvège. Je l'ai découverte sur une île à l'extrême pointe nord du pays, au bout du monde, durant un séjour sans nuit. Pour cette

---

10 La galerie Cheim & Read a posté une vidéo qui rend compte de ces hologrammes, mais sans pouvoir évidemment en reproduire l'effet, ce qui les dénature : <http://www.cheimread.com/exhibitions/louise-bourgeois-holograms/gallery/video>.

installation intitulée *The Damned, The Possessed and The Beloved* [2006-2011], Louise Bourgeois a collaboré avec Paul Zumthor. La chaise en feu brûle tel un mémorial. Ces flammes renvoient aux bûchers sur lesquels quatre-vingt-onze personnes accusées de sorcellerie ont été brûlées vives au XVIIe siècle. Le bâtiment visible derrière cette installation sertie dans un bloc de verre rend également hommage aux victimes non loin du lieu originel des exécutions. Chacune des petites ouvertures du mémorial construit par Zumthor correspond au sort d'une sorcière ou d'un sorcier. Sous chacune, des extraits de leur procès sont cités. Ce qui frappe est la petitesse des motifs reprochés aux condamnés à mort : une soupe trop froide, un pêcheur qui rentre bredouille etc.

Le lieu où cette œuvre est située est fondamental pour l'établissement de son sens. Ici le spectateur fait le « tableau » non seulement parce qu'il regarde l'installation, mais à cause du lieu où il se situe quand il la regarde, sans quoi le cérémonial de la commémoration des condamnations à morts perd de sa force.

Regarder la lumière rougeoyante d'un rayon laser et admirer le dispositif d'une chaise et des miroirs qui la surplombent en parcourant l'espace de la galerie Cheim et Read de New York n'a rien à voir avec le fait de regarder cette œuvre presque identique dans sa composition, en étant situé sur le lieu même où presque cent personnes ont été exécutées il y a quatre siècles. Un lieu où l'artiste, alors âgée de quatre-vingt-quinze ans, a allumé une flamme qui ne s'éteindra jamais. Là-bas, très loin de tout, sur l'île de Vardø qui ressemble assez à ce qu'on appelle en français peu châtié le « trou du cul du monde».

Bibliographie

Note: Les dates entre crochets designent la premiere edition.

James Ackerman, « The Tuscan / Rustic Order – A Study in the Metaphorical Language of Architecture », *Journal of the Society of Architectural Historians* 42 / 1 (mars), 1983, p. 15–34.

Henri Agel, *Le Visage du Christ à l'écran*, Paris, Desclée, 1985.

Lucile Allorge, *La Fabuleuse odyssée des plantes : les botanistes voyageurs, les jardins des plantes, les herbiers*, Paris, J.-C. Lattès, 2003.

Hilton Als, *Robert Gober: The Heart Is Not a Metaphor*, édité par Ann Temkin, chronologie de Caludia Carson, Robert Gober and Paulina Pochoba, et postface de Christian Scheidemann, New York, MOMA Publication, 2014.

Takashi Amano, *L'Aquarium naturel : œuvres complètes 1985-2009*, Auray, LR Presses, 2011.

Frances Armstrong, « The Dollhouse as Ludic Space, 1690-1920 », *Children's Literature*, n° 24, Baltimore, The Johns Hopkins University Press, 1996, p. 23-54.

Jack Arnold, *The Incredible Shrinking Man, L'Homme qui rétrécit*, 1957.

Gaston Bachelard, *La Terre et les rêveries de la volonté*, Paris, José Corti, 1946.

Gaston Bachelard, « Chap. 7. La miniature », *La Poétique de l'espace*, [1957], Paris, PUF, Quadrige, 2001.

Gaston Bachelard, « Le monde comme caprice et miniature » [1933-1934], *Études*, Paris, Vrin, « Bibliothèque des textes philosophiques », 1970, p. 23-38.

Gaston Bachelard, *Essai sur la connaissance approchée*, [1927], Paris, Vrin, 1981.

Alan D. Baddeley, *Working Memory*, Oxford, Oxford University Press, 1986.

Alan D. Baddeley, « Exploring the central executive », *The Quaterly Journal of Experimental Psychology*, 49A, 1996, p. 5-28.

Alan D. Baddeley, « The Episodic Buffer: A New Component of Working Memory? », Trends in cognitive sciences 4, 2000, p. 417-423.

Mikhaïl Bakhtine, *Esthétique et théorie du roman*, Paris, Gallimard, 1978.

Cécile de Bary, « Il faut encore une fois partir de l'image du puzzle », Jean-Luc Loly (dir.), *L'Œuvre de Georges Perec. Réception et mythisation*, Université Mohammed-V [« Colloques et séminaires », n°101], 2002, p. 79-93.

Georges Bataille, *L'Anus solaire*, illustré de pointes sèches d'André Masson, Paris, Éditions de la Galerie Simon, 1931.

Leon Battista Alberti, *L'Architettura* [*De re aedificatoria*], Testo latino e traduzione a cura di G. Orlandi, introduzione e note di P. Portoghesi, Milan, Il Polifilo, 1966 [1485].

Lloyd Baugh, *Imaging the Divine: Jesus and Christ-Figures in Film*, New York, Sheed & Ward, 1997.

Vicki Baum, *Grand Hôtel*, [1929], Paris, Phébus, trad. R. et G. Baccara, 1997.

Lydia Bayer, « Petite histoire de la maison de poupée en Europe », *Miniatures d'art. Les maisons de poupées d'aujourd'hui*, Ingeborg Riesser, Paris, Massin éditeur, p. 4-5.

Raymond Bellour, *Le Corps du cinéma – Hypnoses, émotions, animalités,* Éditions P.O.L, 2009.

Pietro Bellasi, « À propos du mouchoir de Gulliver : essai sur l'imaginaire miniaturisant », *Objets prétextes, objets manipulés*, édité par Jacques Hainard et Roland Kaehr, musée d'ethnographie Neuchâtel, 1984, p. 27-43.

Jane Bennett, *Vibrant Matter, a Political Ecology of Things*, Durham, Duke University Press, 2010.

Augustin Berque, *Le Sauvage et l'Artifice : les Japonais devant la nature*, Paris, Gallimard, 1986.

Jan Bialostocki, « The Renaissance Concept of Nature and Antiquity », in Ida E. Rubin (ed.) *Studies in Western Art, Acts of the Twentieth International Congress of the History of Art. Vol. 2 : The Renaissance and Mannerism,* Princeton, Princeton University Press, 1963, vol. II, p. 19-30.

Francesco Bocchi, *Le bellezze della città di Fiorenza, dove a pieno di pittura, di scultura, di sacri tempij, di palazzi i più notabili artifizij, & più preziosi si contengono*, Firenze, B. Sermatelli, 1591.

Cyrille Bonamy, « Jeu de sable et créativité de l'inconscient », *Cahiers jungiens de psychanalyse*, 1/2012, n° 135, p. 63-74.

Cyrille Bonamy, « Regarder dans la fenêtre du jeu de sable », *Cahiers jungiens de psychanalyse*, 2/2015, n° 242, p. 27-37.

Pascal Bonetti, *L'Aquascaping : un autre décor pour l'aquarium*, Maurens, Animalia, 2013.

Marc Boucher, *Capture de mouvement, capture de performance et danse virtuelle*, Archée, 2011. <http://archee.qc.ca/ar.php> et *Nouvelles technologies et illusion d'immédiateté*, Archée, 2006.

Philippe Boutibonnes, exposition *Col tempo*, Musée des Beaux-arts de Caen (13 mai – 2 octobre 2016)

Régis Boyer, *Sexy Lamb. De la séduction, de la révolution et des transformations chrétiennes*, Paris, P.O.L., 2012.

Andrea Branzi, <http://www.arcenreve.com/Pages/2014/andrea-branzi-02.html>, consulté le 4 avril 2017.

Robert Bresson, *Pickpocket,* 1959.

Susan Broomhall et Jennifer Spinks, « Imagining Domesticity in Early Modern Dutch Dolls' House », *Early Modern Women in Low Countries. Feminizing Sources and Interpretation of the Past*, London et New York, Routledge, 2011.

Hervé Brunon, « Du "Songe de Poliphile" à la Grande Grotte de Boboli : la dualité dramatique du paysage », *Polia, Revue de l'art des jardins*, 2004, p. 7-26.

Jörg Buhlmann, Olivier Thébaud, « What is Aquascaping ? », *European Aquascaping Journal*, n°1, sept-déc. 2015.

Charles Bukowski, *Contes de la folie ordinaire* [San Francisco, City Lights Publishers, 1972], trad. Léon Mercadet, Jean-François Bizot, Paris, Le Sagittaire, 1978.

Claude Burgelin, *Georges Perec*, Seuil, coll. « Les Contemporains », 1988.

Jessie Burton, *Miniaturiste*, Paris, Gallimard, trad. Dominique Letellier, 2015 [VO 2014].

Albert Camus, « Noces à Tipasa », dans *Noces*, p. 11-21, Paris, Gallimard, 1959.

François Caradec, *Raymond Roussel* [1972], Paris, Fayard, 1997.

Anne Cauquelin, *L'Invention du paysage*, Paris, PUF, 2000.

Cennino Cennini, *Il libro dell'arte o Trattato della pittura*, Florence, Le Monnier, 1859 [1390-1437].

Charlie Chaplin, *The Kid, Le Kid*, 1921.

Charlie Chaplin, *The Great Dictator*, 1940.

Jean-François Chassay, *Le Jeu des coïncidences dans* La Vie mode d'emploi *de Georges Perec,* Le Castor Astral, 1992.

André Chastel, *Art et Humanisme à Florence au temps de Laurent Le Magnifique*, Paris, PUF, 1959.

Sheila W. Clark, *The Stettheimer Dollhouse*, Warwick, Pomegranate, 2009.

Christophe, *Les Facéties du Sapeur Camember*, 1ère partie, 1896, Bibliothèque numérique romande, <http://www.ebooks-bnr.com, p. 11-19>.

Emanuele Coccia, *La Vie des plantes. Une métaphysique du mélange*, Paris, Éditions Rivages, 2016.

Danielle Constantin, « Le seul véritable problème est bien évidemment de commencer : sur le travail prérédactionnel et l'entrée en écriture de *La Vie mode d'emploi* de Georges Perec, dans Freeman G. Henry (dir.), *Beginnings in French Literature, French Literature Studies*, Amsterdam, Rodopi, 2002.

Danielle Constantin, « Les maisons de poupées de Perec : un catalogue », *L'Herne. Cahier Perec*, Paris, Éditions de l'Herne, 2016, p. 260-266.

Pierre Courthion, *Naissance de la peinture en Europe : Les Primitifs*, Paris, Nathan, 1984.

Salvador Dali, *Martyre*, manuscrit inédit, 1976.

Lucien Dällenbach, « Mise en abyme », *Universalis éducation* [en ligne]. *Encyclopædia Universalis*, consulté le 24 mars 2017. Disponible sur <http://www.universalis-edu.com/encyclopedie/mise-en-abyme/>.

Serge Daney, *La Maison Cinéma et le Monde*, tomes I, II, III et IV, Paris, Édition P.O.L, 2001-2015.

Isabelle Dangy, « Esthétique du chapitre dans l'œuvre de Georges Perec », Christelle Reggiani (dir.), *Relire Perec*, Presses Universitaires de Rennes, coll. « La Licorne », 2016.

Quinn Darlington, *Modernism's Miniatures. Space and Gender in the Stettheimer Dollhouse and Duchamp's* Boîte-en-valise, mémoire soumis en vue de l'obtention du diplôme Master of Arts in the Graduate Program in Arts, Art History and Design, sous la direction de Kathleen Pyne, Notre-Dame University, Indiana, 2012. En ligne [<https://curate.nd.edu/show/n296ww74n5t>].

Anne L. Dean, Élise D. Scherzer, Suzanne Chabaud, « Sequential Ordering in Children's Representations of Rotation Movements », *Journal of Experimental Child Psychology*, 1986, n° 42, p. 99-114.

Catherine Delacour, *Rochers de lettrés. Itinéraires de l'art en Chine*, Paris, RMN, 2012.

Judy S. Deloache, « Shrinking Trolls and Expanding Minds: early Symbolic Development », Science Briefs, Psychological Science Agenda, May/june 1996, p. 8-9.

Yvonne Denis, « Contribution à une clinique psychothérapeutique, l'expérience itérative du village imaginaire », thèse sous la direction de Gilbert Durand, Grenoble, 1990.

Katharina Dohm, Claire Garnier, Laurent Lebon, Florence Ostende, (dir.), *Dioramas*, Flammarion/Palais de Tokyo, 2017.

Marcel Duchamp, *Étant donnés : 1° la chute d'eau, 2° le gaz d'éclairage . . .* (*Given: 1. The Waterfall, 2. The Illuminating Gas...*), 1966.

Alexandre Dumas, *Une année à Florence*, Paris, Au Bureau du siècle, 1851 [1841].

Gerald Edelman, *Biologie de la conscience*, Paris, Odile Jacob, 1992.

Mircea Éliade, *Images et Symboles*, Paris, Gallimard, 1980.

Martha J. Farah, « The Neuropsychological Basis of Mental Imagery: A Componential Analysis », *Cognition 1(1-3)*, 1984, p. 245-272.

Emanuela Ferretti. Giuseppina Carla Romby, « Aggiornamentie novità documentarie su palazzo Pitti », *Mitteilungen des Kunsthistorischen Institutes in Florenz*, 46. Bd., H. 1, 2002, p. 152-196.

Jean Ferry, *Une étude sur Raymond Roussel*, Paris, Arcanes, 1953.

Timothée de Fombelle, *Tobie Lolness, La Vie suspendue*, [2006] Paris, Gallimard Jeunesse, Folio Junior, 2010.

Timothée de Fombelle, *Tobie Lolness, Les Yeux d'Elisha*, [2007] Paris, Gallimard Jeunesse, Folio Junior, 2010.

Michel Foucault, « Pourquoi réédite-t-on l'œuvre de Raymond Roussel ? » (1964), *Dits et Écrits* I, Paris, Gallimard, 2005, coll. « quarto ».

Roberto Gargiani, *Principi e costruzione nell'architettura italiana del Quattrocento*, Roma, Bari, Laterza, 2003.

Mary Flanagan, « Chapitre 2. Playing House », Critical Play, Radical Game Design, MIT Press, Cambridge, 2009, p. 17-62.

Site de Floraquatic, Dossier « L'Art de l'iwagumi ». [consulté le 10 mars 2017]. Disponible sur : <http://aquascaping.floraquatic.com/2013/05/dossier-lart-de-liwagumi/> mai 2013.

Pierre Francastel, *Peinture et société*, Paris, édition Denoël, 1950.

Michel Foucault, *Les Mots et les choses*, Paris, Gallimard, 1966.

Michel Foucault, « Des espaces autres », *Empan* 2/2004 (n°54), p. 12-19.

Peter Fraser, *Images of the Passion. The Sacramental Mode in Film*, New York, Praeger, 1998.

Freeman G. Henry (dir.), *Beginnings in French Literature, French Literature Studies*, Amsterdam, Rodopi, 2002.

Marc Fumaroli, *L'École du silence*, Paris, Champs/Flammarion, 2008.

Flora Gill Jacobs, *A History of Dolls' Houses*, [1953] New York, Charles Scribners' Sons, 1965.

William Gilpin, *Trois essais sur le beau pittoresque*, Paris, Éditions du Moniteur, 1982.

Massimiliano Gioni, *Pipilotti Rist: Pixel Forest*, New York, New Museum Publication, 2016.

René Louis de Girardin, *De la composition des paysages ou des moyens d'embellir la nature autour des habitations, en joignant l'agréable et l'utile*, Seyssel, Champ Vallon, 1992.

Johann Wolfgang von Goethe, *Italienische Reise*, Leipzig, Insel Verlag, 1914.

Richard A. Goldthwaite, « The Building of the Strozzi Palace: the Construction Industry in Renaissance Florence » *Studies in Medieval and Renaissance History* 10 (1973), p. 99-194.

Richard A. Goldthwaite, "The Florentine Palace as Domestic Architecture", in *The American Historical Review*, Vol. 77, No. 4 (Oct., 1972), p. 977-1012

Philip Henry Gosse, *The Aquarium: An Unveiling of the Wonders of the Deep Sea*, Londres, Van Voorst, 1854.

Pierre Janet, *De l'Angoisse à l'Extase*, tome 2, Paris, Librairie Alcan, 1927.

Stephen Jay Gould, « Se voir face à face, clairement, à travers un verre », *Les Coquillages de Léonard*, Paris, Le Seuil, 2001, p. 66-83.

James J. Gross, Thompson R.A, « Emotion regulation : Conceptual foundations », *in* GROSS J.J. (éd.), *Handbook of emotion regulation*, New York, Guilford, 2007, 3-24.

Georges Gusdorf, *Les Sciences humaines et la pensée occidentale. Tome II. Les origines des sciences humaines (Antiquité, Moyen Âge, Renaissance)*, Paris, Payot, 1967.

Hans Hartje, Bernard Magné, Jacques Neefs, *Cahier des charges de* La Vie mode d'emploi, Zulma/CNRS Éditions, 1993.

Yvette Hatwell, *Toucher l'espace*, Presses Universitaires de Lille, 1986.

Alfred Hitchcock, *The Birds, Les Oiseaux*, 1963.

Graham Holderness, *Re-Writing Jesus: Christ in 20th-Century Fiction and Film*, London, Bloomsbury Academic, 2014.

Anne and Walter Hopps d'Harnoncourt, *Étant Donnés: 1 La Chute d' Eau 2 Le Gaz d'Éclairage Reflections on a New Work By Marcel Duchamp*, Philadelphia, Philadelphia Museum of Art, 1969.

Kemin Hu, *Scholar's Rocks in Ancient China*, Trumbull, Weatherhill, 2002.

Chrissie Iles, *Dreamlands: Immersive Cinema and Art, 1905-2016*, essais de Karen Archey, Giuliana Bruno, John Canemaker, Brian Droitcour, Noam Elcott, Tom Gunning, J. Hoberman, Esther Leslie, and David Lewis, New York, Whitney Museum of American Art and Yale University Press, 2016.

Henry James, *Italian Hours*, Boston and New York, Houghton Mifflin Company, 1909.

Jean-Luc Joly, *Connaissement du monde : multiplicité, exhaustivité, totalité dans l'œuvre de Perec*, ANRT, Université de Toulouse le Mirail, 2004.

Jean-Luc Joly (dir.), *L'Œuvre de Georges Perec. Réception et mythisation*, Université Mohammed-v [« Colloques et séminaires », n°101], 2002.

Steen Bille Jørgensen, « Lire *La Belle et la Bête* : des jeux d'échelles, des modèles narratifs et des formules littérales dans l'œuvre de Perec », Christelle Reggiani (dir.), *Relire Perec*, Presses Universitaires de Rennes, coll. « La Licorne », 2016.

Mina Kaneko et Françoise Mouly, « Chris Ware's Big Box of Melancholy », *The New Yorker*, 6 septembre 2012. En ligne [<http://www.newyorker.com/contributors/mina-kaneko-and-francoise-mouly>].

Buster Keaton, *Steamboat Bill Jr.*, 1928.

Stephan M. Kosslyn, Brian J. Reiser, Thomas M. Ball, « Visual Images Preserve Metric Spatial Information: Evidence from Studies of Image Scanning », *Journal of Experimental Psychology : Human Perception and Performance*, 1978, vol. 4, n° 1, p. 47-60.

Julia Kristeva, *Cet Incroyable Besoin de croire*, Paris, Fayard, 2007.

Stanley Kubrick, *Shining*, 1980.

H. Suarez Labat (2012) « L'intérêt des épreuves projectives chez les enfants autistes », Médecine Thérapeutique et Pédiatrie, « Les TED », coord. par B. Golse, L. Robel, L. Ouss.15(3), p. 248-252.

David LaChapelle, entrevue avec Paul Laster, *Time Out – New York*, 14 janvier 2014.

Lucinda Lambton, *The Queen's Dolls' House*, London, Royal Collection Publications, 2010.

Luca Landucci, *Diario fiorentino dal 1450 al 1516*, Firenze, G. C. Sansoni, 1883.

Julien Lamy, Revue *Alliage* (*nano § micro*) numéro 62, juillet 2008, <http://www.sitaudis.fr/Parutions/la-revue-alliage-no-62-micro-nano.php>.

Bruno Latour, *L'Espoir de Pandore*, éditions la Découverte, Paris, 2001.

Denise Le Dantec, *L'Homme et les herbes,* Rennes, Éditions Apogée, 2010.

Denise Le Dantec, *Le Journal des roses,* Paris, Bartillat, 2002.

Denise Le Dantec, *Encyclopédie poétique et raisonnée des herbes,* Paris, Bartillat, 2000.

Denise et Jean-Pierre Le Dantec, *Le Roman des jardins de France*, Paris, Bartillat, 1998.

Marc Lejeune, Christian Decker, « Capacité de rotation mentale dans un espace Bi et tri dimensionnel chez des enfants de 6 à 10 ans », *L'Année Psychologique*, 1994, n° 94 (vol. 1), p. 45-62.

Claude Lévi-Strauss, *La Pensée sauvage*, Paris, Plon, 1962.

Pierre Macherey, « Avec Foucault avec Roussel », Paris, Cahiers de l'Herne n°95, 2011.

John Mack, *L'Art du petit, The Art of Small Things,* Harvard University Press, 2007.

Bernard Magné, « Le puzzle mode d'emploi. Petite propédeutique à une lecture métatextuelle de *La Vie mode d'emploi* de Georges Perec », *Perecollages*, Toulouse, Presses universitaires du Mirail, 1989.

Didier Maleuvre, « The Dollhouse », *Museum Memories: History, Technology, Art*, Stanford, Stanford University Press, 1999.

Louis Marin, *De la représentation*, Paris, Gallimard, 1994.

Gloria Strauss Marmor, « Mental Rotation and Number Conservation: Are They Related ? », *Developmental Psychology*, 1977, n° 13, p. 320-325.

Sur Didier Massard, *Le Bestiaire Imaginaire,* catalogue d'exposition Palais Lumière, Ville d'Évian, Skira Flammarion, 2011.

Richard Matheson, *The Shrinking Man,* [*L'Homme qui rétrécit,* 1956], Mayenne, Éditions Denoël, « Présence du futur », 1957.

Sylvie Matton, *Charles Matton. Emboîtements*, Paris, Flammarion, 2010.

Richard E. Mayer, « Multimedia Learning : Are We Asking the Right Questions ? », *Educational Psychologist,* vol. 32, Issue 1, 1997, p. 1-19.

Richard E. Mayer et Roxana Moreno, « A Split-Attention Effect in Multimedia Learning Evidence for Dual Processing Systems in working Memory », *Journal of Educational Psychology,* vol. 90, n° 2, 1998, p. 312-320.

Philippe Meirieu, « La Télécommande et l'infantile », *Médium*, 2005/1 n°2, <http://www.cairn.info/revue-medium-2005-1-page-44.htm>, consulté le 30 mars 2017. p. 47.

Donald Meltzer, « Sur l'objet et le conflit esthétique », *Journal de la psychanalyse de l'enfant,* 2013/1, vol. 3, p. 29-39.

Robert de Montesquiou, *Raymond Roussel, un auteur difficile* [1921], Fontfroide, Fata Morgana, 1999.

Raymond Montpetit, « Une logique d'exposition populaire : les images de la muséographie analogique », in *Publics et Musées*, n°9, 1996. Les dioramas (sous la direction de Bernard Schiele) p. 55-103 ; en ligne sur <http://www.persee.fr/doc/pumus_1164-5385_1996_num_9_1_1071>.

Roger Mucchielli, *Le Jeu du monde et le test du Village Imaginaire*, Paris, PUF, 1960.

Heidi A. Müller, *Good Housekeeping. A Domestic Ideal in Miniature*, Nuremberg, Verlag des Germanischen Nationalmuseums, 2007.

John Noble, *A Fabulous Dollhouse of the Twenties. The Famous Stettheimer Dollhouse of the Museum of the City of New York*, New York, Dover Publications, 1976.

Céleste Olalquiaga, *Royaume de l'artifice. L'émergence du kitsch au XIXe siècle*, Lyon, Fage éditions, 2008.

Daniel Oster, Daniel Charles, « Fragment, littérature et musique », *Universalis éducation* [en ligne]. *Encyclopædia Universalis*, consulté le 24 mars 2017. Disponible sur <http://www.universalis-edu.com/encyclopedie/fragment-litterature-et-musique/>.

Allan Paivio, *Imagery and Verbal Processes*. New York, Holt, Rinehart and Winston, 1971.

James Parrott, *Brats*, 22 mars 1930 (traduction française : *Les bons petits diables*), <https://www.youtube.com/watch?v=Gn1pMPInAao>, consulté le 19 avril 2017.

Blaise Pascal, *Pensées* [1ère éd. 1650], texte établie par Léon Brunschwig, Paris, Garnier-Flammarion, 1970.

Halina Pasierbska, *Dolls' Houses from the V&A Museum of Childhood*, Londres, V&A Publishing, 2015.

Charles Paulk, « Signifying Play: The Sims and the Sociology of Interior Design », *Game Studies. The International Journal of Computer Game Research*, vol. 6, n° 1 (décembre 2006). En ligne [<http://gamestudies.org/0601/articles/paulk>].

Georges Perec, *La Vie mode d'emploi,* Hachette, 1978, Le livre de poche, 1990.

Graig Phillips, *The Captive Sea*, Londres, Frederick Muller Limited, 1965.

Steven Pinker, Stephen. M. Kosslyn, « The Representation and Manipulation of Three-dimensional Space in Mental Images », *Journal of Mental Imagery*, 2, 1978, p. 69-84.

Jean Piaget et Barbe Inhelder, *L'Imagerie mentale chez l'enfant*, Paris, PUF, 1966.

Steve Pickering, « The Development of Visuospatial Working Memory », Memory, Jul-Nov 2001, 9 (4-6), p. 423-432.

Pierre Prigent, *Jésus au cinéma*, Genève, Labor et Fides, 1997.

Zenon W. Pylyshyn, « What the Mind's Eye Tells the Mind's Brain: a Critique of Mental Imagery », *Psychological Bulletin*, 1973, n° 80, p. 1-24.

Kai Alexander Quante, *Nano-aquariums : installation, entretien, plantes, poissons, crustacés*, Paris, Ulmer, 2012.

Suzanne Rambach, Pierre Rambach, *Sakutei-ki ou le livre secret des jardins japonais*, Genève, Skira, 1973.

Christelle Reggiani, « L'ordre des signes : fixation de la référence et *incipit* romanesque dans *La Vie mode d'emploi* », *L'Éternel et l'éphémère. Temporalités dans l'œuvre de Georges Perec*, Amsterdam, Rodopi, coll. « Faux titre », 2010.

David Revere McFadden, « Voir et savoir », *Otherworldly: Optical delusions and small realities, catalogue d'exposition,* edited by Martina D'Alton, New York, Museum of Arts and Design, 2011, MUBA, 2012.

Olivier Rey, *Une question de taille*, éditions Stock, Paris, 2014.

Anik De Ribeaupierre, « Modèles néopiagétiens du développement cognitif et perspective psychométrique de l'intelligence : y –a-t-il convergence ? », *L'Année Psychologique*, 2007, vol. 107, n° 2, p. 257-302.

Jean Ricardou, « Raymond Roussel ? Un académisme démesuré », *Raymond Roussel, Perversion classique ou invention moderne ?*, dir. Pierre Bazanty et Patirck Besnier, Presses universitaires de Rennes, 1993.

Ingeborg Riesser, *Les Maisons de poupées. Miniatures d'art d'aujourd'hui*, Paris, Massin Éditeur, 2000.

Alain Robbe-Grillet, « Énigmes et transparence chez Raymond Roussel » (1963), *Pour un nouveau roman, Paris, Minuit*, coll. « Critique », 2006.

Francesco Rodolico, *Le Pietre delle città d'Italia*, Florence, Le Monnier, 1953.

Raymond Roussel, *La Vue*, Paris, Alphonse Lemerre, Éditeur, 1904.

Raymond Roussel, *Comment j'ai écrit certains de mes livres*, Paris, Alphonse Lemerre, Éditeur, 1935.

Raymond Roussel, *Nouvelles impressions d'Afrique* [1935], Paris, Pauvert, 1963.

Raymond Roussel, *Œuvres X. Œuvres théâtrales*, Annie Le Brun, Patrick Besnier éd., Paris, Pauvert, 2013.

Wilfried Ruprecht Bion, *Éléments de psychanalyse*, [1963], traduction française, PUF, Paris, 1979.

Margarita Sanchez Ovando, « Ressources Éducatives dans l'Éducation Thérapeutique du jeune patient atteint de maladie chronique », thèse, Université René Descartes-Paris, 2006.

Leon Satkowski, « The Palazzo Pitti: Planning and Use in the Grand-Ducal Era », *Journal of the Society of Architectural Historians*, Vol. 42, No. 4 (Dec., 1983), p. 336-349.

Simon Schama, « Wives and Wantons: Versions of Womanhood in 17th Century Dutch Art », *The Oxford Art Journal*, vol. 3, nº 1, avril 1980, p. 5-13.

Sebastiano Serlio, *Tutte l'opere d'architettura di Sebastiano Serlio... dove si trattano in disegno, quelle cose, che sono più necessarie all'architetto. In Venetia : apresso Francesco de' Franceschi*, 1584.

Gilbert Simondon, *L'Individuation à la lumière des notions de forme et d'information*, Grenoble, J. Millon, 2013.

Royal Shakespeare Company, *La Tempête*, 2017 <https://www.youtube.com/watch?v=1GH1KNNvv4w>.

Royal Shakespeare Company et d'Anne-Sophie Bellaiche « Une tempête digitale avec la Royal Shakespeare Company » article du 26/11/2016, *L'Usine Nouvelle*, consulté le 04/12/2016. <http://www.usinenouvelle.com/article/une-tempete-digitale-avec-la-royal-shakespeare-company.N468563>.

Jeffrey Shaw, Peter Weibel, *Future Cinema: the Cinematic Imaginary After Film* [catalogue d'exposition, 16 novembre 2002 – 30 mars 2003 ...], Karlsruhe, ZKM, Center for Art and Media, 2003.

Justina Spencer, *Baroque Perspectives: Looking into Samuel Van Hoogstraten's Perspective Box*, mémoire soumis en vue de l'obtention du diplôme Master of Arts in the Department of Art History and Angela Vanhaelen (dir.), *Communication Studies*, McGill University, Montréal, juin 2008. En ligne [<http://digitool.library.mcgill.ca/R/?func=dbin-jump-full&object_id=21966&local_base=GEN01-MCG02>].

Gerdhild Von Staabs, *Der Scenotest,* Bern, Verlag Hans Huber [1938], *Le Scéno-test,* Lausanne, trad. Fr. Gaspar L, éd. Delachaux & Niestlé, 1964.

Rolf Alfred Stein, *Le Monde en petit : jardins en miniature et habitations dans la pensée religieuse d'Extrême-Orient*, Paris, Flammarion, 1987.

Isabelle Stengers, *Cosmopolitiques I*, Paris, éditions la Découverte, 1997.

Susan Stewart, *On Longing. Narratives of the Miniature, the Gigantic, the Souvenir, the Collection*, Durham et London, Duke University Press, [1984], 1993.

Michel Stora, « Rêve et réalité : une clinique du jeu vidéo comme médiation thérapeutique », *Dialogue*, 4/2009, n° 186, p. 87-97.

Andreï Tarkovski, *Stalker*, 1979.

Leighton Taylor, *Aquariums: Windows to Nature*, Toronto, Prentice Hall General Reference, 1993.

Charles Tesson, *Grandeur de la voix, Les Cahiers du Cinéma* N° 353, Paris, Éditions de l'Étoile, 1983, p. 62.

Serge Tisseron, « Nos objets quotidiens, de l'identité à la mémoire », *Faire avec l'objet,* Lyon, Chronique sociale, 2003.

Isabelle Trivisani-Moreau, Aude-Nuscia Taïbi et Cristiana Oghina Pavie, dir., *Nouvelles recherches sur l'imaginaire*, no 37 : « Traces du végétal », Rennes, PUR, 2015.

François Truffaut, *Les 400 Coups*, 1959.

François Truffaut, *Hitchcock* [Avec la collaboration de Helen Scott. Édition définitive], Paris, Ramsay, 1993.

Guiseppe Verdi, opéra *Luisa Miller*, mise en scène G. Deflo, décor de W. Orlandi, Opéra National de Paris, Bastille, 2008.

Tanguy Viel, *Cet Homme-là*. Paris, Desclée de Brouwer, 2009.

Emily Voight, *The Dragon behind the Glass*, New York, Scribner, 2016.

Voltaire, *Lettres philosophiques*, Paris, Garnier-Flammarion, 1964 [1ère éd. 1734].

Richard Walsh, *Reading the Gospels in the Dark: Portrayals of Jesus in Film*, New York, Bloomsbury/T&T Clark, 2003.

Orson Welles, *The Trial, Le procès*, 1962.

Bertrand Westphal, *La Géocritique, réel, fiction, espace*, Paris, Les Éditions de Minuit, 2007, p. 113-114.

Douglas Wolk, « Inside the Box. *Building Stories* by Chris Ware », *New York Times*, 18 octobre 2012. En ligne [<http://www.nytimes.com/2012/10/21/books/review/building-stories-by-chris-ware.html>]. Consulté le 25 janvier 2017.

Virginia Woolf, *A Room of One's Own*, London, Hogarth Press, 1929.

Virginia Woolf, *Instants de Vie*, (*Esquisse du Passé*) : [*Moments of Being,* publié pour Sussex University Press par Chatto et Windus, London], Stock, 1986 pour la traduction française, trad. Colette-Marie Huet, Livre de poche, Biblio.

Alexander Vladimir Zaporozhets, Piotr Zinchenko, « Development of Perceptual Activity and Formation of a Sensory Image in the Child », *Psychological research in the U.S.S.R,* Progress Publishers, Moscou, 1966, p. 393-421.

Lara et Richard Zegers, « Eye Trauma in Laurel and Hardy Movies – Another Nice Mess », *Scottish medical Journal,* le 17 novembre 2016, p. 207-212. <http://journals.sagepub.com/toc/scma/61/4>. Consulté le 25 janvier 2017.

Matt Zoller Seitz, *The Wes Anderson Collection*, New York, Abrams, 2013.

Index des artistes

www.ingramcontent.com/pod-product-compliance
Lightning Source LLC
LaVergne TN
LVHW020635300926
849161LV00004B/708
* 9 7 8 9 0 0 4 3 6 6 1 6 9 *